LES MALADIES DU VER A SOIE

LES MALADIES

DU

VER A SOIE

GRASSERIE ET DYSENTERIES

PAR

André PAILLOT

Docteur ès-Sciences, Lauréat de l'Institut
Directeur de la Station Entomologique du Sud-Est.

LYON
ÉDITIONS DU SERVICE PHOTOGRAPHIQUE
DE L'UNIVERSITÉ
1928

A LA MÉMOIRE DE MON PÈRE
Instituteur à Lemuy (Jura)

A MA MÈRE
Hommage de profonde reconnaissance.

A MA FEMME

LES MALADIES DU VER A SOIE

GRASSERIE ET DYSENTERIES

INTRODUCTION

> *Le propre des théories vraies, c'est d'être l'expression même*
> *des faits, d'être commandées et dominées par eux, de pouvoir*
> *prévoir sûrement des faits nouveaux, parce que ceux-ci sont*
> *par la nature enchaînés aux premiers ; en un mot, le propre de*
> *ces théories est la fécondité.*
>
> PASTEUR.

En 1865, le Ministre de l'Agriculture de l'époque, BEHIC, après
délibération du Sénat motivée par une pétition de propriétaires
séricicoles. confiait à PASTEUR la mission d'étudier les maladies
qui décimaient alors les éducations de Vers à soie. PASTEUR n'avait
jamais vu de Vers à soie ; il se renseigna auprès de J. H. FABRE
qui, de longues années après, donna de son entrevue avec le savant
un récit amusant mais non dépourvu de malice. « Il ne sait rien,
dit FABRE, de la transformation des Insectes ; pour la première fois,
il vient de voir un cocon et d'apprendre que dans ce cocon il y a
quelque chose, ébauche du papillon futur ; il ignore ce que sait le
moindre écolier de nos campagnes méridionales et ce novice, dont
les naïves demandes me surprennent tant, va révolutionner l'hygiène des magnaneries, il révolutionnera de même la médecine et
l'hygiène générale. »

En moins de cinq ans, PASTEUR réussit en effet à élucider le problème de la maladie régnante, la Pébrine, et à mettre au point une méthode efficace et pratique pour la combattre. La sériciculture fut ainsi sauvée, grâce à lui, d'une crise très grave qui pouvait être mortelle. La sélection au grainage, suivant la méthode de PASTEUR, est encore universellement appliquée de nos jours et donne toujours d'excellents résultats contre la Pébrine. Mais si cette maladie est pratiquement disparue de nos éducations, il n'en est pas de même des autres comme la grasserie et les maladies intestinales, improprement dénommées flacherie. C'est parce que la flacherie continuait d'exercer ses ravages dans les régions de grand élevage, l'Ardèche et le Gard principalement, que le Conseil supérieur de la sériciculture, dont la création remonte à 1923 (Décret présidentiel du 10 octobre 1923), pria M. le Ministre de l'Agriculture de me charger d'étudier cette maladie et de rédiger un rapport sur les conseils à donner aux sériciculteurs pour la combattre efficacement. M. E. ROUX, Directeur de l'Institut des Recherches agronomiques, me confia ce travail, et, pour m'en faciliter l'exécution, me chargea d'une mission ayant une portée plus générale : étude des maladies microbiennes du Ver à soie (note officielle du 12 décembre 1923).

Mes recherches commencèrent dès l'année 1924 et furent poursuivies sans interruption pendant trois années consécutives. Je crois avoir bien rempli la mission qui m'a été confiée et résolu dans leurs grandes lignes, les problèmes encore obscurs de la pathologie du Ver à soie. Ces importants résultats, je les dois d'abord à un heureux concours de circonstances favorables, à l'emploi d'un matériel perfectionné, à une connaissance déjà approfondie de la pathologie infectieuse des Insectes ; mais je les dois aussi aux encouragements et aux conseils de tous ceux qui ont bien voulu collaborer à ma tâche. Je dois une reconnaissance particulière à M. P. MARCHAL, membre de l'Institut, qui, avec une bienveillance que je n'oublierai jamais, n'a cessé de me conseiller depuis le début de mes recherches ; ses critiques toujours justes et précises, m'obligèrent bien souvent à mieux approfondir les problèmes qui se posaient à moi. Je le prie de bien vouloir accepter cet ouvrage en hommage de ma profonde reconnaissance et de ma déférente affection.

J'ai l'agréable devoir de remercier tous ceux qui ont bien voulu m'aider dans mes recherches et tout d'abord, M. FOUGÈRES qui, le premier, m'accorda son appui et celui de la Fédération de la soie qu'il préside avec tant d'autorité ; M. le Docteur ASTIER, Président du Comité National séricicole et député de l'Ardèche, MM. ROLLAND et Alb. LAURENT, Inspecteurs généraux de l'Agriculture, ne m'ont pas ménagé leurs encouragements et leurs interventions personnelles m'ont été souvent d'un grand secours ; c'est sur leurs propositions que l'Office agricole régional du Midi accepta de subventionner toutes mes recherches. Je dois à M. CHALMETON, sériciculteur aux Assions et à M. THIBON, président du syndicat agricole de Grospierres, une profonde reconnaissance pour leur active collaboration ; tous deux m'ont rendu les plus grands services en m'accompagnant dans les visites de magnaneries, en me renseignant sur la marche des éducations dans leur région ; j'ai constaté très souvent le bon sens de leurs observations ; je dois reconnaître aussi qu'ils n'ont ménagé ni leur temps, ni leur peine et je puis témoigner que, s'ils ont agi ainsi, c'est non dans leur propre intérêt, puisque leurs éducations sont généralement considérées comme des éducations modèles, mais bien dans l'intérêt de tous.

J'adresse enfin aux paysans de l'Ardèche, à ceux en particulier qui vivent dans ces régions déshéritées où la vie est une lutte incessante contre une nature hostile et peu prodigue, l'hommage de ma profonde admiration pour le courage et la ténacité dont ils font preuve. En les voyant, j'ai vraiment compris toute la signification de ces mots : amour du pays, attachement à la terre. Ils m'ont donné un bel exemple de persévérance dans l'effort. Partout, ils m'ont bien accueilli et la confiance qu'ils m'ont toujours témoignée, a été pour moi le meilleur des stimulants. Puissent mes recherches leur être de quelque utilité et contribuer à donner plus de bien-être aux populations pour lesquelles le mûrier est toujours l'arbre d'or ; je ne souhaite pas de meilleure récompense.

IMPORTANCE DES DÉGATS CAUSÉS PAR LES MALADIES DU VER A SOIE

Quand j'ai commencé mes recherches sur les maladies du Ver à soie la situation n'était pas la même qu'à l'époque où PASTEUR s'installait à Pont Gisquet près d'Alès. « Dans les chambrées les mieux réussies, écrit PASTEUR, dès que l'éducation portait sur quelques onces de graines on retirait au maximum 20 à 25 kilogrammes de cocons par once de 25 grammes. Le succès d'une chambrée était remarqué quand on obtenait 1 kilog de cocons par gramme de graine pour une éducation de 10 onces. » Calculant le rendement maximum d'une éducation où la mortalité serait nulle et le comparant aux rendements réels, PASTEUR concluait que la mortalité par maladies infectieuses détruit généralement une proportion de vers qui dépasse souvent 50 p. 100. Pendant les 8 années les plus productives du dernier siècle, le rendement moyen en France aurait été de 18 kg. 4 par once de 25 grammes. Aujourd'hui, le rendement est bien supérieur à ce qu'il était au milieu du siècle dernier et il faut en chercher la raison, non seulement dans la réduction considérable de la mortalité par les maladies, mais aussi dans les progrès qui ont été réalisés en génétique, c'est-à-dire dans l'amélioration des races. Il n'est pas rare aujourd'hui

Communes de l'Ardèche ayant obtenu moins de 50 kgs de cocons par once de 25 grammes.

ANNÉE 1924

	Kilos		Kilos
ARRONDISSEMENT DE LARGENTIÈRE		St-Michel-de-Boulogne	47.147
Burzet	45.000	St-Privat	46.960
Beaulieu	44.250	St-Sernin	48.780
Chandolas	44.000	Vesseaux	41.000
Faugères	43.700	Bourg-St-Andéol	47.295
Grospierres	47.700	Gras	46.750
Labeaume	47.000	Larnas	48.000
Paysac	49.000	St-Martin-d'Ardèche	48.000
St-André-Lachamp	42.270	St-Montant	45.000
Chauzon	48.000	Baix	48.300
Chazeaux	48.500	Chomérac	47.000
Joannas	48.300	Rochessauve	45.520
Largentière	37.500	Ste-Bauzile	39.000
Laurac	45.000	St-Symphorien-s-Chomérac	48.160
Montréal	44.000	Alissas	44.300
Prunet	33.950	Foux	46.000
Rocher	19.200	Flaviac	48.469
Rocles	48.500	Lyas	45.000
Sanilhac	45.000	St-Vincent-de-Dufort	46.800
Montpezat	46.820	Cruas	39.500
Barnas	44.824	St-Pierre-la-Roche	42.000
Chirols	46.500	Gluiras	49.210
Fabras	46.500	St-Etienne-de-Serre	49.000
Thucyts	48.127	St-Pierreville	42.000
Beaumont	43.282	St-Sauveur-de-Montagut	43.900
Laboule	44.500	Darbres	49.220
Ste-Mélany	43.000	Lanas	43.060
Valgorge	40.000	Lussas	48.950
Balazuc	41.250	Rochecolombe	48.000
Lagorce	45.000	St-Germain	48.000
Orgnac	37.000	St-Maurice-d'Ardèche	46.600
Pradons	42.450	St-Maurice-d'Ibie	42.250
Ruoms	44.345	Voguë	47.000
Salavas	47.000	Aps	48.000
Vagnas	43.175	St-Thomé	48.500
Berrias	47.300	Valvignères	43.000
Brahic	45.500	Beauchastel	46.000
Casteljau	45.000	St-Fortunat	43.400
Lafigère	42.750	St-Laurent-du-Pape	33.000
St-Jean-de-Pourcharesse	39.000	La Voûlte-s-Rhône	46.984
Ste-Marguerite-Lafigère	45.100		
St-Sauveur-de-Cruzières	46.000	**ARRONDISSEMENT DE TOURNON**	
Salelles	47.300		
Thines	48.000	Bosas	40.000
		St-Félicien	10.000
ARRONDISSEMENT DE PRIVAS		St-Victor	49.000
		St-Romain-d'Ay	30.000
Aizac	44.062	Lemps	43.000
Asperjoc	48.000	Mauves	44.000
Fons	45.000	St-Jean-de-Mazols	42.960
St-Etienne-de-Fontbellon	48.000		

d'enregistrer des rendements moyens de plus de 2 kg. au gramme; on atteint même le taux de 3 kg., qui peut être considéré comme un maximum rarement atteint dans la pratique. Dans certaines régions de grand élevage, de tels rendements peuvent être considérés comme exceptionnel ; le tableau ci-contre, dans lequel sont inscrits les noms des communes du département de l'Ardèche ayant obtenu une moyenne inférieure à 50 kg. de cocons par once de 25 grammes en 1924 (1), donne une idée de l'importance relative des échecs dans ces communes.

On voit, d'après les chiffres de ce tableau, que le rendement moyen, dans certaines communes de l'Ardèche, atteint à peine le tiers d'une récolte considérée comme normale, ce qui laisse supposer que, dans ces communes, le nombre des échecs complets ou partiels a dû atteindre un taux relativement élevé. La cause la plus générale et la plus importante de ces échecs doit être attribuée en premier lieu à la grasserie ; les maladies intestinales, contrairement à ce qu'on pourrait croire, causent en général des dommages moins importants que la grasserie. Mes recherches ont donc porté tout d'abord sur cette dernière affection dont la cause était d'ailleurs mal connue et qui avait donné lieu à de nombreux travaux aussi bien en France qu'à l'étranger.

---

(1) En pratique, l'once de graines ne correspond jamais rigoureusement au poids de 25 grammes ; le plus souvent, elle équivaut à 30 grammes.

MÉTHODE GÉNÉRALE DE TRAVAIL

A l'exemple de mes illustres devanciers : Nysten d'abord qui fut officiellement chargé d'une mission pour l'étude de la muscardine; Guérin-Méneville, à qui fut confiée une mission analogue en 1847; de Quatrefages, chargé par l'Académie des sciences d'étudier le mal qui depuis plusieurs années frappait l'industrie du Ver à soie; Pasteur enfin, le plus célèbre de tous, j'ai poursuivi mes recherches sur la grasserie et les maladies intestinales, sur les lieux même où se manifestent les épidémies. C'est la méthode que j'avais expérimentée avec succès pour l'étude des maladies microbiennes des Insectes nuisibles. Il est indispensable en effet, pour déterminer exactement la cause de ces maladies, d'examiner les Insectes avant leur mort, c'est-à-dire avant que les infections secondaires aient masqué plus ou moins l'infection principale ; il est indispensable aussi de recueillir sur place toutes les indications concernant la marche de l'épidémie, et les circonstances diverses qui favorisent sa propagation. Mais une telle étude ne peut être faite avec fruit que si l'on dispose d'un véritable outillage de laboratoire. C'est ainsi que je fus conduit à mettre à exécution le projet de construction de l'automobile-laboratoire (1), dont les photographies de la planche I donnent une idée de l'aménagement intérieur. La voiture, robuste et rapide, de conduite agréable et d'entretien facile,

---

(1) M. Limousin, Entrepreneur de travaux publics à Paris, me permettra de lui exprimer à nouveau toute ma reconnaissance pour l'empressement qu'il a mis à m'aider financièrement à réaliser le projet de construction de l'automobile-laboratoire ; grâce à lui, j'ai pu commencer dès l'année 1924, mes recherches dans les différentes régions séricicoles méridionales.

sort des Usines lyonnaises Rochet-Schneider. L'aménagement intérieur comporte : une table de travail qui se rabat, après usage, contre le dossier du siège avant ; une petite étagère démontable sur laquelle peuvent être disposés flacons et boites de verre utilisés pour les expériences de contamination artificielle ; trois coffres arrimés sur l'emplacement du siège arrière et qui renferment l'outillage indispensable pour l'étude bactériologique et le prélèvement d'échantillons en vue d'études histologiques ultérieures. Ces études sont poursuivies au laboratoire fixe au cours de l'hiver. Les tubes de culture sont enfermés dans l'un des coffres. Les instruments d'optique comprennent : un microscope de voyage Leitz, une loupe binoculaire avec statif spécial pouvant se fixer solidement sur la travail et un condensateur à fond noir ; une microlampe fonctionnant avec le courant des batteries d'accumulateurs de la voiture, donne l'éclairage aussi bien pour l'examen microscopique ordinaire que pour l'examen sur fond noir.

L'emploi d'un matériel de travail aussi perfectionné a beaucoup facilité l'exécution de ma tâche ; la possibilité d'accès dans les pays de grand élevage, comme ceux de l'Ardèche, si peu favorisés au point de vue des communications ferroviaires, m'a permis de recueillir un grand nombre de documents nouveaux du plus grand intérêt. De nombreux cas de maladies intestinales ont été étudiés en détail et suivant une méthode dont j'exposerai plus loin les grandes lignes.

L'étude histologique des échantillons prélevés dans les magnaneries est faite au laboratoire fixe de Saint-Genis-Laval et dans le nouveau centre de cytologie appliquée créé à la Faculté de médecine de Lyon en collaboration avec mon ami, le Professeur agrégé R. Noël auquel je me fais un plaisir d'adresser ici mes remerciements les plus sincères. Ses recherches d'histo- et cytophysiologie sont antérieures aux miennes et les résultats si remarquables qu'il

PLANCHE I

Fig. 1 et 2. — Vues intérieures de l'automobile-laboratoire utilisée
pour les recherches sur les maladies du ver à soie. Les coffres renfermant
le matériel de travail et les échantillons prélevés dans les magnaneries
sont arrimés à l'emplacement du siège arrière de la voiture. A mi-hauteur
de la paroi latérale, on distingue une étagère amovible sur laquelle est
posée un flacon.

La batterie d'accumulateurs de la voiture donne le courant pour
l'éclairage de la microlampe du microscope et celle de la loupe binoculaire.
Le même courant est également utilisé pour la mise en marche d'une
microcentrifugeuse construite spécialement par M. Couprie de Lyon.
La vitesse de cette centrifugeuse est environ de 11.000 tours-minute.

Fig. 1

Fig. 2

a obtenus, notamment dans l'étude du fonctionnement de la cellule hépatique des Mammifères, ont contribué pour beaucoup à orienter mes recherches vers la Cytologie. C'est un devoir pour moi de rendre hommage à l'activité scientifique si féconde de M. le Prof. POLICARD, Directeur de l'Institut d'histologie de la Faculté de médecine de Lyon ; il a su créer, dans son Institut, une ambiance des plus favorables à la recherche scientifique. A notre époque actuelle où le domaine scientifique s'est considérablement élargi, où les recherches biologiques prennent une ampleur de plus en plus grande et où la spécialisation tend à devenir de plus en plus précoce, l'isolement n'est plus possible ; la collaboration devient une nécessité, et c'est pourquoi on ne saurait trop féliciter M. POLICARD d'être entré résolument dans cette voie.

IMPORTANCE DES RECHERCHES D'HISTO
ET DE CYTOPATHOLOGIE

Selon l'excellente définition qu'en a donné BOUCHARD, « la maladie est l'ensemble des phénomènes qui se produisent dans un organisme subissant l'action d'une cause morbifique et réagissant contre elle ». Parmi ces phénomènes, les altérations morphologiques qui se manifestent au niveau des tissus et des cellules de l'organisme en état de maladie ont une importance considérable pour la définition même de la maladie, et pour la distinction des différentes entités morbides. En ce qui concerne plus particulièrement le Ver à soie, cette distinction, spécialement celle des affections qui ont pour siège le tube digestif, repose essentiellement sur les caractères des lésions histo- et cytopathologiques. Elle a été basée jusqu'ici sur les symptômes externes ; or, ces symptômes sont en général très mal caractérisés et manquent le plus souvent de spécificité. C'est parce qu'on a accordé aux manifestations externes de la maladie une importance beaucoup trop grande que la question des maladies intestinales du Ver à soie est restée si obscure jusqu'ici. Sans être aussi caractéristiques que chez les Vertébrés, les lésions internes présentent néanmoins des particularités suffisantes pour rendre possible l'identification des principales entités morbides.

Comment étudier ces lésions ? A mon avis, on ne saurait se contenter d'une étude sommaire des modifications générales qui surviennent au niveau des tissus de Ver à soie en état de maladie. C'est au niveau de la cellule que les altérations prennent vraiment toute leur signification et peuvent donner une idée exacte des processus qui caractérisent la maladie à laquelle on a affaire. C'est au niveau de la cellule également que se manifestent les réactions les plus intéressantes contre l'invasion des parasites ou contre l'action des facteurs externes. Une étude de pathologie ne saurait donc être complète si elle n'accorde une très large place aux recherches de cytopathologie. Mais la cytologie est une science relativement jeune ; elle est encore en pleine évolution et certaines de ses acquisitions, tout au moins les plus récentes, ne sont pas encore admises par tous les biologistes. Combien de pathologistes, par exemple, se préoccupent d'étudier maintenant les modifications du chondriome ? Et cependant, le chondriome constitue un élément fondamental de la cellule et il joue un rôle très important dans les élaborations cellulaires aussi bien chez les animaux que chez les végétaux. Ce rôle n'est pas toujours facile à mettre en évidence, mais, dans certains cas, il est très apparent ; on trouvera, dans les mémoires que je viens de publier avec R. Noël (*Bulletin d'Histologie appliquée*, n°s 1, 2 et 3, 1928) plusieurs exemples, très démonstratifs, d'élaboration mitochondriale chez les chenilles du Bombyx du mûrier et celles de *Pieris brassicæ*.

Peut-être me reprochera-t-on d'avoir négligé l'étude des modifications de l'appareil de Golgi que certains biologistes s'accordent à considérer comme un élément fondamental de la cellule. Mais l'existence de cet élément m'est apparue trop hypothétique et son rôle fonctionnel trop obscur, pour que je le place au même niveau que le chondriome. Je suis néanmoins persuadé que, tôt ou tard, l'étude que je livre au public devra être révisée parce qu'elle n'aura pas tenu compte des altérations d'éléments fondamentaux dont l'existence n'avait pas été soupçonnée.

TECHNIQUE DES RECHERCHES

L'étude des maladies de nature parasitaire a été faite d'après la méthode mise au point pour l'étude des maladies microbiennes des Insectes. L'emploi de l'automobile-laboratoire a permis de déterminer rapidement, dans la plupart des cas, la nature exacte de l'affection, ses caractères évolutifs et les causes générales qui favorisent son évolution. L'examen sur place des vers malades comporte les opérations suivantes :

a) *Prélèvement du sang avec une pipette de verre ;* la pointe de la pipette doit être très finement étirée ; on la fait pénétrer dans la cavité générale par un coup sec au travers de l'épiderme d'une des fausses-pattes abdominales ; le sang monte par capillarité dans la pipette ;

b) *Examen microscopique ordinaire du sang prélevé aseptiquement ;* l'examen est fait entre lame et lamelle en utilisant les objectifs à sec ; l'aspect des cellules est noté ; si le sang est infesté, les microbes sont faciles à distinguer surtout lorsqu'ils sont mobiles ;

c) *Examen sur fond noir ou ultramicroscopique* : cet examen n'offre en lui-même aucune difficulté technique préparatoire; les nouveaux appareils du commerce, comme le condensateur à fond noir de Leitz, par exemple, ne nécessitent pas de centrage préalable et les conditions d'observation sont à peu près aussi simples que celles de l'observation microscopique ordinaire. La difficulté réside bien plus dans l'interprétation des figures observées que dans l'examen lui-même. L'introduction, dans la technique courante, de cette méthode d'investigation, m'a permis d'élucider le problème des maladies à virus filtrant chez les Insectes, en particulier celui de la grasserie du Ver à soie.

d) *Coloration de frottis de sang à sec ou par la voie humide.* L'étude du sang est indispensable en pathologie ; c'est dans le sang en effet que l'on observe les réactions d'immunité les plus importantes : réactions humorales et réactions cellulaires (phago-cytose et caryocinétose). La coloration des frottis par la méthode de Giemsa est celle qui m'a donné les meilleurs résultats ; c'est aussi la plus rapide et la plus facile à réaliser. Pour obtenir de bonnes préparations, il est nécessaire de suivre les prescriptions suivantes : étaler le sang aussitôt après son prélèvement en utilisant pour l'étalement sur lame, qui doit être très régulier, l'extrémité de la pipette qui a servi à prélever le sang. La goutte à étaler ne doit pas être trop volumineuse car la couche à colorer serait trop épaisse ; la coloration est d'autant plus élective que les cellules sont moins emprisonnées dans le coagulum albumineux formé par le plasma sanguin ; la durée de la coloration varie avec la température et la concentration de la solution ; en général, il suffit d'une heure, à la température de 20° C, pour bien colorer les cellules et les éléments parasitaires du sang, la solution étant employée à la concentration ordinaire (1 goutte de solution concentréc du commerce par centimètre cube d'eau distillée). Le frottis est examiné directement avec l'objectif à immersion après lavage et dessication à la température ordinaire.

e) *Prélèvement du contenu intestinal*, dans le cas de maladie du tube digestif, et *étude rapide de la flore microbienne*. Il suffit d'étaler sur lame de verre une parcelle de ce contenu et de colorer par la méthode de Gram pour avoir une idée assez exacte des différentes espèces microbiennes qui se multiplient dans le tube digestif. Le frottis constitue d'autre part un document très utile pour l'étude ultérieure de la flore microbienne par les cultures sur milieux artificiels.

f) *Isolement sur gélose ordinaire inclinée, des diverses espèces composant la flore microbienne intestinale*. Le contenu intestinal, prélevé au moyen d'une spatule de platine, est dilué d'abord dans un peu d'eau physiologique stérile. Deux tubes de gélose sont successivement ensemencés, sans recharger la spatule, avec une goutte de la dilution. En général, les colonies qui poussent sur le deuxième tube sont bien isolées les unes des autres ; il est facile ensuite d'avoir en culture pure les différentes espèces microbiennes ainsi isolées ; l'étude des propriétés biochimiques de chacune d'elles est poursuivie au laboratoire fixe.

g) *Préparation des échantillons en vue de recherches histologiques ultérieures*. Après étude du sang, et du contenu intestinal, s'il y a lieu, les vers à soie malades ou présumés malades sont fixés dorsalement sur lame de liège au moyen de deux petites épingles, l'une piquée dans la tête, l'autre dans l'extrémité anale ; ils sont ouverts ensuite ventralement de la tête à la queue et la peau est rabattue de chaque côté et fixée sur liège au moyen de petites épingles ; on renverse enfin le tout sur le mélange fixateur ; au bout de quelques minutes, le Ver est suffisamment rigide pour être détaché de son support ; il est immergé dans un flacon bouché a l'émeri et rempli de liquide fixateur ; on l'immobilise au moyen d'un tampon de coton hydrophile.

Les renseignements particuliers concernant la marche des éducations, les conditions de l'élevage, sont notés avec soin ; ils permettent, si les indications données sont exactes, de déterminer l'influence des facteurs divers sur la marche générale des épidémies. Malheureusement, il n'est pas toujours facile d'obtenir des éducateurs des renseignements précis sur la manière dont ils ont conduit l'éducation de leurs Vers à soie ; ou bien la mémoire leur fait défaut, ou bien ils n'osent avouer qu'ils ont fait preuve d'ignorance ou de négligence. Je dois reconnaître cependant que beaucoup d'entre eux ont fait de louables efforts pour être sincères et qu'ils m'ont donné des renseignements d'un grand intérêt pour les recherches que je poursuivais. C'est à MM. CHALMETON et THIBON que je suis redevable en tout premier lieu de cette confiance manifestée par beaucoup d'éducateurs de l'Ardèche ; grâce à leur profonde connaissance de la mentalité particulière des habitants de la région, grâce surtout à la considération dont ils jouissent dans beaucoup de milieux, j'ai pu vaincre assez rapidement, en leur compagnie, la défiance instinctive que le paysan ardéchois, comme celui de beaucoup d'autres régions, manifeste à l'égard de ceux qui sont plus ou moins étrangers à leur milieu. Il serait à souhaiter que toutes les recherches qui touchent à la production agricole puissent être poursuivies dans la même atmosphère de confiance et de collaboration réciproque.

PREMIÈRE PARTIE

Histologie et Cytologie normales de quelques organes du Ver à Soie.

Une étude complète de l'anatomie, de l'histologie et de la cytologie normales du Ver à soie présenterait peut-être quelques avantages au point de vue de la clarté de l'exposé qui va suivre, mais elle nous entraînerait beaucoup trop loin et nécessiterait d'ailleurs de nouvelles recherches que je ne suis pas en mesure de poursuivre maintenant. Je ne ferai donc qu'un exposé très incomplet de la question, renvoyant le lecteur aux mémoires originaux ou aux traités généraux de Berlese et de Verson pour l'étude anatomique et histologique de certains tissus et organes ne présentant qu'une importance relativement secondaire pour l'étude que je poursuis.

TECHNIQUE DES RECHERCHES

Les techniques histologiques modernes sont caractérisées par leur complexité de plus en plus grande ; les formules recommandées par les auteurs pour la fixation des tissus vivants, les méthodes de coloration des coupes, varient le plus souvent avec l'objet des recherches. Certains mélanges fixateurs, celui de Bouin par exemple, continuent néanmoins à être utilisés dans la grande majorité des cas ; de même les méthodes de coloration par l'hématéine-éosine ou l'hématoxyline au fer de Heidenhain, sont encore d'un emploi courant. Ces méthodes histologiques que l'on peut qualifier de classiques ou courantes, donnent des résultats suffisamment précis lorsqu'il s'agit d'étudier la topographie générale des tissus ou de mettre en évidence la structure nucléaire ; mais lorsqu'il s'agit d'étudier la structure complète de la cellule, elles sont insuffisantes et peuvent même induire en erreur. En coagulant brutalement les substances albuminoïdes qui entrent dans la constitution de la cellule, les mélanges fixateurs ordinaires altèrent plus ou moins la structure morphologique de cet élément ; leur emploi présente en outre le grave inconvénient de rendre impossible la mise en évidence dè certains éléments cellulaires fondamentaux, comme le chondriome par exemple, dont l'existence n'est plus mise en doute aujourd'hui (1).

____

(1) C'est en 1897 que Benda a reconnu pour la première fois l'existence d'un élément nouveau de la cellule dans le cytoplasme des spermatides de Mammifères ; par la suite, il observa les mêmes éléments dans différentes cellules animales et végétales et leur donna le nom de *mitochondries*. Le *chondriome* représente l'ensemble des mitochondries ou chondriosomes d'une même cellule. L'existence du chondriome a été consi-

Les méthodes de fixation et coloration qui donnent la possibilité de mettre en évidence dans les cellules, le chondriome, sont dites mitochondriales. L'introduction dans la technique cytologique des méthodes mitochondriales, constitue un très grand progrès car elle étend le champ des investigations. D'autre part, les fixateurs mitochondriaux ont une action moins brutale sur les constituants de la cellule et conservent beaucoup mieux les véritables détails de la structure de cet élément comme le montre l'étude vitale comparative. La structure nucléaire, en particulier, est bien mise en évidence, surtout lorsque la tonicité du mélange fixateur est voisine de celle des tissus vivants. Le formol salé, dont l'emploi a été préconisé par POLICARD et par NOËL, est celui qui m'a donné, à cet égard, les résultats les plus sûrs et les plus parfaits. La formule de préparation est la suivante :

Formaldéhyde neutre à 40 % (formol ordinaire).... 20 p.
Eau physiologique à 9 p. 1000 de NaCl.......... 80 p.

Les pièces peuvent séjourner des mois et même des années dans ce mélange ; elles donnent toujours les mêmes résultats au point de vue cytologique. L'emploi d'un tel fixateur est surtout recom-

---

dérée longtemps comme hypothétique par la plupart des cytologistes. Certains mêmes considéraient les mitochondries comme de simples arte-facts résultant de l'emploi de fixateurs spéciaux. Depuis quelques années cependant, les observations sur cellules vivantes ont été multipliées et on a pu reconnaître facilement les chondriosomes sans artifice de fixation et de coloration, aussi bien dans les cellules animales que dans les cellules végétales.

Les chondriosomes ont généralement la forme de filaments plus ou moins allongés : on les désigne alors sous le nom de *chondriocontes*. Lorsque ces filaments sont de longueur réduite et qu'ils se présentent sous l'aspect de courts bâtonnets, on leur donne le nom de *chondriomi-tes* ; s'ils sont réduits à l'état de grains, ce sont des *mitochondries (sensu stricto)*. Ces dernières formes sont exceptionnelles et représentent le plus souvent des formes de dégénérescence des chondriocontes.

mandé lorsqu'il s'agit de fixer de nombreuses pièces en un temps relativement court. La fixation proprement dite doit être complétée par une chromisation prolongée : c'est l'opération de mordançage qui permet la coloration ultérieure des éléments du chondriome. Les pièces séjournent un mois dans une solution de bichromate de potasse à 3 p. 100 ; la durée peut être augmentée sans inconvénient et j'ai obtenu de très bons résultats avec des pièces ayant séjourné plus de quatre mois dans cette solution.

Le mélange de REGAUD (20 parties de formol pour 80 p. de solution de bichromate à 3 p. 100) donne des résultats comparables à ceux qu'on obtient avec le formol salé.

Une bonne coloration nucléaire et cytoplasmique ne peut être obtenue que si l'épaisseur des coupes ne dépasse pas 5 à 6 μ. La coloration suivant la méthode de REGAUD (Hématoxyline ferrique) ne m'a pas donné de bons résultats ; il est impossible en effet, par cette méthode, d'obtenir une coloration élective du chondriome. A cet égard, les tissus des Insectes paraissent se comporter très différemment de ceux des Vertébrés; même en faisant varier les temps de mordançage, de coloration, de différenciation, on n'arrive pas à mettre en évidence le chondriome, même dans les cellules où il est le plus apparent. La méthode de coloration de KULL donne au contraire des résultats tout à fait remarquables. C'est la méthode de choix pour les recherches de cytologie chez les Insectes ; elle convient parfaitement pour les pièces fixées dans le formol salé et postchromisées ensuite. Elle comprend les opérations suivantes :

1° Après déparaffinage des coupes, collodionnage (cette opération est indispensable lorsque les pièces ont été soumises à l'action du bichromate) et lavage à l'eau courante, colorer à chaud à la fuchsine acide anilinée (solution à 20 p. 100 de fuchsine acide dans une solution saturée d'huile d'aniline soigneusement filtrée) ; on chauffe jusqu'à émission de vapeurs, puis on laisse refroidir et on chauffe de nouveau ; l'opération est répétée quatre fois ; il faut mettre assez de colorant pour que celui-ci ne s'évapore pas complètement.

2° Laver à l'eau distillée jusqu'à complète décoloration de l'eau de lavage.

3° Colorer rapidement au bleu de toluidine à 0,5 p. 100 (20 à 30 secondes) ou à la thionine phéniquée (40 à 50 secondes).

4° Laver à l'eau distillée.

5° Différencier dans une solution faible d'aurentia (solution à 0,5 p. 100 dans l'alcool à 70°) ; on verse le colorant sur la lame et on laisse agir 40 à 50 secondes ; on arrête la différenciation par lavage à l'alcool à 90°.

6° Déshydrater et monter au beaume.

Lorsque la coloration est bien réussie, le chondriome coloré en rouge, se détache très nettement sur le fond bleu pâle du cytoplasme. Les grains de chromatine du noyau apparaissent colorés en bleu pâle tandis que les nucléoles sont roses ou rouges plus ou moins foncé.

CONSIDÉRATIONS GÉNÉRALES
SUR LA STRUCTURE CELLULAIRE ET SUR LE ROLE
DU CHONDRIOME

Le chondriome existe en plus ou moins grande abondance dans toutes les cellules ; la dimension des filaments chondriosomiques, leur arrangement dans le protoplasme, leur nombre, varient suivant la nature de la cellule et suivant leur état de fonctionnement. Il est particulièrement abondant et les modifications qu'il subit sont particulièrement importantes dans les cellules sécrétrices et excrétrices.

On connaît encore très mal le rôle biologique du chondriome en général ainsi que le mécanisme de son action. Si l'origine mitochondriale de certains pigments, plastes albuminoïdes ou autres, paraît aujourd'hui bien démontrée, on est par contre dans l'ignorance complète du rôle fonctionnel du chondriome dans beaucoup de cellules animales et végétales où cependant l'élaboration est très active. Il suffit de lire l'article très documenté publié en 1915 dans le *Bulletin d'Histologie appliquée*, par NOËL et MANGENOT, pour avoir une idée de cette ignorance. « Seuls, écrivent ces auteurs, certains chondriosomes des Végétaux verts, appartenant à la lignée des chloroplastes, présentent des figures telles qu'il est possible de conclure avec certitude à l'élaboration, par les chondriosomes, d'un produit défini. Mais toute une partie du chondriome des Végétaux verts, celle n'appartenant pas à la lignée des chloroplastes, exerce encore des fonctions totalement inconnues. La même remarque s'applique au chondriome des Champignons. Chez les Animaux, les données sûres relatives à un rôle élaborateur des chondriosomes, sont extrêmement limitées ; on peut même affirmer que dans l'état actuel de la science, seul doit être admis comme certain le fait de l'élaboration des grains protéiques par les chondriosomes de la cellule hépatique des Mammifères. Tous les autres cas décrits d'élaboration mitochondriale chez les animaux restent douteux lorsqu'ils ne reposent pas évidemment sur des erreurs de technique ou d'interprétation. »

Nous verrons, en étudiant la cytologie des principaux tissus du Ver à soie, qu'il existe d'autres cas où l'élaboration mitochondriale peut être mise en évidence. Un certain nombre de ces cas ont déjà fait l'objet d'études dont les résultats sont exposés dans un mémoire récent publié en collaboration avec R. NOËL. Il n'en reste pas moins que dans la plupart des cas, le rôle fonctionnel du chondriome est encore énigmatique. Il peut arriver d'ailleurs, comme le signalent NOËL et MANGENOT, que « même pour les substances dont l'origine mitochondriale est certaine, cette origine peut n'être que facultative. Ce que forment dans de nombreux cas, les chondriosomes, peut être aussi formé par le protoplasme non différencié. » Les mêmes auteurs admettent que là où le rôle élaborateur du chondriome n'apparaît pas morphologiquement, il peut fonctionner comme catalyseur. Cette hypothèse, envisagée pour la première fois par NAGEOTTE, a été reprise par de nombreux auteurs. EMBERGER, par des exemples précis et démonstratifs, exemples puisés il est vrai dans le monde végétal, a pu montrer que cette hypothèse était tout autre chose qu'une simple vue de l'esprit et qu'elle reposait effectivement sur une base solide.

HISTOLOGIE ET CYTOLOGIE NORMALE
DU TUBE DIGESTIF

Le tube digestif, par la place prépondérante qu'il occupe dans l'organisme et le rôle qu'il joue dans l'économie, peut être considéré comme l'organe principal du Ver à soie ; c'est celui dont il convient d'assurer tout d'abord le bon fonctionnement si l'on veut que l'élevage du Ver à soie soit productif. Toute lésion grave des cellules du tube digestif a pour répercussion immédiate un affaiblissement du Ver ; si la lésion est chronique, elle a pour conséquence une altération plus ou moins grave de la fonction séricigène quand elle n'aboutit pas à la mort du Ver.

Le tube digestif occupe la plus grande partie de la cavité générale ; il comprend les parties suivantes (Fig. 3) : le pharynx et l'œsophage, relativement courts et de diamètre réduit ; l'intestin moyen qui représente la partie la plus importante de l'organe et qui comprend lui-même trois parties bien différenciées histologiquement et fonctionnellement ; enfin l'intestin postérieur divisé en trois portions distinctes. Nous étudierons successivement ces différentes parties en nous attachant plus spécialement à bien mettre en évidence les caractères cytologiques et fonctionnels des éléments cellulaires de la paroi.

PHARYNX. — Le pharynx est la partie la plus antérieure du tube digestif, celle qui fait suite directement à la cavité buccale ; il est constitué par un tube très court et très étroit. dont la paroi est formée d'une seule couche de cellules de forme assez variable ainsi qu'on peut s'en rendre compte d'après les figures 4 et 5 (Pl. II) qui représentent deux portions différentes de la paroi pharyngienne d'un même ver fixé peu après la sortie de la deuxième mue ; la figure 6 (Pl. II) représente une partie du pharynx d'un ver du premier âge. Le noyau, de forme arrondie ou légèrement aplatie, est formé de fines mottes chromatiniennes parmi lesquelles on distingue quelques nucléoles fuchsinophiles arrondis. Le cytoplasme est parfois vacuolaire (fig. 5) et le chondriome est constitué par des chondriocontes fins et de longueur réduite, souvent concentrés dans la région périnucléaire. La paroi cellulaire du pharynx est protégée

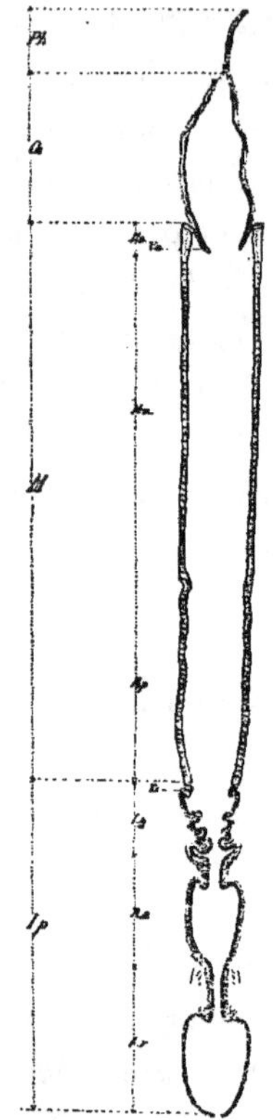

FIG. 3. — Coupe demischématique du tube digestif d'un Ver à soie au début du troisième âge.

PLANCHE II

Histologie et cytologie normales du ver à soie

Fig. 4. — Coupe longitudinale dans la paroi pharyngienne d'un ver à soie au début du troisième âge. La coupe passe dans la partie coudée du tube qui fait suite à la cavité buccale ; les cellules sont de forme cubique ; dans les parties avoisinantes, elles apparaissent plus ou moins aplaties.

Fig. 5. — Coupe longitudinale dans la paroi dorsale du pharynx d'un jeune ver à soie ; la coupe passe au niveau des épines à pointe acérée dirigée en arrière qui garnissent la paroi du tube ; ces mêmes épines, dont la base très élargie se colore intensément par la fuchsine, se rencontrent également dans la région postérieure du pharynx.

Fig. 6. — Coupe longitudinale dans la partie moyenne du pharynx d'un très jeune ver à soie.

Fixation au formol salé ; coloration de Kull.

Pl. II

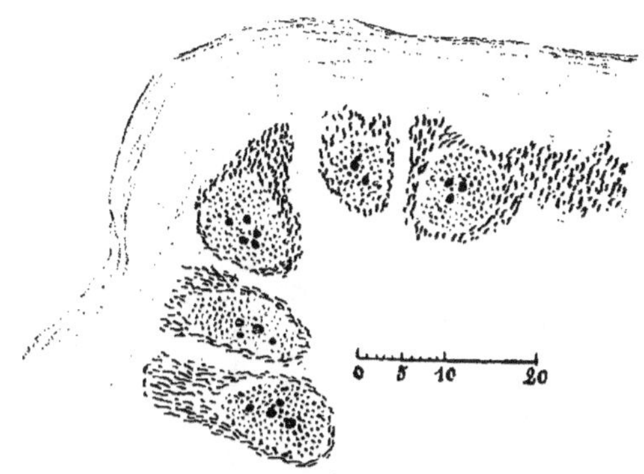

Fig. 4

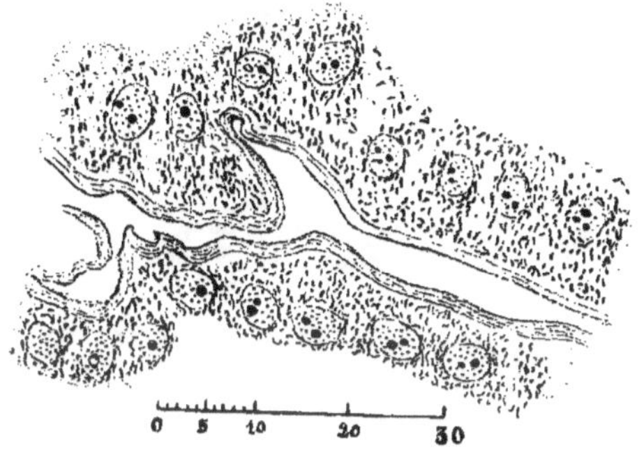

Fig. 6

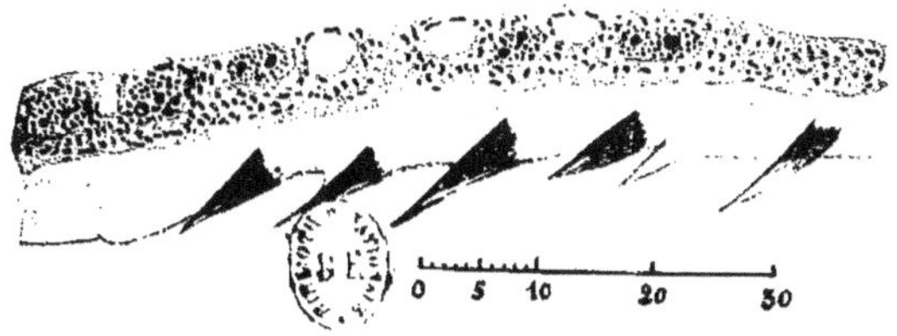

Fig. 5

A. Peillot, *dél.*

Service photographique de l'Université, Lyon, *édit.*

PLANCHE III

Histologie et cytologie normales du ver à soie

Fig. 8. — Coupe longitudinale dans la région intermédiaire entre l'œsophage et l'intestin moyen ; la valvule cardiale est représentée en partie seulement ; elle se prolonge jusque vers l'axe du tube et descend en dessous du niveau de l'entrée du tube digestif moyen. La couche cuticulaire de la valvule s'amincit de plus en plus et ne se prolonge pas au delà du point de jonction avec l'intestin moyen. On observe, dans l'épaisseur de la cuticule chitineuse, des masses fortement colorées par la fuchsine, de forme et de grosseur très irrégulières ; ces masses correspondent vraisemblablement à des épaississements de la couche chitineuse.

Le mésointestin antérieur est représenté par les cellules de l'anneau imaginal d'accroissement antérieur ; ces éléments, de taille de plus en plus réduite à mesure qu'on se rapproche de la valvule, sont dépourvus de bordure en plateau.

Fixation au formol salé ; coloration de Kull.

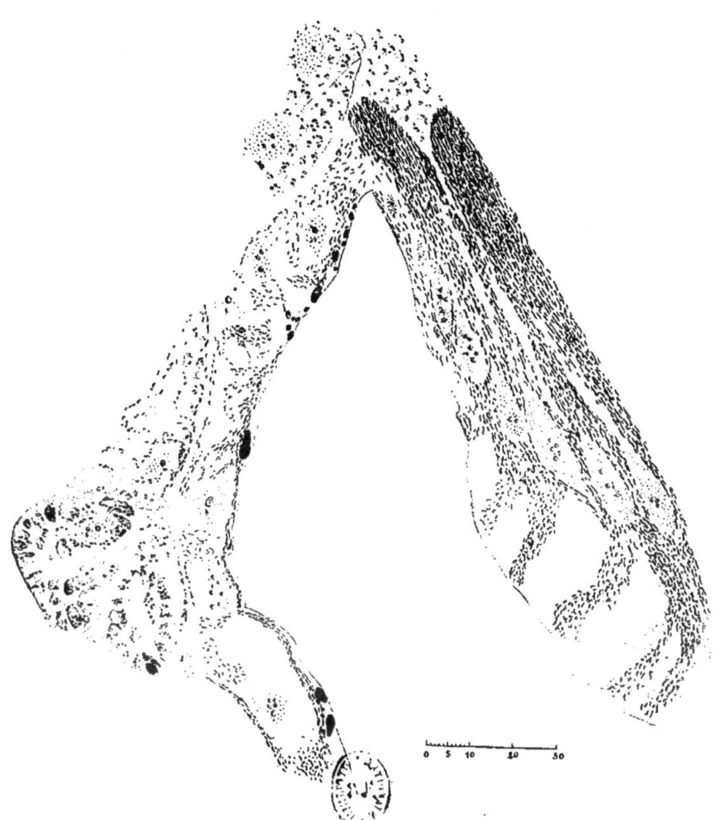

Fig. 8

extérieurement par un revêtement chitineux assez épais qui se prolonge jusqu'à la cavité buccale et se relie directement et sans solution de continuité avec la cuticule chitineuse épidermique ; elle porte à l'avant et à l'arrière de fortes épines très acérées, à base élargie très fuchsinophile ; la pointe est toujours dirigée vers l'arrière. Les cellules de la paroi pharyngienne ne jouent aucun rôle actif dans la sécrétion intestinale.

OEsophage. — Le tube étroit et peu extensible qui représente le pharynx se dilate fortement à l'arrière pour constituer l'œsophage dont la paroi est formée d'une seule couche de cellules très aplaties à noyau relativement volumineux faisant hernie au dehors (fig. 7, Pl. IV); l'aire nucléaire se présente sous l'aspect d'un semis assez dense de fines mottes chromatiniennes à travers lequel on distingue plusieurs nucléoles arrondis plus ou moins fuchsinophiles ; le protoplasme est peu dense, souvent vacuolaire ; sa structure est alvéolaire ; le chondriome, assez abondant, est constitué par de fins chondriocontes relativement courts et sans orientation définie. Comme les cellules de la paroi pharyngienne, elles ne présentent aucun caractère d'activité fonctionnelle ; elles ne jouent aucun rôle actif dans la digestion proprement dite. La couche chitineuse de revêtement est épaisse et d'apparence lamelleuse ; très plissée lorsque la poche œsophagienne est vide, elle tend à prendre un contour rectiligne au moment des repas ; la poche est alors très dilatée et sa paroi devient très mince ; elle occupe la plus grande partie de la cavité viscérale qui se gonfle et devient dure. La couche épithéliale repose sur une membrane de structure analogue à celle de la paroi du vaisseau dorsal ; le chondriome affecte, en particulier, une disposition identique : il est constitué par des chondriocontes généralement très courts et des grains mitochondriaux nombreux surtout vers les bords de la membrane. La tunique moyenne est constituée par de nombreux faisceaux de fibres musculaires circulaires, et la tunique externe, par des fibres longitudinales beaucoup moins nombreuses et plus dispersées.

Avant de se relier à la paroi épithéliale de l'intestin moyen, l'épithélium œsophagien forme un repli qui s'enfonce en entonnoir dans l'intestin moyen et constitue une valvule s'opposant au reflux des aliments : c'est la valvule cardiaque ou valvule œsophagienne (fig. 8, Pl. III). Les cellules qui la constituent diffèrent peu des autres cellules de la paroi œsophagienne; dans la partie qui se relie à l'intestin moyen, elles deviennent moins aplaties et leur noyau ne fait plus hernie à la surface ; la couche chitineuse s'amincit de plus en plus et ne forme plus, vers le point de jonction avec l'intestin moyen, qu'une mince lamelle ponctuée çà et là de blocs fuchsinophiles correspondant à une différenciation de la masse chitineuse ; elle ne se prolonge pas au-delà de ce point.

Intestin moyen ou mésointestin. — On peut distinguer trois régions qui se différencient très nettement les unes des autres aussi bien au point de vue cytologique qu'au point de vue fonctionnel.

1° La partie antérieure, ou *mésointestin antérieur*, très courte, est composée de grandes cellules cylindriques serrées les unes contre les autres. Dans la partie la plus antérieure, qui se rattache à la valvule œsophagienne, les cellules sont de plus en plus petites et présentent les caractères de cellules embryonnaires ; elles sont dépourvues de plateau et ne participent pas à la sécrétion ; l'ensemble constitue le disque imaginal d'accroissement antérieur du tube digestif. Les cellules qui suivent sont pourvues d'un plateau assez épais ; elles sont douées d'une très grande activité sécrétrice et leur structure varie dans des proportions assez considérables suivant que la cellule est en état de fonctionnement ou de repos. Ces variations morphologiques constituent la principale caracté-

PLANCHE IV

Histologie et cytologie normales du ver à soie

Fig. 7. — Coupe longitudinale dans la paroi œsophagienne d'un ver à soie du cinquième âge. L'épithélium est formé de cellules très aplaties à noyau faisant hernie au dehors ; la couche chitineuse de revêtement est relativement épaisse ; elle paraît formée de lames superposées de densité variable.

La paroi œsophagienne est plus ou moins plissée suivant que le ver est fixé en dehors ou au moment des repas. L'épithélium repose sur une membrane basale de structure analogue à celle de la paroi du vaisseau dorsal. Les faisceaux musculaires circulaires et longitudinaux ne sont pas figurés.

Fig. 9. — Coupe longitudinale dans la partie antérieure du méso-intestin d'un ver à soie normal. Les cellules de la paroi épithéliale seules ont été représentées : ce sont de hautes cellules cylindriques fonctionnant activement au moment des repas ou lorsque le ver est en état de maladie (gattine). Il n'existe pas de cellules caliciformes ; le plateau cellulaire qui borde l'épithélium du côté de la lumière, est relativement homogène ; au moment de la sécrétion, il devient plus ou moins vacuolaire.

Fixation au formol salé ; coloration de Kull.

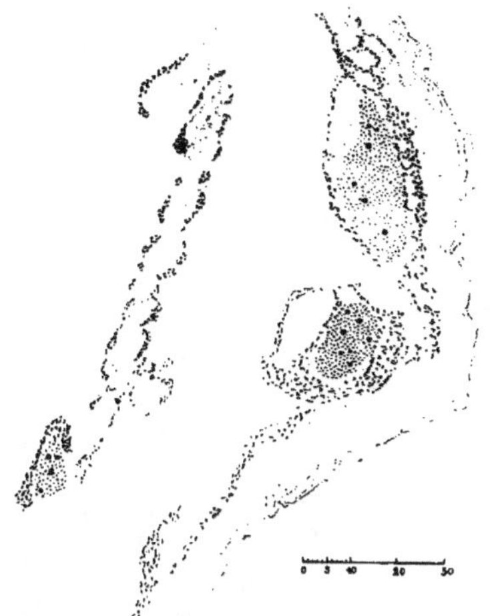

Fig. 7

Fig. 9

A. Paillot, *del.*

Service photographique de l'Université, Lyon, *édit.*

ristique des cellules épithéliales de l'intestin moyen et des cellules
sécrétrices en général. On ne peut donc comparer leur structure
à celle des autres cellules à forme relativement constante comme
par exemple les cellules sanguines, les cellules musculaires, les
cellules nerveuses, etc...

L'étude des variations morphologiques en corrélation avec l'activité fonctionnelle présente un très grand intérêt pour la mise en
évidence du mécanisme de la sécrétion ; elle fera l'objet d'une longue description dans le cas des cellules de la région moyenne du
mésentéron.

Les cellules de la région antérieure ont un noyau ovale relativement volumineux, dont la place dans la cellule varie avec l'état
de fonctionnement de celle-ci ; très rapproché de la lumière intestinale au moment de la sécrétion, il s'en éloigne plus ou moins
pendant les phases de repos. L'aire nucléaire se présente sous l'aspect d'un semis très dense et très régulier de fines mottes chromatiniennes se colorant assez intensément par le bleu de toluidine ou
la thionine (méthode de coloration de Kull) ; les nucléoles arrondis
sont en nombre variable et leur fuchsinophilie est plus ou moins
marquée ; ces variations sont en rapport, semble-t-il, avec l'activité fonctionnelle de la cellule. Le chondriome, très abondant,
affecte, comme dans toutes les cellules sécrétrices, une disposition
des plus caractéristiques : il apparaît constitué par de longs chondriocontes disposés en files rectilignes dirigées suivant le grand axe
de la cellule, c'est-à-dire dans le sens même de la sécrétion ; dans la
portion distale, l'orientation change (Voir fig. 9, Pl. IV) ; en même
temps, les chondriosomes se fragmentent ; on observe très souvent
une sorte de condensation chondriosomique à la base du plateau
cellulaire. Ce dernier se présente sous un aspect assez homogène ;
au cours de la sécrétion, on observe souvent la présence de vacuoles qui se forment au moment du passage du liquide sécrété.

L'activité sécrétoire est très intense au moment des repas ; le suc digestif s'accumule alors entre le plateau et la membrane péritrophique sous forme de boules colorables en bleu pâle par la thionine ou le bleu de toluidine.

La membrane péritrophique, particulièrement développée chez le Ver à soie, constitue une sorte de boyau fragile qui double la paroi intestinale. CHATTON, en 1920, a fait une étude sommaire de la génèse des membranes péritrophiques des Drosophiles et des Arthropodes en général et de leur rôle à l'égard des parasites intestinaux ; il admet que l'origine n'est pas la même chez les divers Arthropodes où on la rencontre. En ce qui concerne plus spécialement les Drosophiles, CHATTON a montré que la membrane prend naissance dans la partie antérieure de l'intestin moyen ; la substance qui la constitue est sécrétée par de hautes cellules bordant un étroit et profond sillon. « Cette genèse, dit CHATTON, n'exclut pas un renforcement de la péritrophique tout le long de l'intestin par condensation sur sa face interne des sécrétions fluides ou muqueuses de l'épithélium ». D'après le même auteur, « elle isole la muqueuse de l'intestin moyen et de l'intestin postérieur du contact direct des particules ingérées. Elle crée des conditions particulières à la digestion et à l'absorption dans lesquelles elle fonctionne vraisemblablement comme dialyseur. Elle oppose aux parasites un obstacle qui n'est franchissable qu'à ceux qui sont capables de diapédèse. Elle offre à d'autres un substratum de fixation. »

Dans le cas du Ver à soie, l'origine de la péritrophique est encore très discutée ; mais il est certain que les cellules épithéliales jouent un rôle actif dans son renforcement sinon dans sa genèse.

2° La partie moyenne du mésointestin, ou *mésointestin moyen*, est la plus longue ; elle s'étend jusqu'aux deux tiers postérieurs de ce tube. Elle est formée de cellules moins hautes en général que celles de la partie antérieure. On distingue deux espèces de cellules

PLANCHE V

Histophysiologie normale du tube digestif

Fig. 10. — Coupe longitudinale dans le tube digestif d'un ver à soie du quatrième âge (5e jour) fixé trois heures après le premier repas de la journée. On distingue, dans la partie basale de l'épithélium intestinal (en haut de la figure), les cellules de remplacement qui s'insinuent entre les cellules cylindriques et caliciformes. Trois de ces nouvelles cellules sont intercalées entre les deux cellules caliciformes situées à gauche de la figure.

Fixation au formol salé ; coloration de Kull.

Fig. 11. — Coupe longitudinale dans le tube digestif d'un ver à soie de même âge et même origine que le précédent. On observe dans la partie distale des cellules cylindriques une véritable accumulation de courts filaments et de grains mitochondriaux qui semblent en voie d'évacuation dans la lumière de l'intestin. Le chondriome est plus abondant dans la partie distale des cellules cylindriques que dans la partie basale.

Fixation au formol salé ; coloration de Kull.

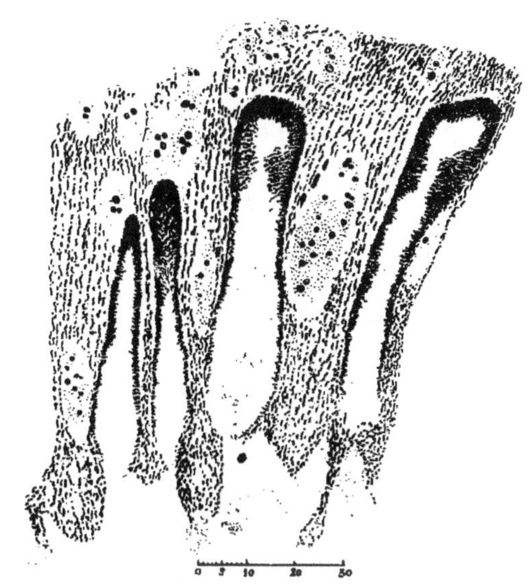

Fig. 11

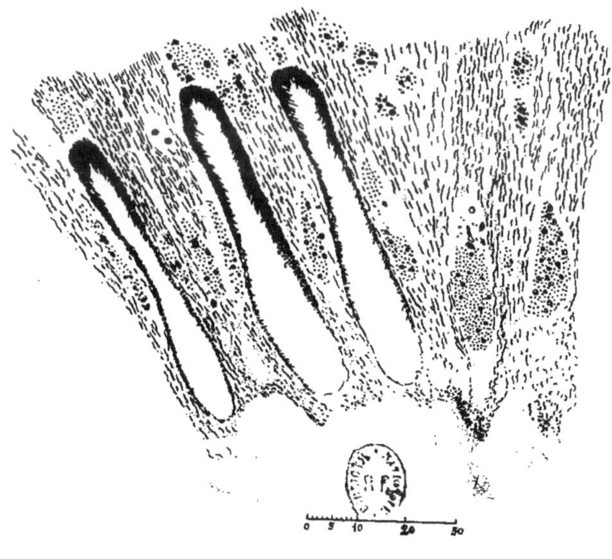

Fig. 10

qui alternent plus ou moins régulièrement : les unes sont caractérisées par la présence d'une énorme vacuole ciliée intérieurement;
ce sont les cellules caliciformes ; les autres appartiennent au type
cylindrique. S'agit-il de deux types cellulaires originellement et
fonctionnellement différents ? C'est l'opinion d'A. Foa qui décrit
et figure, chez l'embryon complètement développé et prêt à éclore,
une double rangée de noyaux dans l'épithélium intestinal ; la file
basale serait l'origine des cellules caliciformes ; l'autre, celle des
cellules cylindriques. Au cours des processus sécrétoires, les unes
et les autres, d'après A. Foa, sont le siège de modifications importantes ; « dans les cellules caliciformes en particulier, on peut voir
sourdre la sécrétion sous forme de fines granules visibles dans l'intérieur de la vacuole et qui sont peut-être produites par coagulation d'une masse homogène ». Dans les cellules cylindriques en
état d'activité fonctionnelle, l'auteur a observé que le protoplasme
présente un aspect fibrillaire ; mais aucune hypothèse n'est émise
sur le rôle et la signification des fibrilles protoplasmiques observées

La plupart des auteurs admettent, contrairement à A. Foa, que
les cellules caliciformes et cylindriques ne représentent en réalité
que des stades différents de l'évolution d'un même type cellulaire.
Depuis longtemps, Verson affirme que la cellule caliciforme dérive
de la cellule cylindrique ; c'est aussi l'opinion de Nazari, de Berlese ; Deegener, par contre, a conclu de ses recherches sur la sécrétion intestinale chez les chenilles de *Deilephila euphorbiæ*, qu'il
existe bien deux types de cellules physiologiquement différentes :
les unes participant à la sécrétion, les autres, à l'absorption. Dans
une étude récente sur la sécrétion intestinale du Ver à soie, l'auteur Japonais, Osamu Schinoda, adopte une thèse conforme à
celle de Verson et Berlese : les cellules caliciformes ne sont pour
lui que des cellules cylindriques en état de repos fonctionnel.

O. Shinoda est le premier auteur, à ma connaissance, qui ait étudié, chez les Vers à soie, le rôle du chondriome dans la sécrétion intestinale ; il a montré, entre autres, que les chondriosomes, nombrèux dans les cellules cylindriques, disparaissent peu à peu après l'acte de la sécrétion ; dans les cellules caliciformes, il n'y a plus trace, d'après lui, de chondriome, ce qui démontre l'inactivité fonctionnelle de cet élément. L'activité sécrétoire est annoncée par une multiplication des chondriosomes et un déplacement du noyau vers la partie distale de la cellule. Les figures données par l'auteur à l'appui de sa description sont loin de correspondre à celles que j'ai obtenues moi-même en examinant des coupes colorées par la méthode de Kull après fixation par la méthode de Regaud ou la méthode au formol salé.

Sur de tels objets, les seules modifications d'ordre morphologique qui sont apparentes se manifestent au niveau des cellules cylindriques. Il est assez difficile, sur coupe, de déterminer la marche des processus qui se déroulent dans les cellules au cours de la sécrétion. Il existe cependant un certain nombre de types morphologiques qui paraissent dériver les uns des autres ; on peut ainsi expliquer dans une certaine mesure le mécanisme de la sécrétion. J'ai représenté dans les figures 10, 11, 12, 13 et 14 (Pl. V, VI, VII), les plus caractéristiques de ces types : toutes ont été dessinées à la chambre claire et se rapportent à une même coupe ; l'ordre dans lequel elles sont numérotées correspond vraisemblablement au sens de la marche des processus sécrétoires.

Dans un premier type (figure 10), il y a formation de nouvelles cellules épithéliales qui tirent leur origine des cellules de type embryonnaire existant normalement à la base de la couche épithéliale intestinale. Les noyaux, de forme ovale très allongée, sont constitués par des grains de chromatine intensément colorés par le bleu de toluidine ou la thionine ; les nucléoles, très fuchsinophiles, sont

PLANCHE VI

Histophysiologie normale du tube digestif

Fɪɢ. 12. — Coupe longitudinale dans le mésointestin moyen d'un ver à soie à la fin du quatrième âge, trois heures après le premier repas de la journée. Première phase du processus de la sécrétion. Les cellules cylindriques apparaissent beaucoup plus volumineuses que celles des figures 10 et 11 de la planche précédente. Le noyau est aussi plus volumineux et se rapproche de la lumière de l'intestin. Le chondriome affecte une disposition caractéristique : il se présente sous forme de grains et de filaments courts entourant les petites vacuoles arrondies qui se forment très nombreuses dans le voisinage du plateau.

Fɪɢ. 13. — Coupe longitudinale dans le mésointestin moyen d'un ver à soie de même âge et de même origine que le précédent. Phase active de la sécrétion. On observe la présence de grosses vacuoles dans la partie distale des cellules cylindriques ; le protoplasme est plus clair qu'au stade précédent ; les vacuoles ciliées des cellules caliciformes sont comme aplaties entre les cellules cylindriques. Le plateau cellulaire apparaît déchiqueté ; les boules de sécrétion sont assez nombreuses entre le plateau cellulaire et la membrane péritrophique.

Fixation au formol salé ; coloration de Kᴜʟʟ.

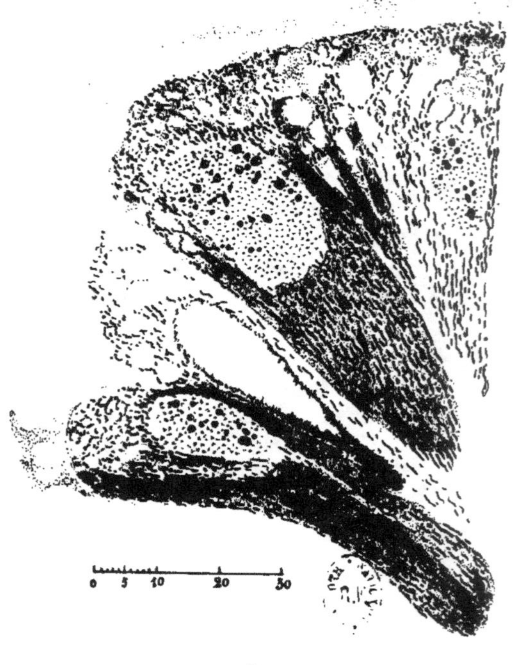

Fig. 12

Fig. 13

PLANCHE VII

Histophysiologie normale du tube digestif

Fig. 14. — Coupe longitudinale dans le mésointestin moyen d'un ver à soie à la fin du quatrième âge ; trois heures après le premier repas de la journée. Dernière phase du processus de la sécrétion. Les cellules cylindriques sont beaucoup plus aplaties que pendant les stades précédents ; on constate aussi une diminution importante du volume du noyau et la formation de vacuoles qui paraissent être l'origine des vacuoles ciliées des cellules caliciformes.

Si l'on compare ce stade avec les précédents, on constate une augmentation très sensible des dimensions des cellules caliciformes ; cet accroissement de volume ne correspond pas à une activité fonctionnelle plus grande de la cellule caliciforme ; il paraît être la conséquence de l'aplatissement des cellules cylindriques après la mise en liberté de la sécrétion. Le plateau cellulaire devient à nouveau très homogène. Le chondriome est uniformément réparti dans toute l'aire protoplasmique.

Fig. 15. — Coupe longitudinale dans le mésointestin postérieur d'un ver à soie à la fin du quatrième âge. Le protoplasme est plus ou moins riche en inclusions de graisse accumulées surtout dans la partie distale des cellules cylindriques et même des cellules caliciformes.

Fixation au formol salé ; coloration de Kull.

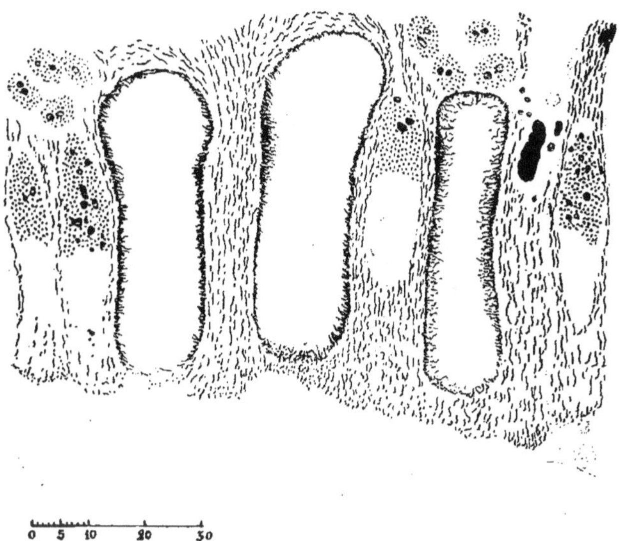

Fig. 14

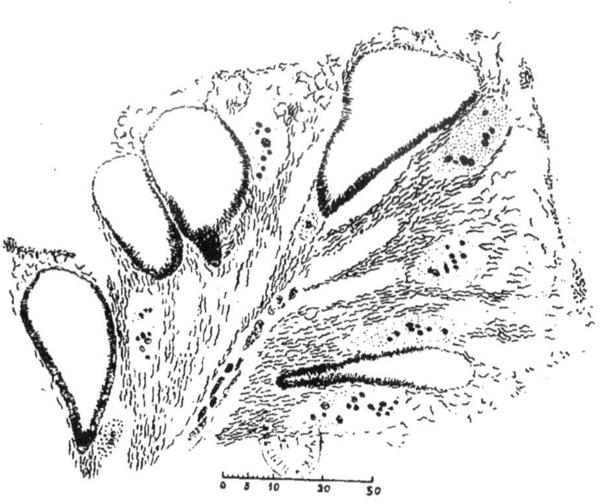

Fig. 15

A. Paillot, *dél.*

Service photographique de l'Université, Lyon, *édit.*

en nombre variable. Il est impossible de distinguer une membrane
de séparation entre les diverses cellules épithéliales. Le chondriome, assez abondant, est formé de longs chondriocontes disposés
en files rectilignes comme dans les cellules de la partie antérieure
du mésentéron ; c'est peut-être à la présence de ces files de chondriocontes, qu'est dû l'aspect fibrillaire décrit par A. Foa dans le
protoplasme des cellules cylindriques. Le plateau est constitué par
une couche continue d'apparence non striée, après fixation par les
méthodes mitochondriales et coloration par la méthode de Kull ;
cette couche est plus ou moins creusée de vacuoles perpendiculaires en général à la surface du plateau. On peut observer, au niveau d'une des cellules de la figure 10 une sorte d'évacuation de
chondriosomes ; ce phénomène, qui paraît nettement distinct de la
sécrétion proprement dite, est particulièrement marqué dans la
figure 11. Il est possible que la substance ainsi mise en liberté dans
la lumière intestinale contribue directement à former ou à renforcer la membrane péritrophique.

Les cellules caliciformes sont caractérisées par la présence d'une
énorme vacuole ciliée ; elles sont pourvues d'un noyau relativement
petit, placé en général à la base de la vacuole ; celle-ci affleure le
plateau mais ne s'ouvre pas dans la lumière intestinale ; le plus
souvent elle ne renferme aucune substance susceptible d'être considérée comme un produit de sécrétion.

Un deuxième type, représenté dans la figure 12, montre le début
de l'activité sécrétoire proprement dite. Les cellules cylindriques
deviennent très grosses ; leur cytoplasme est dense, surtout dans
la partie basale ; les chondriosomes se multiplient activement et
sont formés de longs chondriocontes toujours disposés en files rectilignes. Dans la partie distale, le cytoplasme est plus clair et plus
vacuolaire ; les chondriocontes fragmentés perdent leur première
orientation et se dispersent en tous sens. L'aspect sous lequel ils

se présentent est tout différent de celui figuré par O. Shinoda ; en particulier, ils sont beaucoup plus abondants et on n'observe pas de forme modifiée. Le noyau est énorme et se rapproche sensiblement de la base du plateau ; il renferme un grand nombre de nucléoles arrondis très fuchsinophiles ; il ne semble pas, comme dans les cellules séricigènes, que les nucléoles naissent directement aux dépens des mottes chromatiniennes. Chondriome et noyau jouent certainement un rôle fondamental dans la sécrétion, mais ce rôle apparaît beaucoup plus énigmatique que dans d'autres cellules de type voisin. En collaboration avec R. Noël, j'ai montré que dans les cellules séricigènes par exemple, le noyau intervenait directement dans l'élaboration de la soie par une émission de nucléoles dont la substance se fondait peu à peu avec la substance cytoplasmique ; mais, ici, on n'observe rien de semblable. Il est certain cependant qu'une partie de la substance nucléaire contribue directement à l'élaboration du suc. digestif : on constate en effet que la masse du noyau diminue très sensiblement après l'acte de la sécrétion. Quant au rôle joué par le chondriome, il est vraisemblablement d'ordre catalytique ; toutefois, on constate qu'il se résorbe en partie après s'être activement multiplié. On n'observe pas, dans l'intérieur de la cellule, la présence de boules de sécrétion comparables à celles que Millot a mises en évidence chez les Aranéides. La sécrétion paraît constituée par du cytoplasme indifférent modifié à la suite des interventions nucléaires et chondriosomiques ; l'expulsion a lieu sans qu'on puisse la caractériser morphologiquement ; la disposition en boules individualisées n'est apparente qu'après expulsion complète de la cellule.

Les cellules caliciformes ne présentent aucune modification morphologique comparable à celles qui viennent d'être décrites. Contrairement à ce que pense O. Shinoda, ces éléments sont tous pourvus de chondriosomes, ceux-ci sont moins nombreux cependant que dans les cellules cylindriques.

La figure 13 représente une troisième phase dans le fonctionnement de la cellule ; après expulsion du liquide de sécrétion, le protoplasme devient très vacuolaire dans la partie distale de la cellule ; la taille du noyau est notablement diminuée et sa situation tend à devenir plutôt basale.

Dans une dernière phase (Fig. 14), il y a perte de substance nucléaire et formation de vacuoles qui, en s'élargissant, donnent naissance, très vraisemblablement, aux vacuoles ciliées des cellules caliciformes ; les cils, qui tapissent les parois de cette vacuole, semblent formés par les chondriocontes eux-mêmes ; à l'appui de cette hypothèse, on peut citer le fait que les cils sont plus denses et plus longs dans la partie basale de la vacuole, c'est-à-dire là où les chondriocontes étaient également plus nombreux et plus allongés, que dans la partie distale où ils manquent généralement. On peut déduire de ces observations que les cellules caliciformes ne sont pas autre chose que des cellules cylindriques en état de quiescence, ce qui confirme les opinions de Verson, Berlese, O. Shinoda, etc... Signalons aussi que ces cellules, contrairement à l'opinion de A. Foa, ne présentent aucun signe visible d'activité fonctionnelle.

3° Mésointestin postérieur. — Au point de vue cytologique comme au point de vue fonctionnel, le tiers postérieur de l'intestin moyen diffère sensiblement de la région qui vient d'être étudiée. On observe, comme dans celle-ci, la présence de cellules cylindriques et de cellules caliciformes alternant plus ou moins régulièrement (Fig. 15, Pl. VII); d'une manière générale, les premières sont moins volumineuses ; observées à l'état frais, elles apparaissent très souvent remplies d'inclusions réfringentes dans la partie distale ; le nombre des inclusions intraprotoplasmiques varie d'individu à individu .

elles présentent les réactions des graisses et constituent vraisemblablement des substances de réserves jouant un rôle dans la sécrétion. Le mécanisme de la sécrétion ne présente pas de différence sensible avec celui qui a été décrit plus haut. Les produits de sécrétion élaborés dans la partie postérieure du mésentéron n'ont pas les mêmes propriétés que ceux élaborés dans la partie antérieure. Si l'on étudie comparativement le pH de chacun d'eux, on constate que celui des premiers est toujours supérieur de 0,2 environ à celui des autres ; autrement dit, le contenu intestinal du Ver à soie est toujours plus alcalin dans la région postérieure de l'intestin que dans la région antérieure. Cette constatation n'est pas nouvelle ni particulière au Ver à soie : dès l'année 1898, en effet, BIEDERMANN étudiant la digestion chez les larves de *Tenebrio molitor*, montrait qu'il existe une différence histologique et physiologique entre les 2/3 antérieurs du tube digestif et le 1/3 postérieur ; A. FOA a fait des constatations analogues chez le Ver à soie.

Dans sa partie terminale, la structure histologique de l'épithélium intestinal change considérablement ; on ne distingue plus de cellules caliciformes mais seulement des cellules plus ou moins allongées de type cylindrique ; les dernières cellules ont des dimensions de plus en plus réduites et présentent les caractères de cellules embryonnaires : c'est l'anneau imaginal postérieur d'accroissement qui correspond à l'anneau imaginal antérieur décrit plus haut (Fig. 16, Pl. VIII).

INTESTIN POSTÉRIEUR. — L'intestin postérieur prend naissance dans le cul de sac de l'anneau imaginal (Fig. 16) ; à partir de ce point, l'épithélium apparaît recouvert d'une couche chitineuse qui se prolonge jusqu'à la sortie et se relie directement avec le revêtement chitineux de l'épiderme. Au point de vue morphologique comme au point de vue cytologique et fonctionnel, l'intestin postérieur

PLANCHE VIII

Histologie et cytologie normales du tube digestif

Fig. 16. — Coupe longitudinale dans la partie intermédiaire entre
l'intestin moyen et l'intestin postérieur d'un ver à soie au deuxième âge.
La partie postérieure de l'épithélium du mésointestin est caractérisée
par l'absence de cellules caliciformes. Les cellules terminales forment
l'anneau imaginal d'accroissement postérieur. A partir du cul-de-sac
formé par les cellules de l'anneau imaginal, l'épithélium apparaît recouvert d'une couche de chitine ; formé tout d'abord de cellules très aplaties, il s'épaissit peu à peu et forme un repli dont les bords peuvent se
rejoindre en fermant la lumière intestinale ; c'est la valvule rectale limitée extérieurement par une couche chitineuse ; on distingue dans cette
couche, des épaississements en forme de fuseau colorables par la fuchsine
acide.

Le protoplasme des cellules épithéliales de la valvule est clair et de
structure alvéolaire. Dans les noyaux des cellules les plus antérieures
les nucléoles sont en voie de multiplication et se présentent sous forme
d'amas de grains fuchsinophiles.

Fixation au formol salé ; coloration de KULL.

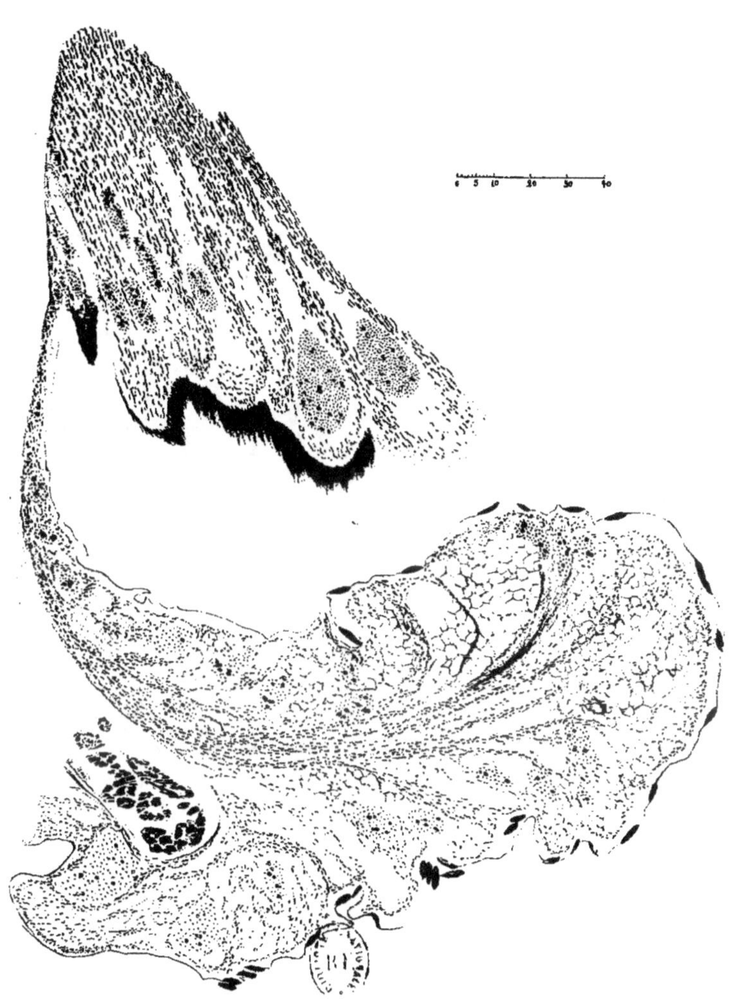

Fig. 16

A. Paillot, *dél.*   Service photographique de l'Université, Lyon, *édit.*

peut être divisé en plusieurs régions bien distinctes :

1° *L'Intestin grêle*, qui fait directement suite à l'intestin moyen, est un tube court et assez étroit, dont les parois se rapprochent, vers la partie postérieure, pour former des étranglements. C'est dans l'intestin grêle que débouchent les tubes de Malpighi.

Au point de jonction avec l'anneau imaginal, l'épithélium est très mince et formé de petites cellules aplaties ; peu après, les cellules deviennent plus volumineuses et l'épithélium forme un repli qui constitue la valvule rectale ou pylore. Les cellules de cette valvule ont un cytoplasme clair de structure alvéolaire ; le chondriome, relativement abondant, est formé de chondriocontes très fins, plus ou moins allongés et sans orientation définie; l'aire nucléaire se présente sous forme d'un semis relativement clair de petites mottes chromatiniennes à travers lequel se détachent les nucléoles fuchsinophiles en nombre variable, mais toujours sensiblement moins abondants que dans le noyau des cellules sécrétrices ; dans quelques cellules, ils se présentent sous forme de petits amas ; ce sont là, à mon avis, des nucléoles en voie de multiplication ; cette hypothèse apparait d'autant plus vraisemblable que la coupe utilisée pour dessiner la figure 16 provient d'un ver fixé peu après la mue, c'est-à-dire au moment de la reprise de l'activité cellulaire normale ; pareil phénomène peut d'ailleurs être observé dans beaucoup d'autres cellules de type différent. Dans la couche chitineuse qui recouvre la surface libre des cellules, on observe la présence de blocs fuchsinophiles en forme de fuseau ; ces blocs se retrouvent en plus ou moins grand nombre sur toute la surface de l'intestin grêle ; ils correspondent vraisemblablement à une condensation de la substance chitineuse et leur présence contribue à renforcer la cuticule.

L'épithélium qui fait suite à la valvule est formé de cellules très aplaties ; comme celui de l'œsophage, il apparaît plus ou moins plissé et se distend au moment où le contenu de l'intestin moyen se déverse dans l'intestin postérieur. Le noyau des cellules épithéliales est relativement volumineux et fait hernie en dehors ; il renferme de nombreux nucléoles fuchsinophiles de forme régulièrement arrondie ; le protoplasme apparaît clair et souvent vacuolaire : le chondriome, assez abondant, est formé de nombreux chondriocontes allongés, très fins et sans orientation définie ; en somme, la structure cytologique de cet épithélium présente les plus grandes analogies avec celle de l'épithélium de l'œsophage. La tunique moyenne de l'intestin grêle est constituée par des faisceaux de fibres circulaires serrés les uns contre les autres ; la tunique externe, par des faisceaux de fibres longitudinales beaucoup plus espacés les uns des autres. Sur coupes longitudinales, les faisceaux circulaires apparaissent particulièrement denses et volumineux dans les étranglements postérieurs de la paroi, surtout le dernier, qui marque l'entrée de la partie moyenne de l'intestin postérieur ;

2° *Région absorbante.* Cette région est caractérisée morphologiquement par la présence de courts cœcums. Les cellules de la paroi épithéliale présentent des caractères très différents de ceux des autres cellules, notamment de celles qui les précèdent : elles sont recouvertes extérieurement d'une épaisse couche de chitine où l'on distingue nettement deux couches de densité inégale, la plus dense étant celle qui se trouve en bordure de la lumière ; le protoplasme sous-jacent apparaît creusé de fins canalicules dont les parois sont constituées ou limitées par des chondriocontes rectilignes disposés en palissade; les canalicules débouchent dans des vacuoles orientées dans le même sens que ceux-ci (fig. 17, Pl. IX) ; dans la partie basale, la structure du protoplasme est homogène et non alvéolaire comme celle du protoplasme des cellules de l'intestin grêle ; les chondriocontes sont plus denses dans la partie distale de la cellule que dans la partie basale ; ils sont en général orientés dans le

PLANCHE IX

Histologie et cytologie normales du tube digestif

Fig. 17. — Coupe longitudinale dans la région absorbante de l'intestin postérieur d'un ver à soie normal. La couche chitineuse très épaissie apparaît constituée par deux couches de densité inégale, la plus dense étant celle qui limite l'épithélium du côté de la lumière. Immédiatement sous la cuticule, on observe des rangées de chondriocontes disposés en palissades perpendiculaires à la paroi chitineuse ; ces chondriocontes délimitent de fins canalicules qui débouchent dans des vacuoles allongées dans le même sens que ces derniers. Les noyaux sont énormes ; dans la partie basale, on observe souvent une sorte d'interpénétration des substances cytoplasmique et nucléaire ; la limite de séparation des deux couches est alors indistincte.

Le chondriome, peu abondant dans la partie basale des cellules se présente sous forme de grains ou de filaments courts et ténus.

Fixation au formol salé ; coloration de Kull.

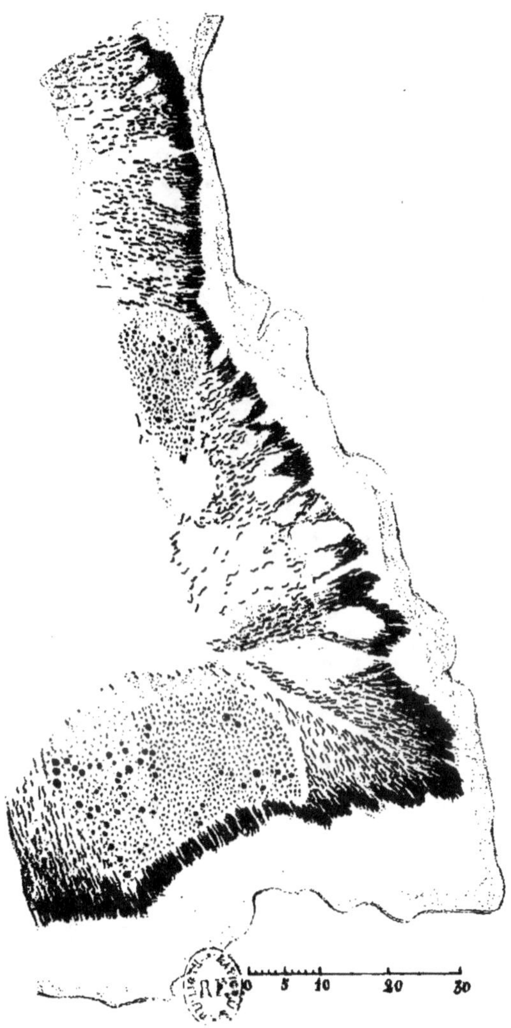

Fig. 17

même sens que les canalicules et les vacuoles ; le noyau est volumineux et renferme de nombreux nucléoles fuchsinophiles de dimensions assez inégales ; les grains de chromatine sont assez difficiles à distinguer ; en certains endroits même, il semble que la chromatine affecte une disposition toute différente de celle qui peut être considérée comme normale ; on peut observer aussi une pénétration de la substance nucléaire dans la substance protoplasmique; la limite du noyau apparaît alors très imprécise. Les caractères très particuliers de la structure cytologique de l'épithélium de la région moyenne de l'intestin postérieur démontrent que cette région doit jouer un rôle prédominant dans l'absorption. L'existence de replis longitudinaux et transversaux, qui augmentent considérablement la surface de contact avec le contenu intestinal, favorise l'absorption de la partie nutritive liquide ; la présence de nombreux et volumineux faisceaux de fibres circulaires dans la tunique moyenne démontre que la filtration à travers l'épithélium doit se faire sous pression et non simplement par dialyse. La plupart des auteurs ont affirmé que l'intestin postérieur des Insectes ne jouait aucun rôle dans l'absorption et que cette fonction était localisée dans l'intestin moyen. Cette opinion repose sur le fait que l'ingestion de liquides colorés est suivie d'absorption du colorant par les cellules du mésointestin à l'exclusion de celles des autres régions intestinales ; à mon avis, ce fait ne saurait constituer une démonstration en faveur de la thèse défendue par ces auteurs ; la pénétration de colorants vitaux dans les cellules est en effet indépendante de leur rôle fonctionnel ; l'expérience de Cuénot sur les Blattes nourries avec farine mélangée de lactate de fer (expérience rapportée par P. Marchal dans l'article du dictionnaire de Physiologie de Richet concernant les Insectes) ne peut être de même considérée comme une démonstration rigoureuse du rôle d'absorption joué par les cellules de l'intestin moyen. Cette thèse, en ce qui concerne plus particulièrement le Ver à soie, est en contradiction avec les faits d'observation ; il est facile en effet de constater que le contenu intestinal reste semi-fluide sur toute la longueur du tube intestinal moyen et qu'il ne se décharge de la partie liquide qu'au niveau de l'intestin postérieur. La pression exercée par les fibres de la tunique moyenne détermine un véritable moulage de la paroi sur la partie destinée à être évacuée. Ces faits venant à la suite des arguments d'ordre cytologique et anatomique exposés plus haut, démontrent clairement que la véritable région d'absorption, chez le Ver à soie tout au moins, est représentée par la partie moyenne de l'intestin postérieur ; c'est la thèse soutenue depuis longtemps par VERSON, BERLESE, FRENZEL.

3° Le *Rectum*, qui constitue la dernière partie de l'intestin postérieur, est une simple ampoule ne paraissant jouer aucun rôle actif dans l'évacuation du contenu intestinal. Sa paroi est formée d'une couche de cellules épithéliales très aplaties ; il n'existe pas de tunique musculaire comme dans les autres régions du tube digestif, mais seulement quelques fibres rattachées à la paroi et servant à relever ou abaisser l'ampoule.

ÉTUDE CYTOLOGIQUE DU SANG, DU CORPS ADIPEUX DU TISSU PÉRICARDIAL ET DE L'ÉPIDERME

Une étude détaillée de ces différents tissus a été faite en collaration avec mon ami R. NOËL ; je ne mentionnerai ici que les résultats les plus importants de nos recherches et renvoie le lecteur au mémoire qui vient d'être publié sur ce sujet.

ETUDE DU SANG. — On sait que le sang des chenilles de Macrolépidoptères est caractérisé, au point de vue cytologique, par la présence de trois types cellulaires différents, auxquels j'ai donné les noms de macronucléocyte, micronucléocyte et œnocytoïde. Les macronucléocytes sont caractérisés, comme le nom l'indique, par un noyau relativement volumineux formé de fines mottes régulièrement réparties dans toute l'aire nucléaire ; les nucléoles sont peu nombreux ; le protoplasme est dense et se colore intensément en bleu par le Giemsa ; les macronucléocytes ne phagocytent pas mais participent activement à la réaction de caryocinétose que j'ai fait connaître en 1919; ils affectent souvent, à l'état vivant, la forme du fuseau. Les micronucléocytes ont un noyau de petite taille ; le protoplasme clair est assez souvent vacuolaire : on observe fréquemment la présence d'inclusions réfringentes ; les micronucléocytes ne se présentent jamais sous la forme de fuseau ; ils sont doués de la propriété de phagocyter. Les œnocytoïdes sont beaucoup moins nombreux que les macro- et les micronucléocytes ; ils sont caractérisés par un petit noyau, un protoplasme abondant de structure granuleuse ; leur rôle dans l'économie est énigmatique.

Chez le Ver à soie (Fig. 18), les cellules sanguines sont conformes au type général ; on peut signaler cependant que les œnocytoïdes, après coloration au Giemsa, se présentent avec un cytoplasme moins homogène que chez d'autres chenilles ; on observe fréquemment des plages plus ou moins étendues, faiblement éosinophiles et non granuleuses. Après fixation par les méthodes mitochondriales et coloration par la méthode de Kull, le chondriome des micronucléocytes apparaît constitué par des chondriocontes et des mitochondries ; les chondriocontes sont généralement assez courts et d'une épaisseur relativement considérable ; il existe des formes intermédiaires ; tous ces éléments sont en général disposés en couronne autour du noyau. Pendant la mue, il se forme dans le cytoplasme des inclusions de nature albuminoïde ou plastes qui disparaissent peu après que la chenille a rejeté sa dépouille : il s'agit là, comme Noël et moi l'avons montré, d'une élaboration mitochondriale. Dans les macronucléocytes, les chondriosomes sont constitués par de fins chondriocontes collés à la membrane nu-

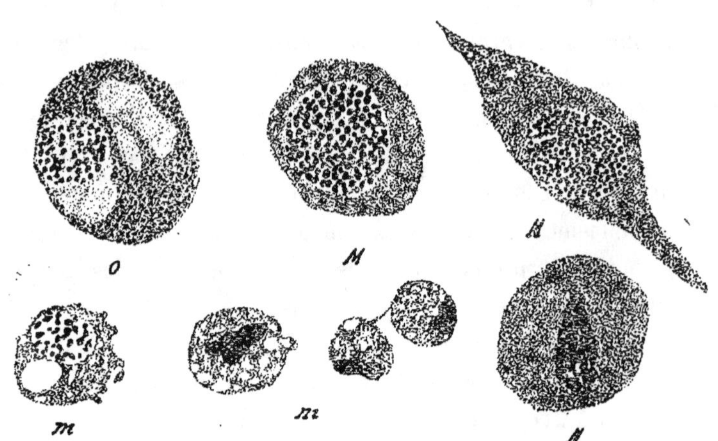

FIG. 18. — Sang normal de Ver à soie ; frottis coloré au Giemsa. — *m* : micronucléocytes normaux et en caryocinèse — *M* : macronucléocytes normaux et en caryocinèse. — O : Œnocytoïde.

cléaire ; il n'existe pas de plaste dans ces éléments ni de vacuole intracellulaire. Leur rôle dans l'économie apparaît assez énigmatique.

ETUDE DU CORPS ADIPEUX. — Le corps adipeux du Ver à soie est relativement peu développé comparativement à celui des larves de Diptères ou d'Hyménoptères. Il est constitué par de minces bandelettes blanches tendues dans le sens de la longueur du corps et maintenues en place dans la cavité générale par les trachées. Comme certains auteurs l'ont remarqué, en particulier HOLLANDE pour les chenilles de *Vanessa io* et de *V. urticae*, il existe deux sortes de cellules adipeuses différentes, non seulement par la taille, mais aussi par la structure ; comme à certains stades de la vie larvaire, la différence entre les deux espèces de cellules est presque impossible à déterminer, on peut admettre que la différence est simplement due à des variations dans le degré d'évolution de ces éléments. Comme le dit P. MARCHAL, le corps adipeux est le siège principal des transformations chimiques subies par les matériaux apportés par le sang ; c'est à son intérieur que s'accumulent les réserves qui seront utilisées ensuite suivant les besoins de l'organisme. Son rôle est surtout important pendant la mue et la nymphose. P. MARCHAL a montré ainsi que « le corps adipeux fonctionne à des degrés divers, chez les Insectes, comme rein d'accumulation ; tantôt certaines de ses cellules sont spécialisées à cet effet (cellules uriques ou à urates) ; tantôt l'emmagasinement se fait indistinctement dans toute la masse du tissu adipeux. »

Les cellules adipeuses sont constituées par une portion centrale occupée par le noyau. Celui-ci apparaît serti d'une couche de protoplasme homogène plus ou moins épaisse de laquelle partent de fines trabécules qui vont rejoindre une couche périphérique également homogène, formant une membrane continue dont la surface apparaît condensée. Dans l'intervalle situé entre le noyau et la couche protoplasmique superficielle, les trabécules protoplasmiques délimitent, par leur intrication, toute une série de géodes incluses dans leur maille et qui apparaissent en clair sur les préparations traitées par les méthodes d'inclusion ordinaires ; après examen à l'état frais, on reconnaît facilement l'emplacement occupé par les gouttelettes de graisse. Le chondriome est formé de chondriocontes longs et flexueux disposés : soit dans la sertissure protoplasmique périnucléaire, soit dans la couche protoplasmique périphérique, soit enfin dans les trabécules cytoplasmiques ; on distingue aussi, mais en moins grand nombre, des mitochondries et des formes modifiées. Avec Noël, j'ai montré que ces chondriosomes jouaient un rôle très important dans l'élaboration des plastes albuminoïdes qui remplissent plus ou moins complètement la cellule adipeuse à certaines époques de la vie de l'Insecte (mue et nymphose en particulier).

Le noyau, après fixation par les méthodes mitochondriales et coloration par la méthode de Kull, apparaît constitué par de fines mottes de chromatine entre lesquelles on observe des nucléoles plus ou moins fuchsinophiles en nombre variable ; ceux-ci ne sont jamais aussi nombreux que dans les cellules sécrétrices.

Etude du tissu péricardial. — A l'intérieur et sur le pourtour du vaisseau dorsal, on distingue des éléments cellulaires de taille relativement considérable, dont la forme générale rappelle celle des cellules adipeuses : ce sont les cellules péricardiales appelées aussi *Néphrocytes à carminate*. On les considère généralement comme des organes d'excrétion acide. Chez le Ver à soie, les cellules péricardiales sont groupées en travées plus ou moins allongées ; comme chez beaucoup d'Insectes, les dimensions des cellules qui constituent ces travées sont d'autant plus petites qu'elles sont plus éloignées du sinus cardiaque.

En dehors des périodes de mue, les cellules péricardiales se présentent sous l'aspect suivant : la portion centrale est occupée par le noyau dont la structure se rapproche beaucoup de celle des cellules adipeuses ; les nucléoles sont cependant en nombre plus grand que dans ces dernières. Le chondriome est très abondant ; il se présente sous forme de filaments longs et grêles ou de courts bâtonnets trapus. Comme dans les cellules adipeuses et les micronucléocytes du sang, on observe, pendant les périodes de mue et au cours de la nymphose, une accumulation de plastes de nature albuminoïde dans le cytoplasme ; ces plastes, qui constituent des substances de réserve, sont d'origine mitochondriale. On observe également dans le cytoplasme la présence d'autres plastes envacuolés dont l'origine est toute différente de celle des premiers. Les cellules péricardiales ne sont donc pas seulement des organes d'excrétion, elles peuvent fonctionner comme les cellules adipeuses, c'est-à-dire comme reins d'accumulation.

CELLULES HYPODERMIQUES. — Ce sont des éléments assez volumineux, plus hauts que larges dont le cytoplasme très clair est ponctué de chondriosomes filamenteux de deux catégories : on trouve d'abord des éléments uniformément calibrés, longs et flexueux, et des chaînettes de granulations soit indépendantes les unes des autres, soit reliées par de fins tractus ; on voit également des mitochondries granuleuses isolées. Dans le pôle basal de certaines cellules, on remarque de très nombreuses édifications pigmentaires d'une teinte jaune verdâtre, de forme arrondie. J'ai montré, avec NoëL, que ces édifications pigmentaires étaient d'origine mitochondriale ; le pigment se condense autour des mitochondries granuleuses qui jouent ainsi le rôle d'organites élaborateurs.

La surface externe des cellules hypodermiques est recouverte d'une couche épaisse de chitine de structure plus ou moins lamelleuse ; cette couche s'étend sur toute la surface du corps ; elle est élaborée par les cellules hypodermiques sous-jacentes ; le mécanisme de cette élaboration est encore mal connu.

Outre ces cellules, la couche hypodermique comprend un certain nombre d'autres cellules isolées du type glandulaire, caractérisées par leur taille plus volumineuse, leur noyau plus ou moins denticulé ou ramifié, leur cytoplasme plus dense et plus riche en chondriosomes. N'ayant pas fait de recherches spéciales sur le fonctionnement de ces glandes ni sur leur évolution, je ne fais que les mentionner ici.

L'étude cytologique des organes non mentionnés dans ce travail (glandes séricigènes, tubes de Malpighi, système nerveux, muscles, etc...) a fait ou fera l'objet de mémoires spéciaux.

La Grasserie.

CHAPITRE PREMIER

HISTORIQUE DE LA MALADIE

DONNÉES ANCIENNES SUR LA GRASSERIE
DU VER A SOIE

Pendant longtemps, on a considéré la grasserie comme une maladie sans importance comparativement aux autres affections du Ver à soie comme la pébrine et la flacherie ; beaucoup d'éducateurs voyaient même d'un œil favorable la présence de « Vers gras » ; c'était pour eux d'excellent augure et un indice certain de bonne récolte. Depuis quelques années cependant, cette croyance est à peu près complètement abandonnée ; on constate, en effet, que partout la maladie tend à prendre un caractère malin de plus en plus accusé. En 1924, la plupart des éducateurs de l'Ardèche m'affirmaient que la grasserie leur causait plus de dommages que toutes les autres affections du Ver à soie ; j'ai pu constater, depuis, que leur affirmation n'était pas exagérée. Un auteur Italien, C.

Acqua, qui m'avait reproché en 1925 d'avoir inutilement jeté l'alarme parmi les sériciculteurs, a dû lui aussi s'incliner devant les faits et reconnaître que la grasserie était bien un redoutable fléau contre lequel il devenait urgent d'engager la lutte.

L'existence de la grasserie est connue depuis longtemps. Dès l'année 1527, le poète latin Vida y faisait une courte allusion dans le poème qu'il a consacré au Bombyx du mûrier. Il n'est pas douteux, en effet, que c'est bien à la grasserie que s'appliquent les vers suivants extraits du poème de Vida (traduction française de Bonnafous) :

« Dès que d'une eau saline il ressent l'amertume,
Un invisible fléau l'irrite et le consume ;
Il se courbe, il se dresse, il se recourbe encor,
Languit, s'énerve et prend l'éclat trompeur de l'or ;
La fibre se déchire, un mal impur l'affecte.
En vain Cypris naquit au sein des flots amers,
Cypris ne put dompter l'âcre saveur des mers.
Il est même, grands Dieux ! oserais-je dire ?
Des hommes enivrés d'un coupable délire
Qui de cette eau funèbre arrosent les rameaux ;
Garde donc, jour et nuit, tes frêles animaux. »

La cause de la maladie est attribuée par Vida aux vents marins ; il y fait une allusion très nette dans les deux premiers vers. Nous verrons, en étudiant les maladies intestinales, que les anciens auteurs attribuaient aussi une influence pernicieuse à ces vents marins. Encore aujourd'hui, les vents du Midi sont appréhendés par les éducateurs ; même les médecins affirment qu'ils ont une influence pernicieuse sur l'homme et principalement sur les enfants. En ce qui concerne le Ver à soie, il n'est pas douteux qu'ils favorisent l'évolution de certaines maladies et qu'ils en accélèrent le rythme ; cependant ils ne sauraient être tenus responsables de l'apparition de la grasserie dans les éducations.

Il est très curieux de constater que déjà au XVIe siècle on avait l'intuition que la maladie était contagieuse. Comment interpréter autrement l'indignation du poète à la pensée que des éducateurs ignorants souillent volontairement la feuille de mûrier avec le sang laiteux qui s'écoule des vers malades ? Une telle pratique lui apparaissait donc très dangereuse pour les vers non encore atteints par la maladie.

Boissier de Sauvages, dont les mémoires sur l'éducation du Ver à soie ont été publiés en 1763, a donné de la maladie des gras ou grasserie, comme il l'appelle, une description très détaillée et très exacte : « Cette maladie, écrit-il, se déclare plus communément au temps de la deuxième mue et dans le troisième âge : les vers qui en sont atteints refusent de s'aliter avec le reste de la troupe pour muer ; ils continuent de manger tandis que les vers perdent l'appétit ; ils grossissent aussi davantage, ou plutôt, ils s'enflent et leur peau devient luisante par la tension, comme ceux qui s'apprêtent à muer ; mais il y a cette différence que le corps de ces derniers a acquis un peu de transparence en se vidant ; celui des autres demeure opaque et de couleur verdâtre à cause de la feuille ou de la mangeaille qui s'y est entassée : ils cessent enfin de manger ; l'humeur ou la lymphe qui leur tient lieu de sang ne circule sans doute qu'avec peine ; elle s'altère ou se corrompt par le repos joint à la chaleur ; la peau de l'animal prend une nuance jaunâtre qui est celle de la lymphe : cette humeur claire et limpide dans l'état de santé, mais devenue trouble et purulente comme de la sanie, transsude à travers la peau qui en devient toute gluante ; il en laisse des traces sur son passage ; il court, il salit les autres vers qu'il rencontre et son corps rapetisse d'autant ; il périt enfin deux ou trois jours après la mue de ses camarades. » En dehors de quelques erreurs inévitables, étant donné l'état des connaissances sur la pathologie générale à l'époque où Boissier de Sauvages écrivait ses mémoires, les observations de cet auteur sont remarquablement justes et précises.

Pour lui, « la grasserie prend son origine : 1° dans la couvée : 2° dans la qualité de la feuille ; 3° dans une certaine température de l'air lorsque le ver est tué à la fin de sa vie ou à son dernier âge. » Il ne faudrait pas croire cependant que B. de Sauvages admet que la maladie est héréditaire parce qu'elle se manifeste dès les premiers âges; elle est uniquement due, pour lui, à une mauvaise hivernation de la graine, en particulier, à l'influence néfaste d'une température ambiante trop élevée. N'est-il pas vraiment remarquable qu'à l'époque où vivait l'auteur, on savait déjà que la graine de Ver à soie devait obligatoirement subir l'action du froid prolongé? Les mêmes idées ont été exposées tout récemment, mais l'hivernage défectueux n'est plus considéré aujourd'hui comme une cause de grasserie : on admet que les vers qui naissent d'œufs ayant séjourné à une température ambiante trop élevée, au cours de l'hiver, sont moins robustes que les autres et restent prédisposés à toutes espèces de maladies, mais plus spécialement à celles qui ont pour siège le tube digestif.

J'ai trouvé mention, dans les mémoires de B. de Sauvages, d'un traitement très curieux qui rappelle singulièrement ceux en usage depuis peu d'années en thérapeutique humaine. « Cette température qui est la plus favorable pour toute l'éducation (chaleur sèche) est celle en même temps où l'air est plus électrique et où les expériences de l'électricité réussissent le mieux : il paraît, par celles que ce phénomène a donné occasion de faire, que le fluide. qui y joue un si grand rôle, pénètre tous les corps et que, passant dans ceux des animaux, il en agite les humeurs, les réchauffe, les divise et les fait transpirer. Si l'on pouvait donc commodément électrifier les Vers à soie menacés de grasserie ou de la jaunisse, on préviendrait ces maladies ; on guérirait même celles qui ne seraient que commencées ; car, pour les autres, ce serait un moyen sûr d'accélérer la mort des vers qui en seraient attaqués. »

A lire ces quelques lignes ne croirait-on pas entendre un auteur moderne discourir sur les bienfaits de l'électrothérapie dans le traitement de certaines affections humaines ?

P. H. Nysten, qui publia en 1808 un mémoire très intéressant sur les maladies du Ver à soie et qui fit de remarquables observations sur la muscardine et la maladie des « morts-flats », ne donne que des détails sans intérêt sur la grasserie : « Je suis très disposé à croire, écrit-il seulement, qu'une nourriture trop consistante donnée dans les deux ou trois premiers âges, favorise le développement de la grasserie ».

En 1857, c'est-à-dire près de cent ans après la publication des célèbres mémoires de l'Abbé-sériciculteur, paraissait sous forme de monographie, un travail non moins célèbre : la « Monografia del bombice del gelso » de l'auteur Italien, Cornalia. Un chapitre important de cette monographie est consacré à l'étude des différentes maladies du Ver à soie. Après avoir donné une description très complète des symptômes de la maladie, Cornalia fait mention, pour la première fois, de ses caractères anatomo-pathologiques : « L'intérieur du corps, en attendant, se décompose ; les différents organes perdent leur consistance et le sang tout d'abord s'altère. La trame fibrineuse qui constitue les globules dits « echinati », dont il a été question dans l'article consacré au sang, se dissout et laisse en liberté les granules qu'elle contient ; les uns se fondent, d'autres se séparent, d'autres enfin s'agglutinent et constituent des amas, pendant que les autres éléments, qui se trouvent dans le sang de Ver à soie sain, disparaissent. L'état chimique du sang atteint de grasserie continue d'être plutôt acide jusqu'à sa décomposition totale ; il devient opaque et laiteux, semblable à du pus clair. »

Quelquefois, les humeurs du Ver à soie malade se transforment en un liquide noir fétide ; ce cas, auquel l'auteur donne le nom de *negrone*, est regardé par lui bien plus comme un phénomène accompagnant la maladie que comme une maladie spéciale.

Suivant CORNALIA, la plupart des auteurs bacologues considèrent que la grasserie est causée par l'arrêt de la transpiration et de l'oxydation des principes combustibles dans l'acte respiratoire. Nous avons déjà vu que BOISSIER DE SAUVAGES avait attiré l'attention sur les conséquences d'un arrêt de la transpiration du Ver à soie, principalement à l'époque des mues. CORNALIA montre en outre que cet accident résulte principalement de la viciation de l'air ambiant ou d'une mue défectueuse. « Certainement, dit-il, les causes principales qui favorisent spécialement l'évolution de la **grasserie**, sont : d'un côté, air humide, local exigu, insuffisance de la ventilation, trop grande obscurité, manque de propreté; d'un autre côté, influence de la mue et plus particulièrement de la quatrième. »

D'après CORNALIA, DE FILIPI admettait que la grasserie prend son origine dans la cellule péritrachéale à la suite d'un trouble de la respiration, et BANFI, que le solvant de la soie est supprimé dans le Ver à soie sain par le moyen de la transpiration; lorsque le ver est en état de grasserie, que, par suite, la transpiration est supprimée, le solvant reste en excès et agit non seulement sur la soie sécrétée, mais aussi sur tout le corps qui entre en corruption.

Comment éviter la maladie ? En espaçant les vers et aérant suffisamment pour équilibrer la température et l'état hygrométrique de l'air ambiant ; servir un aliment aussi peu aqueux que possible ; tenir les litières sèches et propres.

Le fait important et nouveau mis en lumière par CORNALIA, c'est la présence de corpuscules dans le sang des vers atteints de gras-

serie ; c'est là vraiment ce qui caractérise la maladie et la différencie des autres affections du Ver à soie ; mais il ne semble pas que
l'auteur ait reconnu leur forme polyédrique ; quant à leur origine,
elle est attribuée à tort à une altération particulière du sang.

Fig. 19. — Cellules de trachées de Ver à soie avec corpuscules
polyédriques (d'après MAESTRI).

L'année même où paraissait la monographie du Ver à soie de
CORNALIA, A. MAESTRI publiait un important mémoire sur l'anatomie, la physiologie et la pathologie du même Insecte. Cet auteur
met aussi en évidence, dans le sang des vers gras, des corpuscules
anormaux dont la présence est caractéristique de l'affection ; il
démontre en outre que ces corpuscules ne prennent pas naissance
dans le sang aux dépens des globules, mais se forment aux dépens
du tissu adipeux ; d'après les belles figures qui illustrent son mémoire et dont j'ai reproduit ici deux des plus significatives (Fig. 19
et 20), on se rend très bien compte que l'auteur a parfaitement reconnu que les corpuscules prennent naissance dans le noyau des
cellules ; il a même constaté que le tissu parenchymateux qui entoure les trachées est le siège d'altérations semblables à celles qui
se manifestent au niveau du tissu adipeux ; sur la figure qu'il a des-

sinée à l'appui de cette observation, on distingue nettement les amas de corpuscules. Cependant, d'après lui, les deux types d'altération ne doivent pas être confondus.

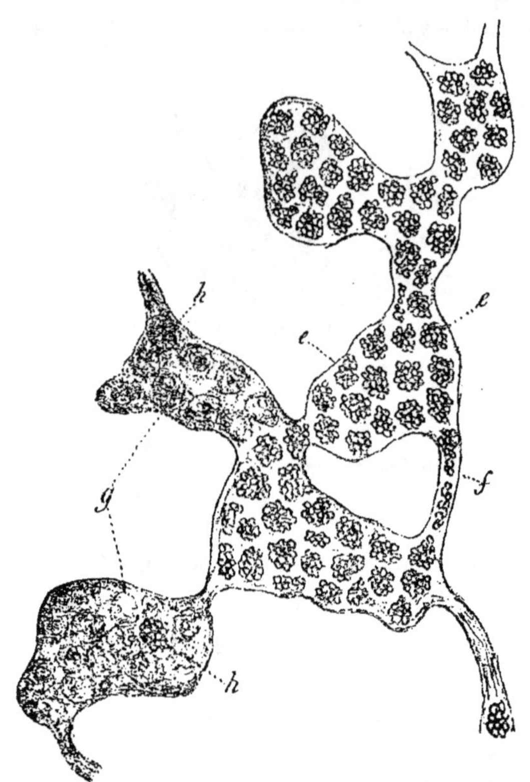

FIG. 20. — Cellules adipeuses de Ver à soie atteint de grasserie (d'après MAESTRI).

Parmi les causes qui déterminent la grasserie, MAESTRI croit devoir signaler en premier lieu, l'action de la chaleur suffisante qui, agissant « *in un modo deleterio* » sur le système respiratoire du ver, détermine une altération et une fonte plus ou moins complète du tissu adipeux.

Les observations de MAESTRI complètent très heureusement celles de CORNALIA, mais elles ne sont pas toutes exactes et on peut relever dès maintenant un certain nombre d'erreurs fondamentales : par exemple, l'affirmation que les corpuscules ne prennent pas naissance dans le sang aux dépens des globules, est fausse ; de même, les altérations qui ont pour siège le tissu péritrachéal et le corps adipeux, n'appartiennent pas à deux types différents.

C'est en 1872 seulement, que la forme cristalline des corpuscules de CORNALIA a été mise en évidence pour la première fois par VER-son. Les observations de cet auteur furent confirmées et complétées par celles du cristallographe PANEBIANCO qui classa les corpuscules cristallins dans le système cubique et les assimila à des cristaux rombododécaédriques. Il montra, d'autre part, que ces cristaux sont très résistants à l'action de la chaleur : ainsi le chauffage à 200° C, pendant deux heures, altère à peine leur forme et leur aspect ; à 300° seulement, ils commencent à noircir. Carbonisés sur lame de platine, ils dégagent une odeur de corne brûlée.

BOLLE, après avoir considéré les corpuscules de la grasserie, auxquels il donna d'abord le nom de « *granuli poliedrici* », comme des cristaux d'urate acide d'ammoniac, puis comme des cristaux de matières albuminoïdes, soutint, en 1894, une thèse tout à fait différente que VERSON n'hésite pas à qualifier de « *stupéfiante* », celle de la nature organisée des corpuscules. Il considère ceux-ci comme les spores d'un Protozoaire parasite, le *Microsporidium polyedricum*.

Depuis l'époque où l'on a reconnu la nature contagieuse de la grasserie et surtout depuis celle où l'on a fait connaître des maladies de même type chez d'autres Lépidoptères que le *Bombyx mori*, en particulier chez la « Nonne » (*Lymantria monocha* L.) dont les chenilles causent de véritables désastres dans les forêts de l'Europe centrale, et chez la « Spongieuse » (*Lymantria dispar*

L.), les travaux sur la grasserie et sur les maladies à polyèdres en
général se sont multipliés. Au point de vue étiologique et épidé-
miologique comme au point de vue anatomo-pathologique, ces différentes affections ne présentent pas de différence essentielle ; c'est
pourquoi je ferai état dans ce chapitre, non seulement des travaux
relatifs à la grasserie, mais aussi de tous ceux relatifs aux autres
maladies à polyèdres. Pour la clarté de l'exposé, j'étudierai successivement l'historique des travaux relatifs à l'anatomo-pathologie de ces maladies, à leur étiologie et à leur épidémiologie.

ANATOMO-PATHOLOGIE
DES MALADIES A POLYÈDRES DES INSECTES

CONTE et LEVRAT paraissent être les premiers auteurs modernes
qui aient donné, en 1906, une description exacte de l'origine cellulaire des corpuscules polyédriques. « Si l'on examine, disent-ils,
des coupes de tissu adipeux d'un ver gras, on y trouve des cellules
indemnes et des cellules contenant des globules polyédriques. Ces
dernières sont en général disposées les unes à côté des autres ;
les globules ne se développent donc pas d'une façon quelconque,
mais leur développement semble se propager d'une cellule à l'autre ». Après coloration des coupes à la safranine ou à l'hématoxyline ferrique, les auteurs ont fait les constatations suivantes : « Un
premier fait est frappant : tous les globules sont groupés à l'intérieur du noyau, jamais dans le cytoplasme ... Ceux-ci forment
un groupe compact, entouré extérieurement par la membrane nucléaire et on retrouve au centre, des vestiges plus ou moins importants de matière chromatique. Si l'on compare les différentes
cellules contenant des granules polyédriques, on arrive à concevoir le développement de ceux-ci de la façon suivante : certaines

cellules montrent dans leur noyau une grosse masse chromatique et, tout autour, un grand nombre de petits points que l'hématoxyline au fer colore en noir. Dans un stade plus avancé, ces points apparaissent nettement polyédriques. Au fur et à mesure qu'ils grossissent, le noyau grossit et devient finalement une large vésicule contenant de gros granules polyédriques tous semblables, puis un reliquat de substance chromatique.

« En même temps, le cytoplasme subit une dégénérescence adipeuse ; finalement, sous la poussée du noyau, la cellule éclate et les globules sont mis en liberté dans le sang ».

Il résulte des observations de Conte et Levrat, que les granules polyédriques sont des cristalloïdes provenant de la dégénérescence de la chromatine du noyau. La dégénérescence nucléaire a été observée dans l'épithélium tégumentaire, le tissu adipeux, l'épithélium trachéal, le tissu nerveux.

Dans un mémoire plus complet publié en 1909, les mêmes auteurs ont donné d'excellentes microphotographies où l'on peut se rendre compte facilement de la genèse des corpuscules polyédriques ; ils considèrent ces derniers comme des cristalloïdes albuminoïdes semblables à ceux que l'on rencontre fréquemment chez les végétaux et certains animaux. Ce mode de dégénérescence protoplasmique a été observé en 1908 chez les Planaires par H. Sabussow. « La masse vivante se résout finalement, écrivent Conte et Levrat, en des composés organiques de forme cristalline, dans la constitution desquels les substances nucléaires doivent avoir une part importante. Ces substances n'interviennent pas seules dans la formation des cristalloïdes ; nous avons vu, en effet, que dans le noyau, persistait toujours une certaine quantité de chromatine, qu'au fur et à mesure de l'hypertrophie nucléaire se produisait une hypertrophie des cristalloïdes et concurremment, une désintégration de la substance cytoplasmique. Celle-ci filtre dans le noyau à travers la membrane et entre dans la composition des cristalloïdes au milieu même de l'amas chromatique ». L'explication donnée par Conte et Levrat de l'origine des corpuscules polyédriques n'est pas absurde *a priori* ; cependant rien ne prouve que la substance cytoplasmique filtre à travers la membrane nucléaire et participe à l'élaboration des corpuscules.

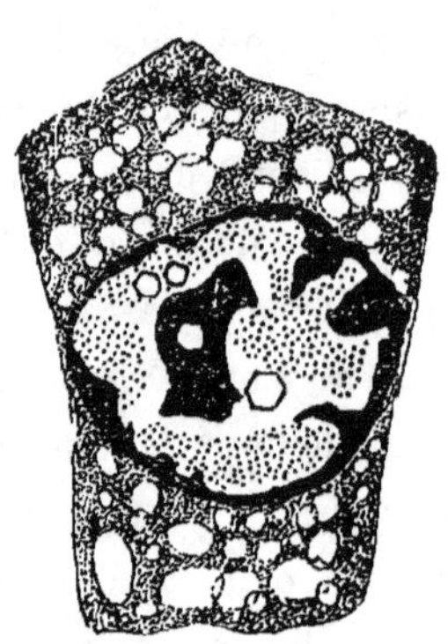

Fig. 21. — Cellule adipeuse de Ver à soie avec granules
intranucléaires en amas ou zooglées
(d'après Prowazek).

Dans son premier travail sur la grasserie du Ver à soie, travail publié en 1907, Prowazek décrit minutieusement les lésions internes qui aboutissent à l'élaboration des corpuscules polyédriques aux dépens de la substance nucléaire de cellules diverses. L'étude histologique a été faite sur frottis de sang et sur coupes après fixation au sublimé alcoolique à chaud. Il note que le nucléole des cellules malades grossit et se colore intensément, notamment dans les éléments du sang. Nous verrons que cette interprétation repose sur une erreur d'observation ; erronée aussi, l'observation sur l'origine cytoplasmique des corpuscules. Cependant, les conclusions de Prowazek sont en général conformes à celles de Conte et Levrat : comme eux, il admet que les corpuscules sont des produits réactionnels de nature nucléo-protéique.

Un deuxième mémoire du même auteur a été publié en 1912 ; il est beaucoup plus complet que le premier et donne de nouveaux détails sur les lésions cellulaires qui caractérisent la maladie des polyèdres chez le Ver à soie. Après emploi de colorants vitaux divers et de méthodes de fixation et coloration spéciales, Prowazek décrit ainsi les processus qui se déroulent dans les cellules malades: à la périphérie du noyau hypertrophié, il se forme une couche irrégulière et discontinue de substance d'origine vraisemblablement chromatique ; cette substance se présente sous l'aspect granuleux ou en masses de grosseur variable ; dans la région centrale, apparaît une inclusion métachromatique de structure gaufrée ; souvent, enfin, dans le voisinage de l'inclusion on observe un, deux ou plusieurs amas de corpuscules ayant l'apparence de zooglées ; ces amas ont tendance à disparaître dès que les polyèdres intranucléaires apparaissent ; ils représentent, pour l'auteur allemand, les parasites eux-mêmes. Après fixation à chaud de frottis de sang dans le sublimé alcoolique de Schaudinn et coloration à l'hématoxyline de Böhmer ou de Heidenhain, ou suivant les méthodes de Gram, de Giemsa, de Borrel, de Mallory, on retrouve le même aspect du noyau. De même sur coupes après imprégnation à l'argent (méthode de Levaditi), les zooglées apparaissent très nettement. Nous verrons, par la suite, que l'interprétation des figures observées sur frottis et sur coupes ne correspond pas à la réalité et que les déductions qu'en a tirées Prowazek, au point de vue de la pathogénie de la grasserie, sont en désaccord avec les faits que j'ai observés moi-même.

Dans un mémoire qui date de 1908, un auteur italien, Marzocchi, a donné, des figures observées dans les noyaux des cellules en état d'altération, une interprétation très différente de celle de Prowa-

zek : dans un premier stade, il observe l'apparition d'un élémen
central arrondi peu colorable par la safranine ou le Giemsa, ave
nucléole central intensément coloré ; après coloration par l'héma
lun, le nucléole n'apparaît pas. L'élément nucléaire avec nucléol
central est désigné par Marzocchi sous le nom d'*élément endonu
cléaire*.

Dans un deuxième stade, le noyau se dilate et la chromatine dis
paraît ; l'espace compris entre l'élément endonucléaire et la mem
brane est rempli de substance amorphe finement granuleuse, qu
se colore comme le cytoplasme, mais plus faiblement cependant
en même temps, le nucléole de l'élément endonucléaire subit de
altérations assez importantes : il se contracte, se divise ; finale
ment, on n'observe plus que quelques grains de chromatine bie
colorés, spécialement avec la safranine. A ce moment, l'aspect d
noyau est le suivant : au centre, une masse arrondie, ovale o
irrégulière, finement granuleuse : c'est le protoplasme de l'élémen
endonucléaire qui renferme des granules ou bâtonnets de substan
ce chromatique se colorant fortement par les colorants nucléaires
en particulier par la safranine ; autour de cette masse centrale, u
anneau granuleux coloré comme la masse centrale, mais moins in
tensément ; quelquefois, contre la paroi nucléaire, on observe en
core quelques grains de chromatine du noyau normal.

Dans un stade ultérieur enfin, apparaissent des granulations qu
se colorent de plus en plus intensément dans la partie centrale
ces granulations se transforment directement en corpuscules polyé
driques.

Marzocchi voit, dans les figures qu'il a observées et dessinée
(voir figure 22), une analogie frappante avec les différents stade
évolutifs de certains Sporozoaires endocellulaires, en particulier
avec ceux qui correspondent à la formation des sporozoïtes. C'es
là une hypothèse ingénieuse ; malheureusement, elle ne repose qu

sur des analogies et ne s'accorde nullement avec les faits expérimentaux ; elle n'a d'ailleurs été confirmée par aucun des nombreux

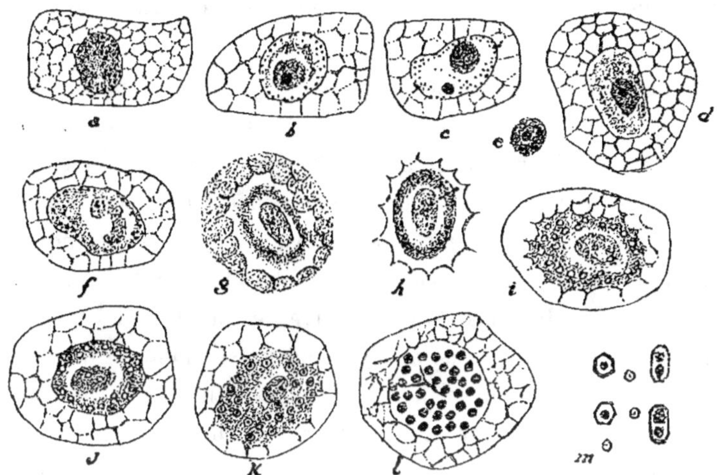

FIG. 22. — Cycle d'évolution du parasite de la grasserie (d'après MAR-
ZOCCHI). — a : Cellule adipeuse normale ; b et c : début de l'altération
nucléaire ; e : élément endonucléaire ; d : cellule avec noyau sans
chromatine ; f et g : altération de l'élément endonucléaire; h et i :
chromatine en bâtonnets dans l'élément endonucléaire ; j et k : cellule dont le noyau est rempli de grosses granulations colorables au
centre par la méthode de Gram ; l : granules polyédriques dans le
noyau.

auteurs qui ont étudié les lésions cellulaires caractéristiques de la
grasserie ou des autres maladies à polyèdres.

La thèse soutenue par VERSON est, comme la précédente, très
originale mais ne paraît pas avoir été confirmée par d'autres auteurs. Dès 1902, cet auteur, étudiant le développement post-embryonnaire des articles céphaliques et thoraciques du Ver à soie,
avait attiré l'attention sur les altérations très curieuses qu'on observait parfois dans les cellules hypodermiques ainsi que dans les
cellules trachéales. Il avait observé entre autres, dans l'intérieur de

ces cellules, à l'emplacement du noyau, une espèce de vacuole mal définie occupée partiellement par le caryoplasme rétracté et condensé en un « *corpicciuolo* » irrégulier. Dans d'autres cellules, ce *corpicciuolo* paraît s'être divisé en deux parties égales ou en quatre, huit, etc..., le nombre maximum des subdivisions étant de seize. Dans ces corpuscules apparaît un grain brillant (« *granello brillante* »). « A première vue, écrit VERSON, l'impression reçue de cette image fait penser à la présence, dans les cellules hypodermiques, d'une forme parasitaire non encore étudiée. » Quatorze années plus tard, le même auteur, ayant entrepris de nouvelles recherches sur la grasserie, en collaboration avec GHIRLANDA, constate que « dans les stades peu avancés de la maladie, les produits de division du parasite endonucléaire se montrent tous égaux entre eux et réduits désormais à la phase ultime de « *Cocci vescicolari* » renfermant souvent, dans leur intérieur, un granule brillant qui apparaît, à un fort grossissement, comme un minuscule cristal polyédrique. Pendant les phases intermédiaires, le contenu endonucléaire se divise successivement en 2, 4, 8, 16 parties égales. »

A la suite de ces constatations, VERSON a cru devoir rapporter à la grasserie les lésions curieuses observées en 1902 dans les cellules hypodermiques et trachéales de certaines larves. La production des cristalloïdes polyédriques serait comparable, d'après lui, à celle des cristaux d'oxalate double d'ammonium et de magnésium qui caractérise l'évolution de la muscardine. Ils prennent naissance dans les éléments que VERSON considère comme ceux du parasite microbien de la grasserie, sous forme d'un granule polyédrique de très petite taille ; le granule grossit comme un cristal de chlorure de sodium dans une solution saturée de ce même sel et finit par remplir tout le corps du microbe dont la membrane devient alors l'enveloppe externe du corpuscule. On comprend dès lors que ces corpuscules, inoculés dans la cavité générale de Vers sains, ne puissent reproduire la maladie. La virulence est liée seulement à la présence des cocci dont le contenu ne renferme pas encore de corpuscule naissant.

La conception de Verson ne manque pas d'ingéniosité, mais ainsi que je le montrerai plus loin, elle est en désaccord avec les observations d'autres auteurs et, en particulier, avec les miennes propres ; il ne semble pas qu'elle puisse être considérée comme une hypothèse à retenir.

Les travaux de Knoche, d'Escherich et Miyajima, de Br. Wahl sur la « *Polyederkrankheit* » (ou maladie des polyèdres) des chenilles de *Lymantria monacha* confirment, d'une manière générale, les observations faites par Prowazek. Br. Wahl mentionne que l'épaisseur de la couche hypodermique s'accroit notablement au cours de la maladie. Je crois que c'est là une erreur d'observation; en ce qui concerne plus particulièrement les Vers à soie en état de grasserie, on peut affirmer que la couche hypodermique conserve toujours sensiblement la même épaisseur que chez les vers normaux ; la destruction cellulaire plus ou moins intense, qui accompagne la maladie, détermine au contraire, en certains points, une diminution sensible de l'épaisseur de la couche. C'est au niveau de ces régions où l'épiderme est réduit à une mince couche cuticulaire, que se produisent les blessures naturelles de la peau par où s'écoule le sang trouble.

La « *Wilt disease* » ou maladie des polyèdres des chenilles de *Lymantria dispar*, a fait l'objet d'études importantes en Amérique. Dans le mémoire qu'il a publié en 1915, Glaser ne fait qu'une étude relativement sommaire de la pathogénie de cette maladie. Il décrit ainsi les processus qui se déroulent dans le noyau : il y a d'abord concentration de la chromatine et formation de masses centrales intensément colorées par les colorants nucléaires ; les corpuscules polyédriques prennent naissance dans la substance achromatique environnante à partir de très petits granules qui sont bien mis en évidence après coloration à l'hématoxyline ferrique. Après coloration suivant la méthode de Giemsa, on peut observer dans le noyau, de très petits granules qui sont identiques, pour l'auteur, aux corpuscules ultramicroscopiques dont il a observé la présence à l'état frais et auxquels il attribua tout d'abord une signification étiologique. La masse chromatophile centrale persiste parfois dans le noyau rempli de corpuscules polyédriques, mais le plus souvent, elle disparaît tout à fait du noyau. GLASER n'a pas observé la formation de corpuscules dans le noyau des cellules musculaires, malpighiennes, nerveuses et glandulaires ; il a noté cependant que dans le noyau de ces mêmes cellules, on peut observer des signes de dégénérescence présentant des analogies avec la pycnose qui se manifeste au cours de certaines altérations cellulaires. Les noyaux des cellules trachéennes et sanguines sont les premiers, d'après GLASER, qui présentent les signes d'altération caractéristiques de la maladie des polyèdres.

Le mémoire assez récent (1925) de KOMAREK et BREINDL sur la « *Wipfelkrankheit* » ou « *Polyederkrankheit* » des chenilles de *Lymantria monacha*, constitue une importante contribution à l'étude des maladies à polyèdres en général. Voici comment ces auteurs interprètent les phénomènes qui se manifestent au niveau du noyau des cellules malades, en particulier, des cellules adipeuses : dans une cellule normale, les grains de chromatine du noyau sont petits, réguliers, bien séparés les uns des autres ; les nucléoles se détachent mal et sont petits (deux à trois fois la dimension d'un grain de chromatine). Au début des processus morbides qui ont pour siège le noyau, on constate l'apparition d'une ou de plusieurs masses arrondies ; le noyau prend alors un aspect plus ou moins lobé ; le nombre des nucléoles s'accroît et ceux-ci confluent parfois en masses de grosseur variable. Le nombre des grains de chromatine diminue rapidement de telle sorte qu'autour des nucléoles, l'aire nucléaire apparaît vide de chromatine. Le noyau s'hypertrophie et son volume devient deux à trois fois plus grand ; on trouve à l'intérieur un gros nucléole dont la position est centrale ou plus ou moins excentrique ; la chromatine, devenue clairsemée, est répartie généralement en masses ou fragments disposés à la périphérie de l'aire nucléaire ; elle peut aussi se présenter sous forme d'une masse finement granuleuse qui remplit l'intérieur du noyau. Les corpuscules polyédriques naissent de deux manières différentes :

1° Dans un noyau gonflé, avec inclusion chromatophile, la chromatine restante forme un certain nombre de petits nucléoles qui se disposent en cercle autour de l'inclusion ; ces nucléoles secondaires croissent lentement et prennent peu à peu la forme polyédrique ; leur basophilie diminue fortement ; plus ils grossissent, moins ils se colorent ; ils se transforment finalement en polyèdres typiques. Indubitablement, ceux-ci résultent de la transformation chimique de la substance chromatique ;

2° Les polyèdres peuvent naître à l'intérieur de l'inclusion centrale, dans une sorte de vacuole.

ETIOLOGIE DE LA GRASSERIE
ET DES MALADIES A POLYÈDRES EN GÉNÉRAL

Nous avons vu que les auteurs anciens attribuaient à la grasserie les causes les plus diverses, en particulier, l'arrêt de la transpiration. La plupart des auteurs modernes, au contraire, considèrent les maladies à polyèdres comme des maladies contagieuses ; ils admettent donc qu'elles sont de nature parasitaire. Quelques-uns toutefois, soutiennent encore aujourd'hui une thèse différente.

Sasaki, par exemple, concluait de ses observations et expériences poursuivies vers l'année 1910, que la grasserie est engendrée par des causes multiples. La formation intranucléaire des corpuscules polyédriques résulterait, d'après lui, de la degénérescence ou de l'atrophie du contenu du noyau à la suite d'irritations déterminées par les agents physiques ou chimiques les plus divers (Bactéries ou produits bactériens, formol, camphre, nourriture autre que la feuille de mûrier, asphyxie, etc.). Bien que l'auteur japonais ait étayé son hypothèse sur de nombreux faits expérimentaux, celle-ci est difficilement soutenable en raison de l'impossibilité de concilier les résultats de ces expériences avec ceux enregistrés par d'autres auteurs et par moi-même. On relève d'ailleurs des invraisemblances qui diminuent singulièrement la valeur scientifique des observations et des expériences faites par Sasaki : par exemple, il est indiqué que des vers enfermés dans un pot saturé de vapeurs de camphre, sont morts après 20 heures, 25 heures et 52 heures, en présentant les lésions caractéristiques de la grasserie, c'est-à-dire, avec les corpuscules polyédriques dans les tissus. Or, il est bien démontré que la grasserie n'évolue jamais aussi rapidement que le dit Sasaki ; en particulier, on n'observe jamais de corpuscules dans les tissus moins de trois jours après le début de la maladie. Donc, ou bien l'auteur japonais s'est trompé sur la véritable signification des corpuscules observés, ou bien il a eu affaire à des Vers à soie déjà en état de grasserie. Ses conclusions ne sauraient donc être approuvées.

Secrétain, en 1922, a soutenu une thèse analogue à celle de Sasaki, les arguments sur lesquels il s'appuie rappellent singulièrement ceux donnés par l'Abbé Boissier de Sauvages, en 1756.

Ainsi, d'après lui, « les graines mal conservées ou soumises pendant l'incubation à une température élevée, dans un milieu humide et étouffé, donnent une très grande proportion de vers gras ; un milieu humide qui gêne la transpiration des vers provoque la maladie ; un courant d'air froid passant sur des vers, détermine l'apparition de la grasserie ; une alimentation mal appropriée aux besoins des vers leur donne la grasserie. Nous l'avons vu en ce qui concerne la distribution de feuilles de Maclura et de Scorzonaire. »

Le mûrier noir donnerait aussi, d'après l'auteur, des résultats analogues.

Je ne ferai pas mention ici des autres arguments donnés par Secrétain pour démontrer que la grasserie n'est pas une maladie infectieuse. Ils paraissent des plus contestables et les plus expresses réserves doivent être faites sur les conclusions qu'il a tirées de ses expériences.

Les arguments en faveur de la thèse de la contagiosité des maladies à polyèdres ont une valeur incontestablement plus démonstrative que ceux des deux auteurs qui viennent d'être cités ; aussi peut-on considérer aujourd'hui comme démontrée la nature parasitaire de ces maladies. Cependant les avis sont encore très partagés sur la véritable nature des parasites qui en sont la cause : certains auteurs font des polyèdres eux-mêmes l'agent parasitaire; d'autres incriminent des microbes divers ; d'autres, des Protozoaires ; d'autres enfin admettent l'existence de virus filtrants.

I. — Les corpuscules polyédriques, agents pathogènes des maladies a polyèdres. — Nous avons vu que Bolle fut le premier et le plus ardent défenseur de cette thèse à peu près abandonnée aujourd'hui ; il s'appuya entre autres sur les faits suivants :

1° La composition chimique des corpuscules polyédriques est presque identique à celle des spores du *Nosema bombycis*, le parasite de la pébrine ;

2° On observe, rarement il est vrai, des granules accolés résultant de la division par scissiparité d'autres granules de même nature, ce qui démontre leur multiplication ;

3° On peut constater aussi la sortie de masses sarcodiques gélatineuses de l'intérieur de certains granules, ce qui démontre la multiplication par spores. Cette multiplication aboutit à la formation de vésicules hyalines contenant des granules polyédriques qui abondent dans le tissu adipeux où elles occupent le centre des cellules.

Ces arguments ont paru suffisants à BOLLE pour affirmer que le parasite de la grasserie est un Sporozoaire voisin de celui qui cause la pébrine.

L'opinion de MARZOCCHI, uniquement appuyée sur des observations cytologiques, a été précisée plus haut ; ne sachant dans quelle classe ranger le Protozoaire parasite découvert dans le noyau des cellules malades, il a conservé provisoirement le nom donné par BOLLE.

C'est encore une conclusion analogue qu'ont tirée de leurs expériences de filtration, deux auteurs japonais, HAYASHI et SAKO.

PROWAZEK est le premier auteur, à ma connaissance, qui ait eu l'idée d'utiliser les filtres bactériens pour déterminer la nature véritable du parasite de la grasserie, mais, ainsi que nous le verrons, les conclusions qu'il a tirées de ses expériences et qui tendent à prouver la filtrabilité du virus, ne concordent pas avec celles d'autres auteurs, en particulier avec celles d'ESCHERICH et MIYAJIMA, HAYASHI et SAKO. Les deux premiers auteurs ayant trituré dans un mortier, avec un peu d'eau physiologique, des chenilles de *Lymantria monacha* atteintes de maladie des polyèdres, filtré la bouillie obtenue, d'abord sur papier, puis sur bougies Chamberland et Berkefeld, et enfin inoculé le filtrat à des chenilles saines, n'ont pas réussi à leur communiquer la maladie. Donc puisque l'infection ne réussit que si l'on emploie des liquides ren-

fermant des corpuscules polyédriques, c'est donc, disent Escherich et Miyajima, que la virulence est liée à la présence des corpuscules et que ceux-ci sont effectivement porteurs de virus ;
mais, comme on ne sait rien de leur morphologie ni de leur multiplication, il est impossible de se prononcer encore sur leur véritable signification.

Les expériences d'Hayashi et Sako ont abouti aux mêmes conclusions que celles des deux auteurs Allemands ; ils ont soin de
préciser que ces « expériences furent faites très minutieusement
et répétées un grand nombre de fois et que leurs résultats furent
constamment contraires à ceux de Prowazek ». Ils ont employé
comme filtres : l'appareil Chamberland et le triple papier à filtrer ;
chaque fois que le filtrat ne renfermait pas de corpuscule, il était
sans action sur les vers ; par contre, le résidu de filtration riche
en corpuscules est très virulent ; de même, les corpuscules lavés
plusieurs fois dans l'eau ordinaire, conservent toute leur virulence;
enfin, des Vers à soie sains inoculés avec une émulsion de corpuscules lavés et broyés, contractent généralement la grasserie. « Par
conséquent, concluent Hayashi et Sako, on peut affirmer sans hé-
siter que les globules polyédriques qui sont caractéristiques de la
grasserie, sont l'agent vrai de la contagion de la grasserie ».

Dans une note récente, C. Acqua, critiquant les expériences de
ces deux auteurs, a fait observer très justement que les résultats
négatifs enregistrés pouvaient avoir pour cause la trop grande
dilution des liquides employés. Mes expériences propres tendent
à confirmer cette manière de voir. Il semble bien d'ailleurs que les
théories basées sur la virulence propre des corpuscules polyédriques ne soient guère soutenables aujourd'hui.

II. — Théories basées sur l'action pathogène des bactéries. —
Il arrive assez fréquemment que le sang des chenilles atteintes

de maladie des polyèdres renferme en plus ou moins grande abondance des microbes divers. Certains auteurs ont voulu voir dans ces microbes la cause directe de ces maladies ; mais léur thèse, comme la précédente, n'a pu résister à la critique ; elle paraît bien aujourd'hui définitivement abandonnée.

Hofmann affirmait en 1891 que la « *Polyederkrankheit* » des chenilles de *L. monacha* était causée par une Bactérie que l'on rencontre fréquemment dans la cavité générale des chenilles mortes ; cette Bactérie a été désignée sous le nom de *Bacillus B*. Comme le fait remarquer Tuboeuf dans un travail critique publié en 1911, les conclusions d'Hofmann sont très contestables : d'abord cet auteur paraît avoir confondu la maladie des polyèdres ou « *Wipfelkrankheit* » avec la flacherie ou « *Schlaffsucht* » ; d'autre part, il ne paraît avoir examiné que des chenilles déjà mortes ; or, quand on sait avec quelle rapidité se multiplient les microbes saprophytes dans les matières organiques non vivantes, on comprend qu'il soit impossible de tirer des conclusions sûres des résultats d'un pareil examen. Tuboeuf a reconnu, dès 1892, l'existence de corpuscules polyédriques dans le corps des chenilles de *L. monacha* atteintes de « *Wipfelkrankheit* », mais il n'a pu déterminer leur véritable nature ; ayant constaté qu'ils présentaient les réactions des graisses et qu'après dissolution de cette substance il restait une enveloppe albuminoïde, Tuboeuf en conclut qu'ils ne devraient pas être considérés comme des corps inorganiques ; cependant, il attacha beaucoup moins d'importance que les autres auteurs à la présence de ces corpuscules dans le corps des chenilles malades ; à ce point de vue, on peut lui reprocher d'avoir ainsi négligé, pour établir son diagnostic de maladie des polyèdres, le seul criterium qui peut être considéré comme absolu : présence de corpuscules polyédriques dans le sang et divers tissus. La véritable cause de la « *Wipfelkrankheit* » doit être cherchée, d'après Tuboeuf, dans la multiplication anormale de certaines Bactéries, en particulier, d'une espèce décrite sous le nom de *Bacterium monachæ* ; cette multiplication est conditionnée toutefois par un certain état de prédisposition des chenilles. Or cette théorie est précisément celle que soutenait PASTEUR pour expliquer l'évolution de la flacherie du Ver à soie ; on est donc en droit de se demander si TUBŒUF n'a pas eu affaire à une maladie intestinale analogue à la flacherie plutôt qu'à la véritable maladie des polyèdres.

ECKSTEIN, en 1894, considérait *Bacterium monachæ* de TUBŒUF et *Bacillus B* de HOFMANN comme deux espèces identiques ; il dit avoir réussi à déclancher la « *Polyederkrankheit* » par inoculation de Bacilles dans l'intestin terminal mais on ne peut attacher beaucoup d'importance à ses expériences car, ainsi que TUBŒUF, il paraît avoir méconnu la véritable signification des corpuscules polyédriques ; au surplus, il paraît aussi avoir confondu maladie des polyèdres, flacherie et pébrine.

KRASSILSHTSHIK, en 1896, considérait la grasserie du Ver à soie comme une maladie microbienne et en attribuait la cause à un Micrococoque qu'il retrouvait fréquemment dans le contenu intestinal des vers malades. Il décrivit ce Micrococoque sous le nom de *Micrococcus lardarius* et différencia nettement cette espèce du *Streptococcus pastorianus* (= *bombycis*) cause de la flacherie.

GLASER et CHAPMANN ont trouvé en 1912, dans la cavité générale de chenilles de *Lymantria dispar* atteintes de « *Wilt disease* », ou maladie des polyèdres, un microbe nouveau qu'ils étudièrent sous le nom de *Gyrococcus flaccidifex* ; ils lui attribuèrent tout d'abord un rôle actif dans l'évolution de la maladie, les corpuscules polyédriques étant, d'après eux, de simples produits de réaction des cellules. Dans leurs expériences, les chenilles s'infectaient bien par inoculation, mais elles s'infectaient plus sûrement encore après ingestion de nourriture contaminée ; un certain nombre de chenilles peuvent cependant évoluer normalement et se transformer en chrysalides puis en Insectes parfaits ; on retrouve alors le *Girococcus* dans les ovaires de certains de ces imagos, ce qui démontre l'hérédité de la maladie.

L'année suivante, les deux auteurs sont revenus sur leurs premières conclusions ; ils ne considèrent plus le *Girococcus* comme l'agent de la maladie : celle-ci serait due à un virus filtrant (en réalité, il ne filtrerait qu'avec difficulté). Ils justifient leurs premières conclusions par le fait que les chenilles inoculées étaient probablement déjà en état d'infection ; l'inoculation aurait pour effet de précipiter la marche de la maladie.

III. — Théories basées sur l'action pathogène de virus filtrants. Nous avons vu précédemment que Prowazek avait expérimenté, dès l'année 1907, la filtration de liquides virulents sur papier et bougies de porcelaine dégourdie, pour déterminer la nature du virus cause de la grasserie. Dans ses premières expériences, Prowazek utilisait surtout le papier filtre ; il constata qu'en filtrant plusieurs fois une émulsion obtenue par broyage de ver malade avec un peu d'eau physiologique, puis centrifugeant le filtrat, la partie claire surnageante qui ne renferme cependant aucun corpuscule polyédrique, est néanmoins très virulente pour le Ver à soie, ce qui infirme nettement les conclusions de Bolle. Dans ses recherches postérieures, Prowazek utilisa les filtres Berkefeld ; les expériences ont été faites d'après le protocole suivant : les Vers à soie malades sont ouverts longitudinalement ; l'intestin est enlevé complètement ; le reste du corps est broyé à sec dans un mortier d'agate ; on ajoute un peu d'eau physiologique stérile et on place l'émulsion obtenue, une demi-heure à la température de 20° C ou un quart d'heure à 37° ; l'émulsion est ensuite filtrée sous pression : le filtrat reste stérile ; il ne renferme ni microbe, ni corpuscule polyédrique, mais seulement quelques corpuscules vibrants visibles sur fond noir ; on l'utilise pour les expériences d'inoculation ou pour celles d'infestation par la voie digestive. De ses expériences, Prowazek a conclu qu'il est possible d'infester artificiellement des chenilles par inoculation ou ingestion de liquide débarrassé complètement de corpuscules polyédriques ; l'agent pathogène est donc en suspension dans le liquide et les dimensions de ses éléments sont inférieures à celles des Bactéries ordinaires, puisqu'il peut filtrer à travers les parois des filtres bactériens. Ces conclusions paraissent corroborer les observations cytologiques du même auteur : nous avons vu, en effet, que Prowazek avait mis en évidence, dans le noyau des cellules malades, des amas de granules très petits se présentant sous l'aspect de zooglées ; ces granules ne sont pas autre chose, pour l'auteur, que les éléments du parasite lui-même ; ce sont eux qui passent dans le sang après destruction des cellules ; mais on ne peut les mettre en évidence sur frottis que par certains procédés de fixation et coloration. Après surcoloration par le mélange de Giemsa, on observe, principalement sur le bord du frottis, des formations claires au centre desquelles se trouve un corps punctiforme violet-rouge ou bleu, semblable à un coccus ; ces corps se divisent et se présentent parfois sous forme d'haltère. Prowazek les considère comme les éléments d'un Protozoaire nouveau, voisin de ceux qu'il a observés au cours de l'évolution de certaines maladies des Vertébrés supérieurs (variole, trachome, épithélioma des Oiseaux, etc...) et qu'il a réuni dans un groupe aberrant, celui des Chlamydozoaires. Le parasite du Ver à soie a été décrit sous le nom de *Chlamydozoon bombycis*. On le met facilement en évidence en diluant le sang de ver gras dans l'eau distillée, centrifugeant, lavant à plusieurs reprises et colorant ensuite le dépôt étalé sur lame, avec le colorant de Loeffler (méthode recommandée pour la coloration des cils des Bactéries). Prowazek aurait même observé le *Chlamydozoon bombycis* dans le protoplasme des cellules sanguines : ce serait pour lui le stade intracellulaire du parasite, stade comparable à ceux qu'on observe dans les cellules épithéliales de la cornée du Lapin après inoculation de vaccine dans l'intérieur de celle-ci.

La thèse de Prowazek a été soutenue par un certain nombre d'auteurs allemands, en particulier: par Böhm qui, en 1910, signala chez les chenilles de *Pergesa elpenor* la présence d'inclusions semblables à celles observées chez le Ver à soie, mais plus grosses cependant ; par Max Wolf, qui considère la « *Wipfelkrankheit* » des chenilles de *L. monacha*, la « *Raupenpest* » de *Bupalus piniarius* L. de *L. dispar* et de *Sphinx* sp., comme des « chlamydozoonoses » compliquées d'infections bactériennes ou plus exactement comme des infections mixtes dans lesquelles les Chlamydozoaires vivent en symbiose avec certaines Bactéries ; par Knoche, pour qui la « *Wipfelkrankheit* » des chenilles de *L. monacha* est une maladie à Protozoaires dont les Chlamydozoaires de Prowazek représentent peut-être la forme de résistance du parasite. Knoche a même donné une description assez détaillée des stades d'évolution de ce Protozoaire : il trouve d'abord dans le cytoplasme des amibocytes, de petits corpuscules très réfringents qui se multiplient et envahissent la couche cytoplasmique puis le noyau ; les chaînes moniliformes de corpuscules qui, plus tard, se désagrègent, ressemblent d'une manière frappante aux formes de multiplication végétatives des Microsporidies, par exemple à celles du *Nosema bombycis ;* après destruction de la cellule, les corpuscules se dispersent, nagent librement dans le serum et pénètrent dans les cellules des différents tissus, y compris celles du sang ; s'ils rencontrent des restes de noyau diffluents, ils s'en entourent ; leur membrane durcit et ils se transforment en corpuscules polyédriques. Les corpuscules peuvent être phagocytés par les cellules sanguines saines ; sous l'influence du protoplasme, 'a membrane gonfle .et se déchire ; des corps inclus dans le corpuscule sont mis en liberté ; à l'un des pôles de ces inclusions sont attachés des granules qui représenteraient, pour KNOCHE, les Chlamydozoaires de PROWAZEK; il serait même parvenu à provoquer artificiellement la sortie des corps inclus dans les corpuscules polyédriques et la mise en liberté des Chlamydozoaires.

C'est une thèse très voisine de cette dernière qu'ont soutenue récemment KOMAREK et BREINDL ; ils admettent en effet que le virus de la *Polyederkrankheit*, virus identique d'après eux aux Chlamydozoaires de PROWAZEK, peut s'enkyster au cours de son évolution intracellulaire et donner naissance aux corpuscules polyédriques intranucléaires. Ils basent leur thèse sur les expériences suivantes :

1°. — On peut infecter des chenilles saines en leur inoculant une émulsion de corpuscules non stérilisés ;

2°. — L'infection réussit tout aussi bien lorsqu'on remplace l'émulsion ordinaire par une émulsion de corpuscules stérilisés par lavage dans une solution de sublimé à 1 p. 100 ou dans l'alcool sublimé ;

3°. — En filtrant sur bougie Berkefeld, du sang de chenille malade riche en corpuscules, ou une émulsion obtenue par broyage du corps avec un peu d'eau physiologique, puis en inoculant une goutte du filtrat débarrassé de corpuscules dans la cavité générale de chenilles saines, on reproduit la maladie des polyèdres.

Ces expériences montreraient, d'après eux, que le virus est enfermé dans les corpuscules mais aussi qu'il peut exister en dehors de ceux-ci; le pouvoir infectieux le moins élevé appartient au filtrat. L'infestation par la voie digestive réussit mieux que l'inoculation lorsqu'on utilise l'émulsion de corpuscules.

On peut reprocher aux deux auteurs d'avoir basé leur démonstration sur des résultats partiels insuffisants : la mortalité n'a pas dépassé le plus souvent en effet 50 p. 100 au cours de leurs expériences. D'autre part, la valeur démonstrative de ces expériences apparait d'autant plus contestable que l'hypothèse d'une infection par voie héréditaire a été écartée, sans aucune preuve à l'appui. par KOMAREK et BREINDL.

Le Chlamydozoaire cause de la Polyederkrankheit a été mis en évidence, dans le gros nucléole de la partie centrale du noyau altéré, par fixation au mélange de ZENKER et coloration suivant la méthode de Giemsa ou par le triacide-vert lumière ou enfin par la safranine-bleu de Lyon ; il se présente sous forme de petites cocci ou de Diplocoques. La cause qui détermine la formation des corpuscules polyédriques dans le noyau serait analogue à celle qui favorise la production des galles d'Insectes chez les Végétaux ; les Chlamydozoaires sont comme enkystés dans les corpuscules et on ne peut les mettre en évidence que par des méthodes spéciales de coloration, en particulier, par surcoloration au mélange de Giemsa en milieu alcalin (2 à 3 centimètres cubes de solution de carbonate de soude pour 30 centimètres cubes de solution de Giemsa) suivie de coloration à l'éosine.

Si l'on compare entre eux les résultats des observations cytologiques faites par les différents auteurs qui admettent l'existence des chlamydozoaires, on constate de profondes divergences qui tiennent pour une part, à l'influence du facteur personnel ; pour une autre part, à la diversité même des figures observées ; enfin, à la difficulté de reconnaître ce qui, dans ces figures, correspond à la réalité ou représente un artefact dû à l'action du fixateur ou à celle du colorant. Tous ces auteurs sont cependant d'accord sur la cause des maladies à polyèdres, mais les arguments qu'ils donnent pour justifier leur opinion manquent d'objectivité et font une part trop grande à l'observation histologique ; je montrerai, en effet, que la structure morphologique des cellules telle qu'elle se présente sur coupes colorées, varie dans de très grandes limites suivant les fixateurs utilisés.

Un certain nombre d'auteurs admettent que la cause des maladies à polyèdres est un virus filtrant de nature encore inconnue. Ce fut ma première opinion à la suite d'expériences faites en 1913 à l'Institut Pasteur de Paris. Ces expériences, sur lesquelles je reviendrai en détail dans la deuxième partie de ce chapitre, ont montré que le virus de la grasserie du Ver à soie passe à travers les bougies Chamberland à pores grossiers mais est retenu par les bougies à pores fins.

Les premières expériences de filtration de GLASER (en collaboration avec CHAPMANN) sur la « *Will disease* », remontent à l'année 1912 ; tout d'abord, ces auteurs n'obtinrent aucun résultat positif avec le produit de broyage des chenilles malades filtré à travers la bougie Berkefeld ; mais, comme ils l'expliquent dans un mémoire publié en 1913, les résultats négatifs ne prouvent rien car ils peuvent avoir pour cause le colmatage de la paroi filtrante, par les débris de toutes sortes qui souillent le liquide. Dans leurs expériences de 1913, les deux auteurs Américains ont filtré au préalable le liquide de broyage sur papier filtre, puis, après dilution (5 fois et 20 fois le volume d'eau stérile), sur filtre Berkefeld « N » stérilisé. Le nouveau filtrat ne renfermait ni Bactérie, ni corpuscule polyédrique, mais seulement quelques granules visibles sur fond noir. Une partie des chenilles ayant ingéré ce filtrat (28 sur 100) sont mortes en présentant les symptômes caractéristiques de la *Will disease ;* par conséquent, concluent les auteurs, le virus est filtrable, mais filtrable avec difficulté. Ces résultats sont donc conformes à ceux que j'ai obtenus moi-même. GLASER, en 1915, confirma d'une manière générale, par une nouvelle série d'expériences, les résultats des expériences précédentes. En 1916 enfin, de nouveau en collaboration avec CHAPMANN, il constata que si le virus passe, bien que difficilement, à travers la bougie Berkefeld « N », il est arrêté complètement par les filtres Chamberland F ; les auteurs en déduisent que les dimensions du virus de la *Wilt disease* sont comprises entre celles des pores des filtres Berkefeld N et Pasteur-Chamberland.

Les expériences de filtration de C. ACQUA confirment d'une manière générale celles de GLASER et CHAPMANN et infirment au contraire celles de HAYASHI et SAKO. Le sang virulent filtré sur bougie Berkefeld N ne perd pas toute sa virulence, ce qui est conforme aux résultats publiés par GLASER et CHAPMANN. Le résidu de la filtration riche en corpuscules, après lavage et centrifugation répétés (18 fois), reste aussi virulent ; cette apparente anomalie s'explique, pour ACQUA, par la grande adhérence du virus à la surface des corpuscules.

Cet auteur admettait donc en 1918 que la grasserie du Ver à soie est une maladie de nature parasitaire et qu'elle a pour cause un virus filtrant. En 1926, le même auteur, s'inspirant des travaux de CARREL sur le mécanisme de la formation et de l'évolution des tumeurs malignes chez les Vertébrés supérieurs, imaginait une nouvelle théorie complètement différente de la première pour expliquer l'étiologie de la grasserie. « Probablement, dit-il, la polyédrie est la résultante spontanée de désordres métaboliques dérivant des conditions ambiantes défavorables, parmi lesquelles on peut citer en premier lieu : l'excès d'humidité provoquant un arrêt de la transpiration. Ainsi, pendant l'état larvaire et plus particulièrement à l'époque des mues (troisième et quatrième principalement), se produit une altération cellulaire qui porte sur différents tissus avec formation de nombreux corpuscules polyédriques, vrais produits de réaction qui finissent par passer en très grand nombre dans le sang ; mais au cours de ce processus prend naissance une substance capable d'exercer une action analogue à celle d'un virus, c'est-à-dire, à favoriser, dans des conditions ambiantes particulières, la reproduction de la maladie chez d'autres individus. Il ne s'agit donc pas ici de corps vivants, de parasites en un mot, mais de substance exerçant une véritable action catalytique. »

Paraphrasant l'hypothèse de CARREL, ACQUA écrit, en ce qui concerne la grasserie : *sembra che in questi casi noi ci trovano in presenza di un fenomeno importante : la formazione da parte dei tissuti, sotto l'influenza di speciali condizioni, di un principio che rassomiglia ad un virus agisce in modo specifico sulle cellule di un certo tipo e si riproduce indefinitimente in presenza di queste cellule ;* « L'hypothèse nouvelle envisagée par C. ACQUA serait séduisante si l'on pouvait établir un rapprochement entre le mécanisme de la formation d'un sarcome de Vertébré et celui de la formation des corpuscules polyédriques ; or les deux types d'affection diffèrent complètement l'un de l'autre et on ne peut homologuer leur cause. On peut ajouter aussi que l'hypothèse d'ACQUA ne repose sur aucun fait expérimental ; celle de CARREL, au contraire, a pour fondement des faits d'une valeur scientifique indiscutable, par exemple, la reproduction de sarcomes expérimentaux par l'introduction dans l'organisme de certaines substances inorganiques (« Coal tar », acide arsénieux). Il n'est d'ailleurs nullement prouvé que le mécanisme de la formation des tumeurs malignes est bien conforme à l'hypothèse envisagée par CARREL ; d'autres hypothèses ont été formulées (par GYE, BARNARD, notamment) qui tendent à expliquer la génèse des tumeurs par l'action de virus filtrants ; ces hypothèses reposent, elles aussi, sur des faits de grande valeur. Si, comme le prétend ACQUA, la grasserie peut naître spontanément, il faut prouver qu'on peut déclancher expérimentalement cette maladie sans intervention de virus, c'est-à-dire par le seul jeu de facteurs externes ; un simple fait bien observé ferait plus pour le succès de la théorie non parasitaire des maladies à polyèdres que toutes les dissertations sur les théories physiologiques du cancer.

Une nouvelle théorie très originale, mais qui mérite néanmoins d'être prise en considération, a été envisagée récemment par NELLO MORI bien connu par ses travaux sur les maladies des animaux domestiques. Cet auteur étudiant une maladie infectieuse du Cheval, le Farcin (« *Farcino criptococcicò* ») avait, dès l'année 1914, émis l'hypothèse que les virus dits filtrants ou ultramicroscopiques, pourraient n'être pas autre chose qu'un stade évolutif de certains Champignons. C'est en partant de cette hypothèse de travail que NELLO MORI a entrepris certaines recherches sur la grasserie du Ver à soie ; il a pu isoler effectivement du sang de Vers à soie nourris avec feuilles de *Maclura aurentiaca* et en état de grasserie, un Champignon à mycelium qu'il dit avoir retrouvé également sur les feuilles de mûrier couvertes de petites taches couleur de rouille. Il a isolé aussi du sang d'un Ver à soie atteint de grasserie ordinaire, trois espèces de Champignons appartenant aux genres *Cryptococcus* et *Saccharomyces* ; ces Levures sont plus ou moins pathogènes pour le Ver à soie et peuvent être considérées comme des microbes d'infection secondaire ou mieux, comme des microbes dits « de sortie ».

Ces faits exposés par NELLO MORI, pour intéressants qu'ils soient, ne sauraient cependant constituer des arguments valables en faveur de l'hypothèse envisagée par lui. Celle-ci vaut néanmoins la peine d'être signalée ; elle est à rapprocher des observations très curieuses concernant l'existence de formes filtrantes invisibles de certains Bacilles pathogènes pour l'homme. Dans une excellente revue consacrée aux Choses infravisibles », COUTIÈRE, en 1926, a résumé brièvement ce que l'on sait de cette importante question. D'après lui, « la première notion irréfutable de formes invisibles dans l'évolution d'un microbe a été apportée par Ch. Nicolle, Blaisot et Conseil avec le Spirochète de la fièvre récurrente à Poux ; les organismes spiralés disparaissent en 24 heures de l'estomac de l'Insecte pour réapparaître subitement le sixième jour (à 28° C) sous forme métacyclique. L'existence d'une forme filtrante du Bacille tuberculeux humain, existence soupçonnée dès 1910 par Fontes, a été démontrée par Vaudremer. C'est à Vaudremer que l'on doit, écrit Coutière, avec l'idée de la filtration des cultures sur milieux divers, « la constatation de ce fait si important, on peut dire capital, des « cultures secondaires » : le liquide parfaitement « vide » résultant du passage d'une culture à travers la bougie Chamberland L3, ne reste pas stérile, contrairement au dogme sur lequel repose toute la technique de stérilisation par bougies filtrantes. En dehors, bien entendu, de toute faute expérimentale, il donne à l'étuve, après quelques jours, une très faible culture, non acido-résistante, anormale de forme, qui se laisse difficilement repiquer, mais qui pourra cependant remonter jusqu'à la forme de l'acido-résistance normale. » On peut citer encore, dans cet ordre d'idée, les faits se rapportant au Typhus exanthématique, maladie qui, pour évoluer, nécessite l'intervention du Pou. Celui-ci, lorsqu'il est porteur de certains microorganismes, les *Rickettsia*, transmet le typhus à des Cobayes; dans le sang de ceux-ci, on trouve un Bacille, le *Proteus* X 19. Il apparaît probablement qu'entre les *Rickettsia* et le *Proteus*, existe une forme intermédiaire filtrante.

On ne peut tirer, de ces quelques faits isolés, des conclusions d'ensemble sur la signification des virus filtrants ; s'il paraît démontré maintenant que certains de ces virus ne représentent que la forme invisible d'espèces bactériennes connues, il n'est nullement prouvé que les autres aient nécessairement la même signification.

L'hypothèse de Nello Mori ne se concevrait pas comme hypothèse définitive sur la pathogénie de la grasserie, mais comme hypothèse de travail, et c'est bien ainsi qu'elle paraît avoir été comprise par son auteur, elle est parfaitement justifiée.

EPIDÉMIOLOGIE DES MALADIES A POLYÈDRES

1. — Action des facteurs externes sur la marche des maladies. — Bien que l'étude du rôle des facteurs externes qui agissent sur le cours des maladies à polyèdres, relève surtout de l'observation, on constate les plus grandes divergences dans les opinions qui ont été émises à ce sujet par les différents auteurs qui ont étudié ces maladies.

Nous avons déjà vu que l'Abbé Boissier de Sauvages considérait l'arrêt de la transpiration comme une des causes principales de grasserie ; l'apparition des symptômes externes et leur évolution, sont directement influencées par la chaleur. « Ces progrès, dit-il, sont plus rapides dans les grandes chaleurs des temps calmes toujours humides ; non seulement elles causent la pourriture des humeurs de notre Insecte, mais elles déterminent même cette maladie dans ceux qui s'y trouvent déjà disposés. La chaleur du feu prévient cette maladie. »

Conte et Levrat attribuaient une importance assez grande aux causes prédisposantes dans la propagation de l'épidémie ; d'après eux, « la contagiosité est fonction de certaines conditions de milieu, ce qui explique le peu d'importance que prend cette maladie ». Les causes prédisposantes sont toutes celles qui résultent d'un état hygiénique défectueux et auxquelles on pourrait aisément obvier : mauvaise aération, entassement des vers, froid, humidité.

D'après Escherich et Miyajima, le développement des corpuscules polyédriques, dans les chenilles de *L. monacha* atteintes de « *Wipfelkrankheit* » est accéléré si on expose ces chenilles à l'action des rayons solaires réfléchis pendant quelques heures (deux heures environ suffisent). L'influence du soleil (chaleur ou lumière ?) se traduirait, pour les auteurs, par une transformation de la forme latente de la maladie en forme aiguë.

Dans une courte note relative aux dégâts causés par la grasserie dans les élevages de Vers à soie de la Campania, Della Corte montre que la maladie fut beaucoup plus grave en plaine que dans la partie montagneuse de la même région, bien que les graines fussent en général de même origine dans les diverses localités. Cette différence dans la gravité de la maladie a pour cause principale, d'après l'auteur italien, la différence d'humidité et de température moyenne qui existe entre les deux parties de la région considérée : en plaine, pendant le mois de mai, la température moyenne oscille le plus souvent entre 25 et 30° C alors que, dans la zone des collines, elle se maintient généralement entre 21 et 24 ° C. D'un autre côté, l'air est plus sec en montagne qu'en plaine et ces conditions sont défavorables pour l'évolution de la maladie.

L'action des courants d'air, considérée par certains auteurs comme favorisante pour la propagation de la grasserie, est plus douteuse que celle de la température ; on a bien observé parfois que les Vers gras étaient particulièrement nombreux dans les parties des magnaneries exposées directement à l'action des courants d'air, mais ce n'est pas là une preuve décisive en faveur de l'action favorisante de ces courants d'air. On a donné d'ailleurs, de cette particularité, une explication qui paraît, à première vue, assez plausible : c'est un fait bien connu que les vers malades se déplacent

beaucoup plus que les vers sains ; cette activité anormale traduirait la réaction du ver au commencement d'asphyxie déterminé
par l'obstruction plus ou moins complète des tubes trachéens (on
sait que les cellules trachéales font partie des cellules sensibles à
la maladie; en s'hypertrophiant, elles détermineraient l'occlusion
particlle des tubes). Ce serait pour une raison analogue que les
chenilles de *L. monacha* atteintes de « *Polyederkrankheit* » ont
tendance à monter au sommet des arbres pour mourir (d'où le
nom de « *Wipfelkrankheit* » par lequel on désigne souvent la maladie et qui peut être traduit : maladie des sommets). Il n'apparaît
pas cependant, à l'examen histologique, que l'obstruction des tubes
trachéens soit aussi marquée qu'on a voulu le dire ; les cellules
trachéales, qui entourent extérieurement les tubes, sont bien hy-
pertrophiées, mais l'hypertrophie se manifeste extérieurement à
la lumière du tube, de telle sorte que celle-ci n'apparaît pas sensiblement diminuée. Le tropisme manifesté par les vers à l'égard des
courants d'air, est peut-être causé par l'insuffisance des phénomènes d'oxydation, phénomènes liés directement à l'acte respiratoire, mais je ne crois pas que la cause première de cette insuffisance doive être cherchée dans l'occlusion partielle des tubes trachéens.

II. — TRANSMISSION DES MALADIES A POLYÈDRES. — Nous avons vu
que les auteurs anciens et un certain nombre d'auteurs modernes
considéraient la grasserie comme le résultat de l'action de certains
facteurs externes ; pour eux, la question de la transmission des
maladies à polyèdres ne se pose donc pas.

Tous les auteurs, et ce sont les plus nombreux, qui admettent
la contagiosité des maladies à polyèdres, admettent aussi que
la transmission d'individu à individu a lieu par la voie intestinale.
Les observations et expériences d'ESCHERICH et MIYAJIMA, de Br.

Wahl sur la « *Polyederkrankheit* », ont démontré que ce mode de transmission jouait un rôle très important dans la nature. Des essais de propagation artificielle du virus ont même été tentés pour combattre les invasions désastreuses de *L. monacha* ; après dessication, les cadavres de chenilles infestées sont réduits en poudre ; cette poudre, dont la virulence est assez grande, est utilisée directement pour la création de foyers épidémiques artificiels. Dans une lettre datée du 13 avril 1913, Br. Wahl m'informait qu'il avait réussi à infester artificiellement des chenilles saines en utilisant des cadavres desséchés de chenilles de *L. monacha* récoltées plusieurs années auparavant. Il ne semble pas, cependant, que les expériences de propagation artificielle de la « *Polyederkrankheit* » aient donné, dans la pratique, des résultats très encourageants.

Glaser et Chapmann restent sceptiques sur l'emploi du virus de la « *Wilt disease* » dans la lutte contre *Lymantria dispar* dont les invasions causent de très grands dommages aux Etats-Unis ; on n'est pas maître, en effet, des causes diverses qui favorisent la propagation directe de la maladie.

Komarek et Breindl doutent de même qu'il soit possible de lutter efficacement contre les invasions de *L. monacha* par création de foyers épidémiques ; ils conviennent cependant que l'infection artificielle des chenilles par dispersion de terre souillée de corpuscules polyédriques constitue une bonne pratique.

C. Acqua a montré, par des expériences de laboratoire, que le parasite de la grasserie (il admettait alors la contagiosité de la maladie) conserve bien sa virulence d'une année à l'autre ; d'où conclut-il, nécessité d'une désinfection rigoureuse des magnaneries, principalement dans les régions où la maladie sévit avec une particulière intensité.

La transmission d'une génération à l'autre par l'intermédiaire de l'œuf n'est admise que par un très petit nombre d'auteurs. Conte et Levrat posent la question de l'hérédité de la grasserie mais ne la tranchent pas. « En l'absence, disent-ils, de tout agent spécifique connu, nous ne pouvons songer à trancher cette question par une démonstration objective, comme cela a été fait pour la pébrine et, tout récemment, pour la flacherie ».

Il a été admis que certaines races sont plus sensibles que d'autres à la maladie : ainsi, dès 1848, Guérin-Méneville et Robert constataient que la grosse race du pays est particulièrement sensible à la maladie des gras. Les Italiens ont fait aussi des constatations analogues et C. Acqua se base même sur elles pour entreprendre des recherches en vue d'obtenir, par croisement et sélection, une race complètement résistante à la grasserie ; mais ses essais ont échoué jusqu'ici.

Chapmann et Glaser ont admis la possibilité de la transmission de la « *Will disease* » d'une génération à l'autre par l'intermédiaire des œufs. Komarek et Breindl, au contraire, nient énergiquement la possibilité de cette transmission dans le cas de la maladie à polyèdres de *L. monacha*. Acqua nie de même la transmission héréditaire de la grasserie alors que Teodoro s'en déclare partisan et cite à l'appui de cette thèse des arguments de grande valeur. Je discuterai plus longuement de ces diverses opinions lorsque j'exposerai directement le résultat de mes recherches propres sur cette importante question.

CONCLUSIONS GÉNÉRALES
SUR L'HISTORIQUE DES MALADIES A POLYÈDRES

De l'ensemble des travaux qui ont été publiés sur la grasserie du Ver à soie et sur les autres maladies à polyèdres, il se dégage un certain nombre de notions générales que l'on peut considérer comme définitivement acquises. On peut considérer, par exemple, comme démontrée la contagiosité de ces maladies, la filtrabilité relative des virus qui en sont la cause, l'influence de la température sur leur évolution. On peut admettre aussi que la question des lésions cellulaires est bien élucidée dans son ensemble. Par contre, beaucoup de points restent encore obscurs dans l'étiologie et l'épidémiologie des maladies à polyèdres, notamment ceux qui concernent la nature des virus et le mécanisme de leur action. La question de la transmissibilité des maladies d'une génération à l'autre est également des plus controversée. Or ces questions ont toutes une grande importance pratique et de leur solution dépend, pour une grande partie, le succès des mesures qu'il convient d'appliquer pour lutter efficacement contre l'extension croissante de la grasserie.

CHAPITRE II

RECHERCHES PERSONNELLES

Mes recherches propres ont porté surtout sur l'étude des points obscurs et controversés de l'étiologie et de l'épidémiologie de la grasserie. Cependant, je ne crois pas inutile de traiter à nouveau et sur la base de nouvelles observations, les questions que l'on peut considérer aujourd'hui comme résolues.

LA GRASSERIE
EST UNE MALADIE DE NATURE PARASITAIRE

Nous avons vu que la plupart des auteurs admettent maintenant que la grasserie est contagieuse. Cette opinion ne peut être que renforcée par toutes les observations que j'ai faites au cours de ces dernières années ; je ne mentionnerai ici que les plus importantes.

Lorsqu'une éducation de Vers à soie est faite dans une magnanerie bien isolée, avec un matériel neuf ou n'ayant pas servi depuis plusieurs années ; si l'éducateur n'est pas en rapport direct avec d'autres éducateurs et si la graine qu'il emploie est saine, la grasserie ne se manifestera à aucune période de l'éducation, quelles que soient les conditions de l'élevage.

En août 1926, j'ai élevé, en deuxième génération, à St-Genis-Laval, plusieurs centaines de Vers à soie en provenance de l'Ardèche ; ces vers, placés tout d'abord sur un meuble, sont restés parfaitement sains jusqu'au moment où ils furent transportés sur une étagère ayant servi au printemps pour une éducation dont un certain nombre de vers sont morts de grasserie. Deux cas de grasserie furent notés 8 jours après le transfert, ce qui correspond bien à la durée d'incubation de la maladie contractée sur l'étagère.

Le fait suivant observé à Lyon par CONTE et LEVRAT et rapporté par eux dans leur mémoire sur la grasserie, peut être considéré aussi comme des plus démonstratifs : « En 1906, nous avons eu l'occasion d'observer une éducation faite au Parc de la Tête d'Or dans laquelle la grasserie fit son apparition de très bonne heure et qui fut terriblement décimée par cette affection. C'est ainsi que des vers gras provenant de cette même éducation furent apportés en grand nombre au laboratoire d'études des soies pour servir à nos recherches. Nous avions, dans une des salles, une éducation parfaitement saine ; nous ne tardâmes pas à y voir apparaître de la grasserie. Bien plus, deux élevages de *Saturnia pavonia major* et de *Harpya bifida*, faits dans le même local, furent à peu près complètement détruits par cette même maladie ainsi que nous le révéla l'examen du sang des vers malades ; nous n'avions cependant jamais observé la grasserie dans ces deux espèces sauvages. L'affection ne pouvait provenir que d'une contagion qui trouve son origine dans les vers gras que nous avions apportés pour nos recherches ». Ce simple fait, à lui seul, suffirait pour démontrer que la grasserie est bien une maladie infectieuse, c'est à dire une affection pouvant être transmise d'individu à individu par contact ou par l'intermédiaire de la nourriture.

On démontre aussi que la grasserie est une maladie contagieuse par les expériences d'inoculation : il suffit d'injecter dans la cavité générale de Vers à soie normaux, des traces de sang de vers gras pour déclancher les processus morbides caractéristiques de la grasserie après une incubation qui varie avec la température, mais qui n'est jamais inférieure à trois jours (début de l'apparition des corpuscules polyédriques dans les tissus).

Les expériences que j'ai faites, en 1913, à l'Institut Pasteur, ont montré que le sang de ver gras conservait le pouvoir d'engendrer la maladie même après dilution dans un volume d'eau considérable. La dilution au-delà de laquelle la virulence est très nettement atténuée (on peut lui donner le nom de dilution-limite), a été déterminée par l'expérience suivante : le 26 juin, six lots de dix vers chacun sont inoculés avec des émulsions au dixième, au centième, au millième, au dix-millième, au cent-millièmé et au millionième. Ces émulsions sont obtenues de la façon suivante : on prend six petits tubes à essais stérilisés au préalable et on laisse tomber dans chacun d'eux 18 gouttes d'eau physiologique stérile ; dans le premier tube, on ajoute deux gouttes de sang trouble de Ver à soie en état de grasserie avancée ; après homogénéisation, on prélève deux gouttes du mélange que l'on ajoute à l'eau du deuxième tube, puis on continue la même opération jusqu'au dernier tube ; on obtient ainsi les différentes dilutions indiquées plus haut. Le 3 juillet, c'est-à-dire sept jours après l'inoculation, tous les vers inoculés avec les émulsions au dixième et au centième présentent les taches jaunes caractéristiques de la grasserie. Les vers inoculés avec l'émulsion au millième s'infectent également, mais les taches jaunes ne deviennent apparentes que le 5 juillet ; les vers des autres lots résistent à l'infection et tissent leur cocon. La dilution au millième peut être considérée comme la dilution-limite au-delà de laquelle l'émulsion sanguine perd toute virulence. Le taux de la dilution-limite varie suivant l'état de développement du Ver à soie et suivant sa résistance naturelle à l'infection.

Il est plus difficile d'infester artificiellement des Vers à soie par la voie digestive que par la voie sanguine ; ce fait n'est d'ailleurs pas pour nous surprendre : on sait, en effet, que l'épithélium intestinal, protégé par la membrane péritrophique, constitue une barrière difficilement franchissable pour la plupart des parasites microbiens. Alors qu'il suffit de traces de liquide de contage pour déclancher la maladie par injection dans la cavité générale, il est souvent nécessaire de faire ingérer une assez grande quantité de ce même liquide pour produire les mêmes accidents.

Le 12 juin 1913, Mozziconacci, alors directeur de la Station séricicole d'Alès, m'adressait à l'Institut Pasteur, trois Vers à soie morts de grasserie. Avec l'émulsion obtenue par broyage des cadavres dans un peu d'eau physiologique, je badigeonnai sur leurs deux faces quelques feuilles de mûrier qui furent ensuite données en nourriture à vingt-cinq vers du quatrième âge. Aucun de ceux-ci ne contracta la grasserie. La même expérience fut répétée le même jour sans plus de résultat.

Le 18 juin de la même année, je tamponnai les parties buccales de 12 vers du quatrième âge, avec du coton hydrophile stérile imbibé de sang trouble prélevé directement dans la cavité générale d'un Ver à soie en état de grasserie ; aucun d'eux ne contracta la maladie.

Le 15 juin 1925, deux lots de Vers à soie sortis récemment de la quatrième mue, reçoivent un repas de feuilles de mûrier souillées avec du sang de ver gras. Ils manifestent une répulsion très nette pour cette nourriture et n'en absorbent qu'une quantité minime ; deux seulement contractent la maladie et meurent 9 jours après le début de l'expérience.

Le même jour, six Vers à soie sortis récemment de la quatrième mue sont mis à l'étuve à 27°C dans une boîte de verre fermée par un couvercle grillagé et reçoivent en nourriture deux feuilles de mûrier badigeonnées avec du sang riche en corpuscules polyédriques. Comme dans l'expérience précédente, les vers touchent peu à cette nourriture ; ils sont nourris normalement par la suite ; aucun d'eux ne contracte la grasserie.

De ces différentes expériences, on peut tirer la conclusion que l'ingestion d'une faible quantité de nourriture infestée artificiellement ne suffit pas, en général, pour déclancher les processus caractéristiques de la grasserie.

Il est très facile de faire absorber à des Vers à soie des quantités relativement importantes de liquide virulent : il suffit de prendre la tête du ver entre le pouce et l'index de la main gauche en immobilisant la partie postérieure du corps au moyen du troisième doigt et de déposer sur l'extrémité buccale, avec une pipette tenue de la main droite, une goutte de sang de ver gras ; le ver finit par absorber complètement toute la goutte ; c'est d'après cette technique que les expériences suivantes ont été faites :

Le 28 juin 1925, six Vers à soie sortis récemment de la quatrième mue, ingèrent chacun une goutte de sang riche en corpuscules polyédriques ; tous meurent avec les symptômes de grasserie avant de pouvoir tisser un cocon.

Le 3 juillet, 23 Vers à soie du cinquième âge, de même provenance que les précédents, subissent la même opération ; le 9 juillet, onze d'entre eux tissent leur cocon ; cinq présentent les taches jaunes caractéristiques de la grasserie ; trois, d'apparence saine, sont en état d'infection moins avancée (l'infection est constatée après examen microscopique du sang) ; les autres sont normaux

Le 16 juillet, les onze premiers cocons tissés sont ouverts : sept chrysalides paraissent normales, une est morte depuis peu de grasserie ; les trois autres sont en état d'infection. Dans l'élevage témoin, la mortalité par grasserie n'a pas dépassé 2 p. 100.

Ainsi lorsque les Vers à soie absorbent une quantité suffisante de produit virulent (sang ou produit de broyage de ver malade), ils peuvent contracter la maladie ; mais un certain nombre d'individus résistent à l'infection. Je n'ai pu déterminer les conditions exactes qui accroissent ou diminuent la résistance naturelle des Vers à soie à l'infection. Il semble, d'après les observations que j'ai pu faire moi-même ou d'après celles d'autres auteurs, que les vers sont plus sensibles à l'époque des mues qu'à toute autre période de leur existence ; il semble aussi que l'infection par la voie digestive réussisse d'autant mieux que la température ambiante est plus élevée : c'est ainsi que des vers ayant ingéré le 21 juin 1925, une goutte de sang de ver gras et placés à l'étuve à 30° C, sont tous morts de grasserie le 27.

La durée d'évolution de la grasserie varie dans de grandes limites suivant la température à laquelle sont soumis les vers.

Expérience I. — Vingt Vers à soie inoculés le 10 juin 1925 avec une gouttelette de sang de ver gras faiblement dilué, sont répartis en deux lots de dix vers chacun ; l'un des lots est placé dans une étuve dont la température est de 25°C ; l'autre, dans une chambre dont la température moyenne oscille entre 16 et 17°C. Dans le premier lot, les vers présentent les symptômes externes de grasserie six jours après l'inoculation ; dans l'autre, les vers ne présentent aucun signe extérieur de maladie 15 jours après l'inoculation ; tous cependant sont en état d'infection et leur sang, examiné à l'état frais au microscope, apparaît plus ou moins riche en corpuscules polyédriques.

Expérience II. — Un certain nombre de Vers à soie de deuxième génération, appartenant à la race Chinois doré, sont infestés *per os* le 2 septembre 1925, c'est-à-dire vers la fin de la vie larvaire. Tous filent leur cocon ; le 18 septembre, 38 cocons sont placés dans l'étuve à 30°C ; 36 autres sont laissés à la température du laboratoire. Dans le premier lot, 9 chrysalides meurent de grasserie du 20 au 24 septembre ; dans le deuxième lot, la mortalité est plus tardive et plus échelonnée ; ainsi on constate encore la mort de trois chrysalides à la date du 3 octobre, c'est-à-dire plus d'un mois après l'infestation. C'est dans ce dernier lot qu'éclot un papillon atteint de grasserie typique. Nous reviendrons plus longuement sur cette expérience en étudiant la transmission de la maladie d'une génération à l'autre.

L'influence de la température sur l'évolution de la grasserie ressort aussi très nettement des observations faites dans les magnaneries : celles qui sont trop chauffées et étouffées souffrent généralement beaucoup plus de la maladie que les autres. Il y a donc intérêt pour l'éducateur à modérer le chauffage des magnaneries ; lorsque la grasserie se manifeste dès les premiers âges, et dans ce cas, il semble bien, comme nous le verrons plus loin, que le germe de la maladie vient de l'œuf lui-même, il est indispensable de maintenir la température moyenne en-dessous de 20° C, si l'on veut éviter une destruction complète de l'éducation avant la montée. Nous verrons, d'autre part, en étudiant la pathogénie des maladies intestinales, qu'on peut éviter certaines d'entre elles, en s'abstenant de chauffer les magnaneries d'une manière exagérée pendant les premiers âges.

ÉTIOLOGIE DE LA GRASSERIE.
LA GRASSERIE A POUR CAUSE UN VIRUS ULTRA-MICROSCOPIQUE.

La grasserie étant une maladie essentiellement contagieuse, elle rentre dans la catégorie des maladies dites parasitaires. L'examen microscopique du sang ou des tissus à l'état frais ne révèle cependant l'existence d'aucun microorganisme susceptible d'être considéré comme la cause de la maladie. Contrairement à l'opinion de divers auteurs, le sang de ver gras, bien qu'il soit très infectieux, ne donne le plus souvent aucune culture lorsqu'il est ensemencé sur les divers milieux utilisés en bactériologie soit pour la culture des microbes aérobies, soit pour la culture des anaérobies. Les divers microbes que l'on peut rencontrer dans le sang de vers atteints de grasserie ou ceux qu'on a observés dans le sang des chenilles de *L. monacha* atteintes de « *Polyederkrankheit* », ne sont, à mon avis, que des microbes d'infection secondaire. Aucun d'eux, d'ailleurs, n'est capable de reproduire la maladie. D'autre part, si l'on débarrasse le sang de ver gras des Bactéries qui s'y trouvent, par filtration à travers une bougie de porcelaine, qu'on inocule ensuite le filtrat stérile à des Vers à soie sains, on déclanche dans tous les cas les processus caractéristiques de la grasserie.

I. — ARGUMENTS TIRÉS DES EXPÉRIENCES DE FILTRATION.

Ayant éliminé les hypothèses basées sur l'action pathogène des Bactéries ou de microorganismes de dimensions microscopiques, il reste à envisager l'action pathogène des virus dits filtrants ou ultramicroscopiques.

Nous avons vu, au cours du chapitre précédent, que PROWAZEK

avait, le premier, démontré que l'agent pathogène de la grasserie passait à travers les filtres de papier et même les filtres en porcelaine dégourdie. Mes premières expériences de filtration datent de l'année 1913 ; elles ont été faites sous le contrôle du Prof. BORREL. Les bougies filtrantes employées étaient les bougies Chamberland de laboratoire ; elles étaient numérotées L1, L2, L3, le numéro 1 représentant le modèle à pores les plus fins ; L3, celui à pores les plus grossiers. (Les modèles de bougies que j'ai utilisés pour mes dernières expériences ont un numérotage inverse.) La technique employée pour la filtration et l'inoculation était la suivante :

a) Broyage d'un ver en état de grasserie dans 200 centimètres cubes d'eau physiologique ;

b) Filtration de l'émulsion obtenue à travers bougies de porcelaine préalablement stérilisées à l'autoclave ; la filtration s'effectue à la pression ordinaire ;

c) Injection d'une goutte du filtrat stérile dans la cavité générale; les Vers à soie sont prélevés avec des pinces flambées, maintenus en extension avec les doigts de la main gauche recouverts d'un linge propre, ainsi qu'il a été indiqué plus haut, puis inoculés dans une des fausses-pattes avec une pipette stérile changée après chaque opération ; les vers ainsi inoculés sont enfermés dans des boites en verre propres sur des feuilles de mûrier prélevées avec une pince stérilisée.

Expérience I. — Trois lots de 25 vers chacun sont inoculés le 14 juin 1913 avec une goutte de filtrat de chacune des trois bougies L1, L2, L3. Le ver gras utilisé pour la préparation de l'émulsion était l'un de ceux envoyés d'Alès le 12 juin. Quatre vers témoins sont inoculés avec une goutte d'eau physiologique stérile. Le 30 juin, deux des vers inoculés avec filtrat de bougie LI meurent en présentant les symptômes de grasserie ; ceux inoculés avec filtrat de L2 restent tous normaux ; parmi les autres inoculés avec filtrat de L3, un meurt après sept jours en présentant les symptômes de grasserie ; deux autres, treize et quatorze jours après l'inoculation en présentant les mêmes symptômes.

Expérience II. — La même expérience est répétée le 15 juin ; aucun des vers inoculés ne contracte la maladie. Il semble donc, à s'en tenir aux seuls résultats de ces expériences, que le virus est à peu près entièrement retenu par la paroi filtrante. En réalité, les bougies de porcelaine, quelles que soient les dimensions de leurs pores, retiennent toujours une proportion plus ou moins importante d'éléments virulents ; mais le manque de virulence du filtrat de la bougie L3 paraît dû bien plus à la pauvreté relative de l'émulsion mère en éléments virulents qu'à l'action de la bougie elle-même sur ces éléments. Cette émulsion a été préparée en effet en broyant, avec une quantité d'eau physiologique relativement importante, un cadavre ayant perdu la plus grande partie de son sang et déjà plus ou moins envahi par les microbes d'infections secondaires. Dans les expériences qui ont été faites par la suite, le liquide de filtration était beaucoup plus riche en virus, aussi les résultats diffèrent-ils sensiblement de ceux qui ont été obtenus dans les deux premières séries d'expériences.

Expérience III. — L'émulsion mère est préparée en broyant avec de l'eau physiologique le corps de quatre vers inoculés six jours auparavant avec sang de ver gras ; ces vers, tous bien vivants, n'ont pas perdu de sang et ne sont pas en état d'infection microbienne. Trois lots de vingt vers chacun furent inoculés respectivement avec chacun des trois filtrats de bougies L1, L2 et L3, suivant la technique exposée plus haut.

Les Vers à soie inoculés avec le premier filtrat sont restés normaux à l'exception d'un seul qui est mort quatorze jours après l'inoculation en présentant les symptômes de grasserie ; comme la durée normale d'évolution de la maladie, à la température à laquelle j'opérais, est de 6 à 8 jours en moyenne, on peut admettre que ce cas unique est purement accidentel et n'infirme en rien le résultat définitif de l'expérience. Les vers inoculés avec le filtrat de la bougie L2 sont restés normaux. Ceux du dernier lot, au contraire, ont tous présenté les signes extérieurs de la maladie neuf jours en moyenne après l'inoculation, c'est-à-dire, après une durée d'incubation légèrement supérieure à la durée normale pour la température considérée. Cette atténuation de la virulence paraît avoir pour cause principale l'action exercée sur le virus par la paroi filtrante elle-même ; le fait a d'ailleurs été observé par d'autres auteurs, en particulier, par ACQUA qui explique les résultats négatifs d'HAYASHI et SAKO par la trop grande dilution de l'émulsion mère utilisée dans leurs expériences de filtration. Nous avons vu que GLASER et CHAPMANN avaient eux aussi constaté que le virus de la « *Will disease* » passait avec difficulté à travers les bougies de porcelaine et qu'il était plus ou moins retenu par la paroi filtrante.

Expérience IV. — Le 21 juin, la même série d'expériences a été renouvelée mais en utilisant, pour préparer l'émulsion mère, le sang trouble d'un Ver à soie atteint de grasserie avancée. L'émulsion ainsi obtenue est certainement beaucoup moins riche en virus que celle utilisée dans l'expérience précédente, aussi les résultats de l'inoculation sont-ils, quantitativement, différents des autres : ainsi les vers inoculés avec filtrat de bougies L1 et L2 sont bien restés normaux, mais, parmi les vers du troisième lot, trois seulement sont devenus gras. L'action de colmatage exercée par la bougie L3 a diminué suffisamment la virulence de l'émulsion mère pour que la dilution nouvelle du virus soit supérieure à la dilution-limite déterminée précédemment. Le fait que trois des vers ont néanmoins contracté la maladie n'est pas surprenant: on comprend en effet que les Vers à soie ne sont pas tous également sensibles à l'action du virus et que le taux de la dilution-limite varie suivant les individus.

Les expériences de filtration faites en 1925 confirment mes premières expériences de 1913 ; les bougies utilisées étaient aussi des bougies Chamberland ; elles étaient numérotées de L2 à L7, L2 représentant le modèle le plus grossier, L7, le modèle à pores les plus fins. Le sang de ver gras était dilué dans un peu d'eau physiologique et la filtration était effectuée sous le vide partiel d'une trompe à eau.

Expérience V. — Le 2 juillet, six Vers à soie du 5ᵉ âge sont inoculés avec filtrat de bougie L5 et six autres, avec filtrat de L2. Trois jours après l'inoculation, un des vers du premier lot présente les symptômes de grasserie, mais on peut affirmer que la maladie n'a pas été provoquée par le liquide injecté, puisque la durée d'évolution de la grasserie est toujours supérieure à cinq jours. Les cinq autres vers du lot tissent normalement leur cocon et les chrysalides évoluent normalement. Les vers inoculés avec filtrat de L2 meurent tous de grasserie.

Expériences VI et VII. — Six Vers à soie de même origine que les précédents sont inoculés le 3 juillet avec filtrat de L2 et six autres avec émulsion filtrée à travers filtre de papier Chardain. Tous présentent les symptômes de grasserie sept et huit jours après l'inoculation.

On peut conclure, de ces différentes expériences de filtration que le virus de la grasserie est partiellement filtrable ; il passe à travers les filtres bactériens les plus grossiers, mais il est arrêté par les filtres à pores fins. Doit-on en déduire qu'il est constitué par des éléments figurés dont les dimensions sont comprises entre celles des pores de chaque modèle ? Une telle déduction n'est pas possible car la filtrabilité de particules en suspension dans un liquide n'est pas seulement fonction de leur masse ; d'autres phénomènes interviennent qui sont liés à la constitution physico-chimique du milieu liquide et à celle des particules elles-mêmes ; on sait aussi que des éléments figurés dont les dimensions sont cependant très inférieures à celles des canalicules poreux des bougies de porcelaine, peuvent être retenus par les parois de ces canalicules ; d'autre part, enfin, le colmatage qui se manifeste dès les débuts de la filtration joue un rôle actif dans la séparation mécanique des constituants de l'émulsion. La seule conclusion que l'on puisse tirer des résultats de mes expériences, c'est que la virulence des émulsions sanguines est liée à la présence d'éléments figurés pouvant être retenus par certains filtres bactériens.

II. — Arguments tirés des expériences de centrifugation.

La centrifugation du sang de Ver à soie en état de grasserie permet de séparer facilement du plasma, les éléments cellulaires et les corpuscules polyédriques qui constituent le culot de centrifugation ; la partie surnageante reste toujours plus ou moins opalescente et on ne peut l'éclaircir complètement, même après centrifugation prolongée à la vitesse de 5 à 6000 tours-minutes.

Expérience I. — Cinq Vers à soie du cinquième âge sont inoculés le 9 juin 1925 avec la partie claire du sang d'un ver gras centrifugé un quart d'heure à 6000 tours-minutes ; cinq vers de même origine et du même âge sont inoculés d'autre part avec le culot de centrifugation remis en suspension dans un volume d'eau physiologique égal à celui du sang avant la centrifugation. Le 15 juin, les vers du premier lot présentent tous les symptômes caractéristiques de la grasserie ; ceux du deuxième lot paraissent normaux, mais les taches jaunes apparaissent dès le lendemain. Il semble donc que la partie claire du sang centrifugé est plus virulente que le culot de centrifugation.

Expérience II. — Le sang d'un Ver à soie en état de grasserie avancée est soumis à la centrifugation prolongée ; la partie claire, séparée du culot de centrifugation, est centrifugée à nouveau mais elle conserve toujours sensiblement la même opalescence. Deux gouttes de la couche superficielle sont diluées dans 50 gouttes d'eau physiologique stérile ; le mélange, bien homogénéisé, est utilisé pour inoculer, le 13 juin, dix Vers à soie sortis de la troisième mue le 2 juin.

Le culot de centrifugation est lavé à l'eau physiologique stérile, puis centrifugé ; la même opération est répétée plusieurs fois ; la dernière centrifugation est faite à faible vitesse et le culot, surtout composé de corpuscules polyédriques, est remis en suspension dans une quantité d'eau physiologique stérile suffisante pour rétablir le volume primitif du sang complet. Deux gouttes de cette émulsion de corpuscules polyédriques sont mélangées à 50 gouttes d'eau physiologique stérile ; après homogénéisation, l'émulsion faible est utilisée pour inoculer, le 13 juin, dix Vers à soie sortis de la 3ᵉ mue le 2 juin.

Quatre vers de chacun des deux lots en expérience sont placés à l'étuve à 27-28° C le 15 juin.

Le 18 juin, les vers inoculés avec l'émulsion de corpuscules polyédriques, comme ceux du lot inoculé avec la partie claire du sang centrifugé sont tous en état d'infection ainsi qu'il résulte de l'examen microscopique du sang ; mais l'évolution de la maladie est nettement plus avancée chez les derniers que chez les autres ; les vers mis à l'étuve sont de même en état de grasserie plus avancée que les vers correspondants laissés à la température ordinaire.

Il semble donc, d'après cette expérience, que les corpuscules polyédriques sont virulents comme le plasma sanguin, bien qu'à un degré moindre cependant. D'autres expérimentateurs, ainsi que nous l'avons vu, ont abouti à des conclusions analogues. Le pouvoir virulent des corpuscules n'est qu'apparent; en effet, les opérations successives de lavage et de centrifugation n'ont pas séparé complètement les éléments virulents en suspension dans le sang, des corpuscules polyédriques; en application des lois de la capillarité et des phénomènes de tension superficielle, ceux-ci retiennent à leur surface une quantité plus ou moins importante de virus que les lavages et la centrifugation sont impuissants à séparer du support ; ce sont ces éléments virulents qui, introduits dans la cavité générale de Vers à soie normaux avec les corpuscules, déclanchent les processus caractéristiques de la grasserie.

III. — Arguments tirés de l'examen du sang sur fond noir.

Les expériences de filtration, comme celles de centrifugation, démontrent l'existence, dans le plasma sanguin des Vers à soie atteints de grasserie, d'un virus susceptible de reproduire la même maladie avec tous ses processus morbides, lorsqu'il est introduit dans la cavité générale de Vers à soie normaux. Comme ce virus est retenu par certains filtres bactériens, *il doit être constitué par des éléments figurés en suspension dans le plasma.* Les plus forts grossissements du microscope ne permettent pas de mettre en évidence ces éléments ; de même, la surcoloration de frottis de sang infecté par la fuchsine phéniquée de Ziehl, ne donne aucun résultat positif.

L'examen sur fond noir (condensateur à fond noir de Leitz) et l'emploi d'oculaires à fort grossissement (oculaires périplanétiques 15 ou 25) donnent la possibilité de mettre en évidence ces éléments figurés dont l'existence hypothétique a été révélée par l'expérience. Si l'on soumet à l'examen sur fond noir la partie claire du sang de ver gras centrifugé, on observe de très nombreux granules plus ou moins brillamment éclairés et animés de mouvement brownien d'amplitude variable suivant la grosseur des granules. A la limite de visibilité, on distingue de très petites particules faiblement éclairées, non douées, semble-t-il, de mouvement propre, mais animées de mouvements vibratoires à très grande amplitude.

Ces particules se retrouvent, avec les mêmes caractères, dans le sang des Vers à soie en état d'infection peu avancée, par exemple, avant l'apparition des premiers corpuscules polyédriques dans le sang. La détection des granules dans la partie claire du sang centrifugé est assez difficile ; beaucoup n'ont aucune signification étiologique et se retrouvent dans le sang normal ; seul un entraînement assez long à l'examen sur fond noir permet de distinguer assez facilement de ces derniers, les particules faiblement éclairées qui sont en suspension dans le sang au début de l'infection.

Dans le filtrat de bougie Chamberland L5, on ne distingue aucun granule : le liquide est à peu près optiquement vide. Par contre, dans le filtrat de la bougie L2, on observe la présence des mêmes particules faiblement éclairées que l'on observe dans le sang non filtré, mais elles sont beaucoup moins nombreuses que dans ce dernier milieu. Or nous avons vu que le filtrat de la bougie L2 était virulent pour le Ver à soie, mais à un degré moindre que l'émulsion non filtrée ; d'autre part, la filtration sur bougie L5 supprime toute virulence. Celle-ci apparaît donc liée à la présence des particules faiblement éclairées que révèle l'examen sur fond noir. Leurs dimensions, autant qu'on en puisse juger par comparaison avec celles de certains microbes examinés par le même procédé, sont certainement inférieures à 100 $\mu\mu$.Ce sont ces particules que j'identifie avec les éléments figurés représentant le parasite de la grasserie.

On peut suivre assez facilement l'évolution de ce parasite ultra-microscopique dans le sang des Vers à soie après injection, dans la cavité générale, de sang infecté, ou après contamination par la voie intestinale. Le 27 juin 1925, un certain nombre de Vers à soie du cinquième âge absorbent une goutte de sang de ver gras ; l'un d'eux est examiné le 2 juillet à 10 heures : les cellules sanguines apparaissent normales à l'examen microscopique ordinaire ; sur fond noir, on observe par contre, dans la couche cytoplasmique de certaines d'entre elles, des particules animées de mouvement vibratoire en tout point semblables à celles observées dans le sang de ver gras ; ces particules sont surtout visibles dans les gouttelettes claires qui font hernie à la périphérie de la cellule (je n'ai pu déterminer si ces hernies se formaient normalement dans les cellules parasitées ou si elles étaient produites par la pression du couvre-objet sur le liquide examiné). On ne distingue, en dehors des cellules, que des granules brillamment éclairés, sans signification étiologique. Sur frottis de sang coloré au mélange de Giemsa, les cellules du sang prélevé à 10 heures apparaissent tout à fait normales : les grains de chromatine du noyau, en particulier, sont intensément colorés ; ils n'ont pas tendance à perdre leur individualité ainsi qu'on l'observe dans les cellules en voie d'altération.

Une nouvelle observation du sang est faite le même jour à 17 heures ; elle donne des résultats très différents de ceux de l'observation précédente : sur fond noir, on distingue nettement quelques rares particules faiblement éclairées, en dehors des cellules ; celles qu'on observait en assez grand nombre dans la couche cytoplasmique de certains amibocytes ont disparu pour la plus grande partie ; on les observe par contre dans le noyau où elles forment, dans certaines cellules. une sorte d'anneau miroitant entourant une masse centrale non éclairée, et sans structure apparente.

Sur frottis de sang coloré par le mélange de Giemsa, on constate la présence de cellules en voie d'altération bien caractérisée; le noyau de ces cellules n'apparaît plus sous l'aspect d'un semis régulier de fines granulations, mais sous la forme d'une masse centrale plus ou moins amorphe entourée d'une zone annulaire moins intensément colorée ; cette zone correspond à celle occupée par les particules ultramicroscopiques et dont l'aspect sur fond noir a été comparé à celui d'un anneau miroitant. Aucun granule n'est visible sur frottis même aux plus forts grossissements.

Un troisième prélèvement de sang est effectué le même jour à 21 heures ; à l'examen sur fond noir, on ne distingue plus aucune particule dans le cytoplasme des cellules sanguines : elles sont, par contre, beaucoup plus abondantes dans le noyau ; de même, elles apparaissent plus nombreuses en dehors des cellules.

Dans le sang des vers infestés par injection, les processus qui viennent d'être décrits se déroulent de la même manière mais après une période latente moins longue. Ainsi, les particules du virus se rencontrent en liberté dans le sang, mais en petit nombre, moins de 24 heures après l'inoculation ; le deuxième jour qui suit l'inoculation, on les observe déjà dans l'intérieur du noyau de certaines cellules sanguines; enfin, dès le troisième jour, la plus grande partie des cellules sanguines sont en voie d'altération.

Dans les cellules adipeuses, l'examen sur fond noir ne permet pas de mettre en évidence les particules virulentes aussi nettement que dans les cellules sanguines ; l'observation est rendue difficile par l'épaisseur de la couche cellulaire, par la présence de nombreux globules de graisse très réfringents. Dans certaines conditions favorables, j'ai pu cependant observer très nettement les éléments parasitaires à l'intérieur du noyau de cellules adipeuses de chrysalides ; les particules y constituaient une masse vibrante au sein de laquelle vibraient faiblement les corpuscules polyédriques. Il ne semble pas que les cellules adipeuses en état d'altération avancée renferment toujours les granules parasitaires ; il est possible que ceux-ci disparaissent de la cellule après destruction du noyau.

De ces différentes observations répétées un assez grand nombre de fois, on peut conclure à l'existence, dans le corps de Vers à soie atteints de grasserie, d'un *parasite cytotrope ultramicroscopique se multipliant principalement dans le noyau de certaines cellules de l'organisme et capable d'y déclancher les processus morbides qui aboutissent à l'élaboration, aux dépens de la substance nucléaire, des corpuscules polyédriques.*

Cette conception de la pathogénie de la grasserie est corroborée par la découverte récente de deux virus cytotropes voisins de celui du Ver à soie et capables de provoquer, dans certaines cellules des chenilles de *Pieris brassicæ*, des altérations d'un type très particulier sans rapport avec celles qui caractérisent la grasserie. Le plus petit se présente, à l'examen sur fond noir, sous le même aspect que celui du Ver à soie ; comme lui, il est constitué par des particules faiblement éclairées animées de mouvement brownien à grande amplitude ; mais il ne se multiplie que dans la couche protoplasmique de certaines cellules, en particulier, des cellules sanguines (les macronucléocytes exceptés) et des cellules adipeuses. C'est dans les cellules sanguines qu'on l'observe avec le plus de facilité, mais on ne peut le mettre en évidence sur coupes ou frottis, quelles que soient les méthodes de fixation et de coloration que l'on emploie ; il détermine la formation, dans le cytoplasme des cellules parasitées, de corps réfringents dont la forme est des plus variables, ainsi qu'on peut s'en rendre compte dans les figures 23 et 24 ; ces corps sont difficiles à mettre en évidence sur coupes ou frottis ; lorsqu'ils sont encore en place dans l'intérieur de la

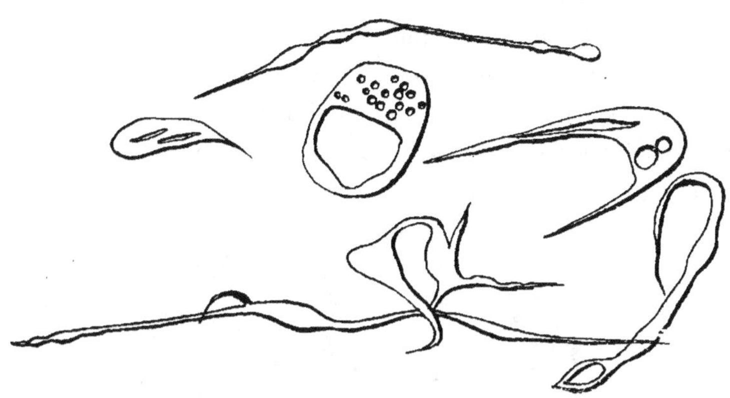

FIG. 23. — Corps réfringents en suspension dans le sang de chenilles de *Pieris brassicae* parasitées par *Borrellina pieris*.

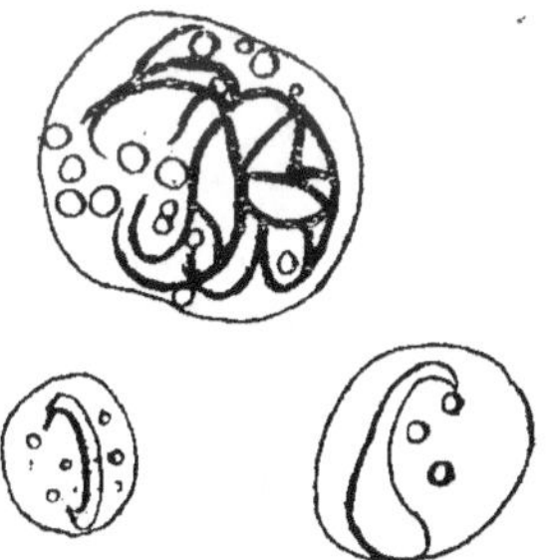

FIG. 24. — Corps réfringents en place dans les cellules adipeuses et sanguines de chenilles de **Pieris brassicae** parasitées par *Borrellina pieris*.

cellule, ils se colorent plus ou moins faiblement par l'hématoxyline ferrique (après fixation au Bouin) ; par la fuschine acide, (après fixation par les méthodes mitochondriales) ou par l'éosine (après coloration de frottis au mélange de Giemsa, Fig. 27). J'ai montré qu'ils se formaient aux dépens du chondriome ; on ne peut donc les homologuer complètement aux corpuscules polyédriques qui caractérisent les maladies à polyèdres.

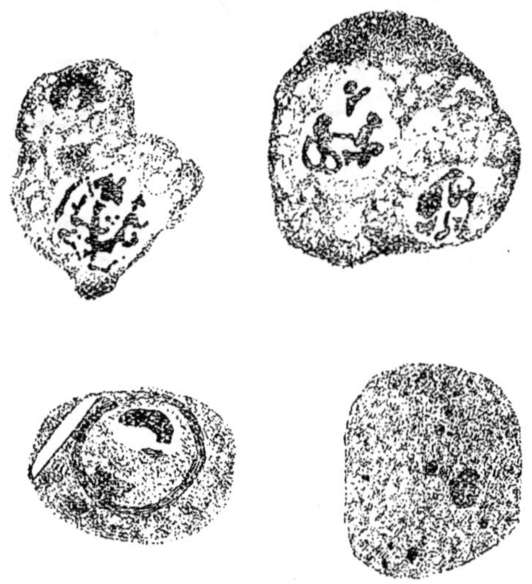

Fɪɢ. 27. — Différents types d'altération
des cellules sanguines (micronucléocytes) de chenilles
de *P. brassicae* parasitées par *Borrellina pieris*.

L'autre virus découvert dans les chenilles de *Pieris brassicæ* est formé d'éléments figurés beaucoup plus volumineux que ceux décrits plus haut ; à l'examen sur fond noir, ils se présentent sous forme de granules arrondis brillamment éclairés et animés de mouvement brownien très rapide ; les dimensions sont telles que les granules sont visibles aux plus forts grossissements du microscope ; même on peut les faire apparaître sur frottis : il suffit

PLANCHE X

Maladies à virus filtrant des chenilles de Pieris Brassicae

Fig. 25. — Cellule géante dans le sang d'une chenille de *Pieris brassicae* inoculée depuis trois jours avec sang de chenille parasitée naturellement par *Borrellina pieris*. Les cellules géantes ont pour origine les oenocytoïdes ; elles présentent certaines analogies avec celles qui se forment à partir des mêmes cellules dans le sang des chenilles parasitées par *Apanteles glomeratus* (Hyménoptère parasite de *P. brassicae*) ; mais alors que ces dernières sont uninucléées et ont une grande vitalité, les autres sont multinucléées et se désorganisent très rapidement.

Fig. 26. —- Début de la formation de cellules géantes à partir des oenocytoïdes ; le noyau se multiplie activement, mais la multiplication n'a pas lieu suivant un mode défini : dans un certain nombre de cellules, on observe que les noyaux résultent d'une sorte de pulvérisation de la chromatine du noyau principal ; dans d'autres cellules, on observe des figures qui rappellent certaines phases de la division caryocinétique.

Frottis de sang colorés au Giemsa.

Fig. 27. — Cellule adipeuse de chenille de *Pieris brassicae* parasitée par *Borrellina brassicae*. Le noyau, très hypertrophié, perd son individualité ; il est envahi rapidement par la substance cytoplasmique dont les chondriosomes filamenteux se rencontrent au voisinage des nucléoles. Le parasite se multiplie exclusivement dans la couche protoplasmique.

Fixation au formol salé ; coloration de Kull.

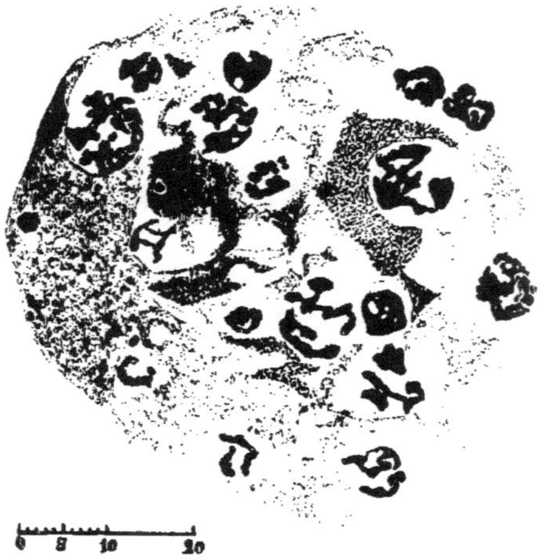

Fig. 25

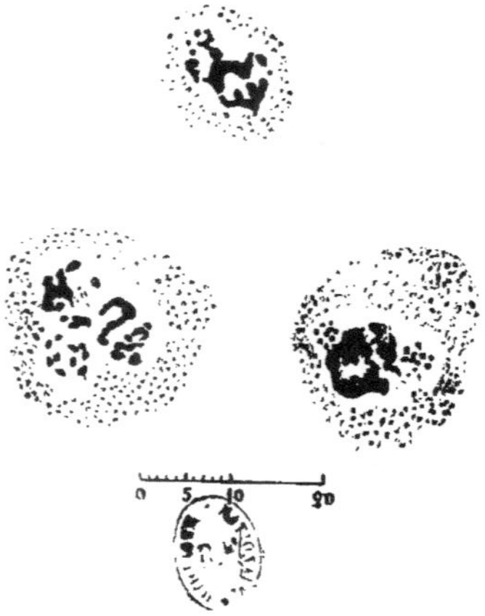

Fig. 26

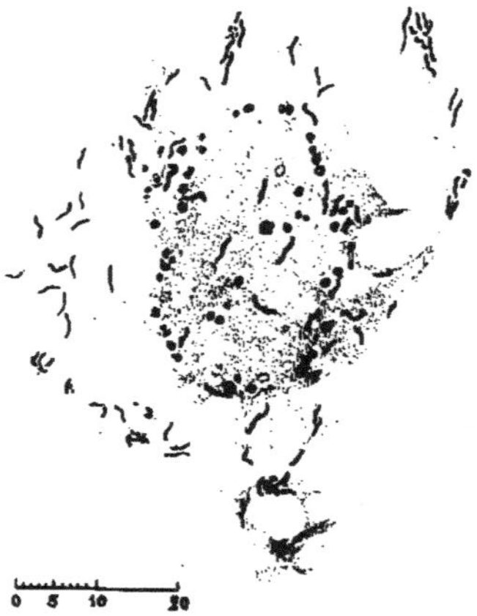

Fig. 28

A. Paillot, del.

Service photographique de l'Université, Lyon, édit.

de les colorer à chaud par la fuchsine phéniquée de Ziehl ; ils se présentent alors sous forme de très petits cocci dont les dimensions sont comprises entre 200 et 300 $\mu\mu$; ils se multiplient exclusivement dans le cytoplasme des cellules adipeuses ; celles-ci sont rapidement détruites et les globules de graisse sont mis en liberté dans le sang qui devient laiteux comme celui des Vers à soie atteints de grasserie ; comme ces derniers, les chenilles prennent une teinte jaune porcelanée particulièrement nette sur la partie ventrale ; leur peau se déchire de même très facilement. Contrairement à ce qui se passe dans l'autre maladie à virus filtrant des chenilles de *Pieris*, le chondriome des cellules adipeuses est à peine altéré ; il envahit peu à peu l'aire nucléaire qui s'hypertrophie de plus en plus et finit par se confondre avec le cytoplasme (fig. 28, Pl. X). La maladie se transmet très facilement par la voie intestinale: un seul repas de feuille de chou infestée suffit pour déclancher la maladie. Il est incontestable que les granules, dont on suit très facilement la multiplication dans les cellules adipeuses et que l'on peut mettre en évidence sur frottis colorés, correspondent à des éléments parasitaires vivants ; il est non moins certain que les particules ultramicroscopiques, observées dans les cellules sanguines des chenilles atteintes de l'autre maladie, correspondent également à des éléments parasitaires vivants. Comme les granules intranucléaires trouvées dans les cellules de Ver à soie atteint de grasserie présentent les plus grandes analogies avec ces derniers éléments, et qu'ils évoluent sensiblement de la même manière, il apparaît logique de les considérer comme des microorganismes assez voisins l'un de l'autre. Ils semblent assez différents cependant des Bactéries et des Protozoaires que l'on rencontre chez les Insectes : on ne connaît, en effet, pas d'espèce bactérienne dont l'évolution ne puisse avoir lieu que dans l'intérieur des cellules ; d'autre part les dimensions moyennes des éléments parasitaires

sont très inférieures à celles des Bactéries ; leur vie intracellulaire
les rapprocherait des Microsporidies, hôtes habituels des Inver
tébrés, mais l'existence de stades évolutifs différents n'est pas dé
montrée ; d'autre part, contrairement à ce qui se passe dans les
microsporidioses, la transmission par inoculation des germes dans
la cavité générale, est facile ; enfin, il est à noter que les Micro
sporidies ne déterminent pas de lésions caractéristiques auss
curieuses que celles déterminées par les virus filtrants. Ne pouvan
les ranger avec certitude ni parmi les Bactéries, ni parmi les Protozoaires, j'ai cru devoir créer à leur intention un groupe aberran
intermédiaire entre les deux grands groupes de microorganismes
et j'ai proposé de lui donner le nom de *Borrellina*. Les trois
espèces connues jusqu'ici se différencient par les caractères suivants :

B. bombycis : Eléments de moins de 100 μμ de diamètre ; visibles seulement sur fond noir ; se multipliant d'abord dans le cytoplasme puis dans le noyau de certaines cellules du Ver à soie.
Sous l'action du parasite le noyau est détruit et il se forme, aux
dépens de sa substance, des corpuscules polyédriques ou, plus
exactement, hexaédriques.

B. Pieris : Eléments de moins de 100 μμ de diamètre, se multipliant seulement dans le cytoplasme des cellules adipeuses et sanguines (à l'exception des macronucléocytes) des chenilles de *Pieris
brassicæ* ; le parasite détermine la formation, aux dépens du chondriome, de corps hyalins, réfringents, de forme et de grosseur très
irrégulières.

B. Brassicæ : Eléments parasitaires constitués par de petits coccis mesurant 200 à 300 μμ de diamètre ; colorables par la fuchsine
phéniquée de Ziehl à chaud ; se multipliant seulement dans le cytoplasme des cellules adipeuses et hypodermiques des chenilles de

Pieris brassicæ sans déterminer de modification profonde du chondriome ; sous l'action du parasite, le noyau s'hypertrophie et se désorganise.

L'existence de granules ultramicroscopiques ayant une signification étiologique dans l'évolution de la grasserie, est contestée par C. ACQUA qui n'a pu les observer lui-même en employant un « *apparecchio modernissimo per ultramicroscopia a ottimo funzionamento* » (condensateur Reichert d'Artz pour examen sur fond noir ; objectif à immersion 1/12ᵉ muni de diaphragme). Il faudrait donc admettre que mes observations propres sont fausses et qu'elles sont le résultat d'une véritable auto-suggestion ; jusqu'à preuve du contraire et malgré le démenti de C. ACQUA, je continuerai cependant d'affirmer que je n'ai pas été le jouet d'une illusion et que les particules ultramicroscopiques observées et décrites par moi dans le sang et dans l'intérieur des cellules sanguines des vers gras existent réellement et ne se rencontrent que chez les vers atteints de grasserie. Toute critique qui ne ferait pas état de ces faits, sera considérée comme nulle et je n'y répondrai pas. ACQUA a reconnu toutefois que des granules sont visibles sur fond noir dans le filtrat de bougie Berkefeld à pores moyennement fins. Cette observation semblerait confirmer les miennes, d'après l'auteur ; mais l'interprétation diffère essentiellement. Voici d'ailleurs ce qu'écrit à ce sujet l'auteur italien : « Abbiamo filtrato il sangue diluito a traverso una candela Berkefeld di grado medio. Sotto la rarefazione il liquido passa a grosse gocce schiumose. All'osservazione microscopica commune spesso si osservano dei piccolo grumi, formati da un insieme di minuti vacuoli ; all'osservazione ultramicroscopica questi divengono luminosi, e inoltre si osserva uno scintillamento prodotto da minutissimi corpuscoli, invisibili a luce diretta, e dotati di movimento. Si tratta probabilmente di formazioni analoghe ma assai minute ; in ogni caso di prodotti artificiali. Il sangue di bachi sani, diluito e filtrato come sopra dà risultati analoghi. »

Utilisant une bougie Berkefeld W à pores plus fins, Acqua constate que le filtrat ne contient plus de granules brillants visibles sur fond noir ; mais il attribue leur absence au fait que la bougie à pores fins empêche leur formation (qui serait artificielle) ou les retient dans la paroi. « Quest'ultima osservazione, conclut Acqua, potrebbe trovare un riscontro in quella del Paillot, che « la filtrazione su di una candela di porcellana a pori fini arresta i granuli ultramicroscopici ». A parte l'interpretazione, il fatto corrisponde. »

ÉTUDE DES LÉSIONS TISSULAIRES ET CELLULAIRES DE LA GRASSERIE.

I. — Caractères des lésions après fixation par les méthodes histologiques ordinaires.

Si l'on fixe des Vers à soie en état de grasserie par les méthodes courantes (mélange de Duboscq-Brasil ou de Tellyesniczky), qu'on colore les coupes par l'hématéine-éosine ou l'hématoxyline ferrique de Heidenhain, ou par le trichromique de Ramon y Cajal, les figures observées sont semblables à celles décrites par Conte et Levrat et par Prowazek (Fig. 29) : la masse chromatophile centrale, intensément colorée par les colorants nucléaires, se détache très nettement de l'aire nucléaire et se présente sous une forme assez irrégulière ; sa structure, comme l'indique Prowazek, est le plus souvent alvéolaire ; elle peut persister plus ou moins longtemps dans le noyau après la transformation de la substance nucléaire en corpuscules polyédriques. Les corpuscules sont d'abord colorables par les colorants nucléaires, mais ils perdent assez rapidement toute propriété tinctoriale et ne sont plus visibles que par réfringence. Après coloration par le trichromique de Ramon y Cajal, les corpuscules jeunes apparaissent colorés en jaune clair ; la masse chromatophile centrale, en rouge.

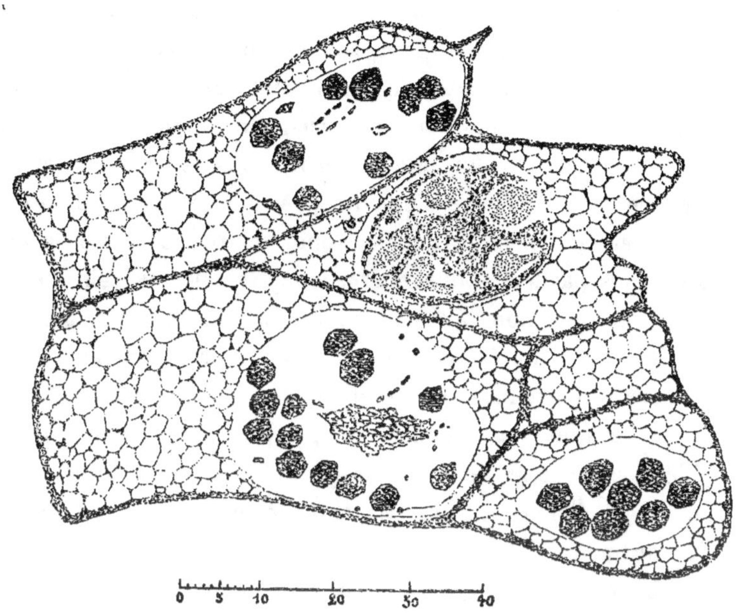

Fig. 29. — Cellules adipeuses de Ver à soie en état de grasserie. Fixation au Tellyesniczky ; coloration au carmin chlorhydrique-picro indigo carmin.

Les corpuscules prennent naissance surtout dans la zône périnucléaire interne, autour de la masse chromatophile centrale ; nous avons vu que cette zône est celle occupée par les particules ultramicroscopiques du *Borrellina bombycis* ; on peut assimiler leur formation à celle des cristaux ordinaires qui prennent naissance et grossissent dans une solution sursaturée du même sel ; la solution est représentée ici par un liquide tirant vraisemblablement son origine de la substance chromatique et du suc nucléaire.

On peut observer, après coloration par le carmin chlorhydrique et le picro-indigo-carmin, des figures qui rappellent celles décrites par Prowazek (voir Fig. 21) ; ainsi dans une des cellules de la figure 29, on remarque la présence de masses intranucléaires finement granuleuses qui ont tout à fait l'aspect des « zooglées » intranucléaires de Prowazek ; on sait que cet auteur les considère comme effectivement constituées par le parasite lui-même, c'est-à-dire par le *Chlamydozoon bombycis*. Or l'emploi d'autres méthodes de fixation et coloration ne permet plus de les mettre en évidence ; on ne les observe d'ailleurs que dans un petit nombre de cellules ; enfin il n'existe aucun rapport entre les masses granuleuses et les particules ultramicroscopiques intranucléaires qu'on observe sur fond noir. Ce sont donc : ou de simples artifices de coloration, ou plutôt des aspects particuliers de la structure nucléaire déterminés par l'action coagulante du mélange fixateur.

Le noyau apparaît en général très hypertrophié, mais l'hypertrophie varie avec les cellules. Le cytoplasme ne semble présenter aucune trace d'altération sur coupes fixées et colorées par les méthodes ordinaires ; de même, on ne peut se rendre compte avec ces méthodes, des altérations subies par les nucléoles.

II. Caractères des lésions cellulaires après emploi des méthodes mitochondriales.

L'emploi des méthodes de fixation dites mitochondriales, donne des résultats plus complets et plus exacts que les autres méthodes histologiques. Il suffit de comparer les deux figures 29 et 36 qui représentent des cellules adipeuses altérées telles qu'on peut les observer sur coupe après emploi de chacune des deux méthodes, pour avoir une idée précise de l'action comparative des fixateurs sur la morphologie cellulaire.

Lorsqu'on étudie par les méthodes mitochondriales la marche des processus qui se déroulent dans les différentes cellules de l'organisme sensibles à l'action du virus de la grasserie, on constate des différences assez importantes de cellule à cellule et de tissu à tissu. Cependant la destruction du noyau aboutit dans tous les cas à la formation de corpuscules polyédriques qui sont mis en liberté dans le sang après destruction de la cellule. Un certain nombre de lésions sont communes à toutes les cellules : ainsi, on observe toujours, quel que soit l'élément considéré : une destruction très précoce du chondriome dont les éléments filamenteux, allongés normalement dans les travées protoplasmiques, se transforment en granules de grosseur variable ; une altération également précoce des nucléoles qui semblent disparaître en partie du noyau ; une modification de l'aspect morphologique de la chromatine, modification correspondant à une altération plus ou moins profonde de sa composition.

Il n'est guère possible d'établir de règle générale dans la marche des processus morbides ; on peut distinguer cependant plusieurs types d'altération suivant les cellules auxquelles on a affaire :

a) *Cellules sanguines :* La coloration de frottis humides ou secs par le mélange de Giemsa après fixation par les vapeurs osmiques ou l'alcool méthylique, donne d'excellents résultats ; les figures obtenues par cette méthode sont parfaitement superposables à celles qu'on observe à l'état frais, soit à l'examen microscopique ordinaire, soit à l'examen sur fond noir. Si l'on examine un frottis de sang de Ver à soie inoculé depuis deux jours avec du sang de ver gras, on constate que la plus grande partie des cellules sanguines sont en voie d'altération ; il n'existe pas de différence appréciable dans la sensibilité des différents types cellulaires à l'action du virus et les macronucléocytes, comme les micronucléocytes, sont également altérés. La chromatine, normalement répartie en grains réguliers et régulièrement distribués dans toute l'aire nucléaire, se présente sous un aspect très différent : les grains chromatiniens perdent peu à peu leur individualité et semblent se fondre en une masse plus ou moins homogène qui occupe le centre de la cellule laissant, entre elle et la membrane nucléaire, un espa-

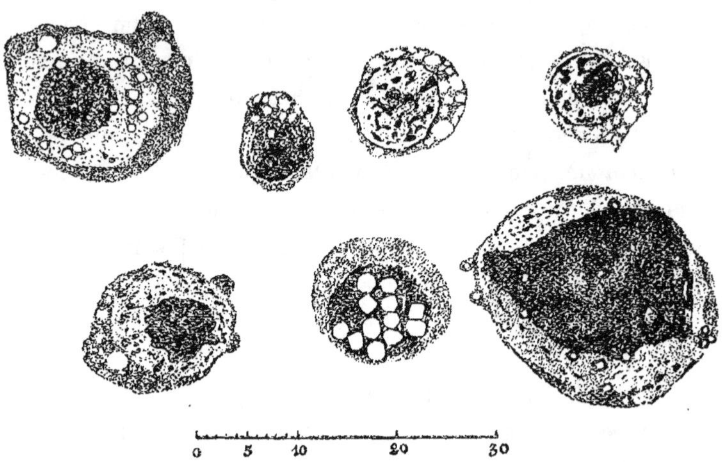

FIG. 30. — Différents stades d'altération des cellules sanguines de Ver à soie atteint de grasserie. Frottis coloré au Giemsa.

ce annulaire teinté plus faiblement que la masse centrale. Nous avons vu que cet anneau périnucléaire était occupé par les particules ultramicroscopiques représentant les éléments du parasite de la grasserie. Dès le troisième jour qui suit l'inoculation, apparaissent les corpuscules polyédriques sous forme d'inclusions de très petite taille ; ces corpuscules naissants se forment surtout dans l'espace annulaire intranucléaire, mais aussi dans l'intérieur de la masse centrale. L'altération nucléolaire n'est pas mise en évidence sur frottis colorés au Giemsa. Après fixation par les méthodes mitochondriales, et coloration suivant la méthode de Kull, le chon-

Grasserie

Fɪɢ. 31. — Cellules adipeuses normales de ver à soie. Le noyau arrond
est formé de grains de chromatine très régulièrement dispersés dans tout
l'aire nucléaire, et de nucléoles en nombre variable. Le chondriome s
présente sous forme de chondriocontes filamenteux ou de mitochondrie
granuleuses qui occupent : soit la sertissure protoplasmique périnucléair
soit la couche protoplasmique périphérique, soit enfin les trabécules pro
toplasmiques de la portion moyenne de l'aire cellulaire.

Fɪɢ. 32. — Cellules adipeuses de ver à soie en état de grasserie
début des processus d'altération nucléaire. Le chondriome est déjà con
plètement transformé en grains.

Cellule I. — Nucléoles en amas granuleux ; chromatine en grain
régulièrement dispersés dans l'aire nucléaire ;

Cellule II. — Nucléoles en amas granuleux ; dispersion des grain
de chromatine moins régulière que dans les cellules normales ; noya
hypertrophié ;

Cellule III. — Plages claires autour d'amas de nucléoles de grosseu
et de forme irrégulières ; noyau très hypertrophié ; en bas, amas granu
leux de chromatine.

Fɪɢ. 33. — Cellules adipeuses en voie d'altération ; chromatine e
plages faiblement teintées sans structure apparente.

Fixation au formol salé ; coloration de Kᴜʟʟ.

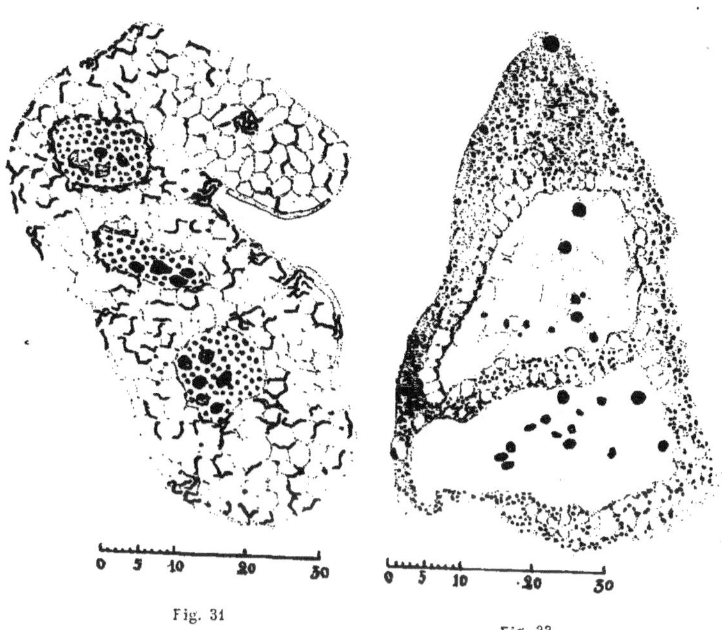

Fig. 31

Fig. 33

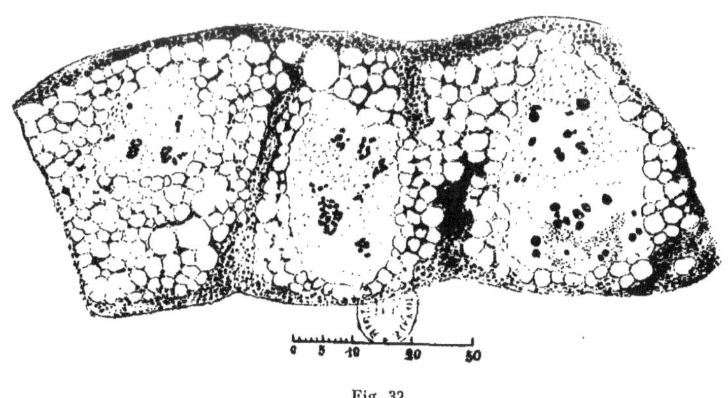

Fig. 32

A. Paillot, *dél.*

Service photographique de l'Université, Lyon, *édit.*

PLANCHE XII

Grasserie

Fig. 34. — Cellules adipeuses de ver à soie en état de grasser[ie]
à côté de cellules à noyau très hypertrophié rempli de corpuscules poly[é]-
driques, on en observe d'autres sans corpuscules intranucléaires ; [le]
noyau de ces cellules se présente sous forme de plages faiblement teint[ées]
par la thionine phéniquée ; dans une des cellules, on observe une pla[ge]
chromatophile arrondie avec grains fuchsinophiles d'origine nucléolai[re].
Le chondriome est complètement transformé en grains.

Fig. 35. — Cellules adipeuses de ver à soie en état de grasserie. Da[ns]
la plupart des noyaux, on observe la présence de masses chromatophi[les]
arrondies mouchetées de petits granules fuchsinophiles ; ces granu[les]
sont vraisemblablement d'origine nucléolaire ; ils ne présentent rien [de]
commun avec les amas granuleux mis en évidence dans la figure 29 [et]
que Prowazek assimile à des zooglées formées par le *Chlamydoz[oa]
bombycis*.
Fixation au formol salé ; coloration de Kull.

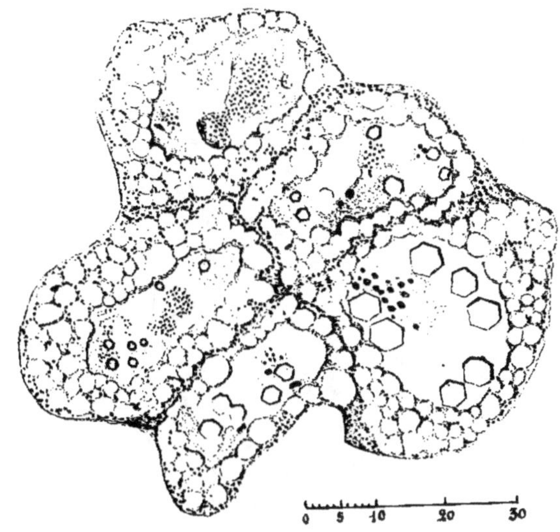

Fig. 35

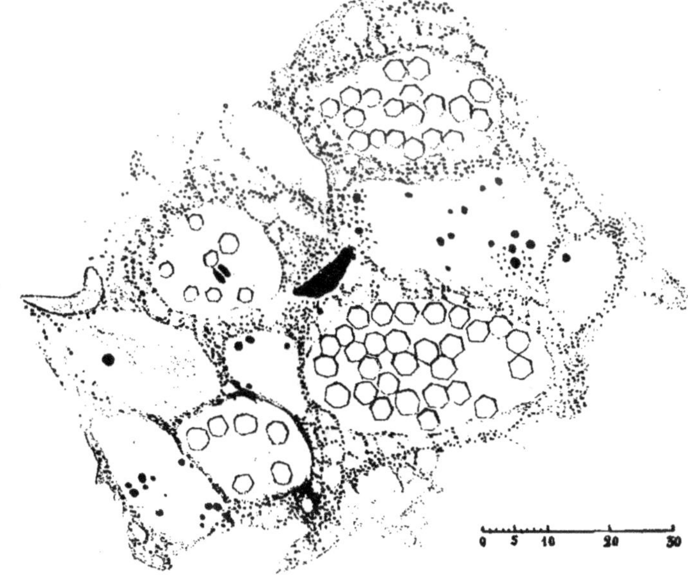

Fig. 34

A. Paillot, *dél.*

Service photographique de l'Université, Lyon, *édit.*

driome se présente sous forme de grains irréguliers comme dans les autres cellules. Il ne m'a pas été possible de suivre sur coupe les processus d'altération nucléolaires, mais ils ne doivent pas différer sensiblement de ceux qui se déroulent dans les autres éléments cellulaires. Contrairement à ce qu'on observe généralement, la forme des corpuscules intranucléaires n'est pas celle d'un hexaèdre, mais bien plutôt celle d'un cube-aplati; j'ai représenté dans la figure 30 les différents types d'altération qu'on observe dans les deux principales catégories d'éléments sanguins : les macro- et les micronucléocytes ; on peut voir que les processus qui se déroulent dans les uns et dans les autres sont sensiblement les mêmes.

b) *Cellules adipeuses* : Il est très facile de suivre, dans ces cellules, la marche des lésions cytoplasmiques et nucléaires ; sur une même coupe, on peut observer toutes les phases successives qui aboutissent à l'élaboration des corpuscules polyédriques. Plus encore que dans les autres cellules de l'organisme, on observe des divergences assez grandes dans les processus morbides intranucléaires.

Un premier type d'altération est représenté dans la figure 32 (Pl. XI) : on observe, dans les cellules numérotées I et II, une fragmentation des nucléoles et la constitution d'amas de granules plus ou moins irréguliers se colorant intensément par la fuchsine acide ; la chromatine se présente toujours sous l'aspect d'un fin semis de grains colorés en bleu pâle par le bleu de toluidine ou la thionine ; cependant, on peut observer déjà dans la cellule II une disposition plus irrégulière des mottes chromatiniennes et une modification sensible de leur forme extérieure. La fragmentation des nucléoles se présente sous un aspect assez différent dans la cellule III ; on peut noter en particulier que la chromatine a tendance à disparaître dans le voisinage des fragments nucléolaires, comme si ces fragments exerçaient une répulsion sur les grains de chromatine ;

les fragments apparaissent alors comme envacuolés ; on constate enfin, dans la même cellule, que la chromatine devient le siège de modifications structurales très importantes : on constate en particulier l'apparition d'une masse plus intensément colorée en bleu que les grains normaux et de forme irrégulière ; c'est là le début de l'altération chromatinienne qui aboutira à la disparition complète de cette substance.

Un deuxième type d'altération est représenté dans la figure 33 (Pl. XI) : les nucléoles, très fuchsinophiles, ou les fragments qui en dérivent conservent leur forme arrondie ; la chromatine, à peine teintée par le bleu de toluidine ou la thionine, se présente sous forme de plages de colorabilité variable, d'apparence plus ou moins vacuolaire ; on ne distingue plus rien de la structure granulaire normale. Les cellules représentées dans la figure 34 (Pl. XII) sont à un stade plus avancé d'altération ; on peut constater que le nombre des nucléoles varie considérablement d'une cellule à l'autre.

Un troisième type d'altération nucléaire est représenté dans les figures 35 et 36 (Pl. XII et XIII) : c'est celui qui se rencontre le plus fréquemment ; comme dans le type précédemment décrit, les mottes chromatiniennes ont disparu complètement de l'aire nucléaire : la chromatine forme des masses de structure homogène, se colorant en général plus intensément par le bleu de toluidine ou la thionine que les mottes chromatiniennes normales ; les nucléoles sont détruits et la substance nucléoplasmique qui les constitue semble précipiter à la surface des masses chromatophiles en donnant naissance à un semis de petits grains arrondis, régulièrement distribués sur toute l'étendue de celles-ci. Elles prennent ainsi un aspect très particulier qui n'a rien de commun avec celui qu'on observe après emploi des méthodes histologiques ordinaires. Si par exemple on compare la figure 36 avec celle qui représente les mêmes cellules

PLANCHE XIII

Grasserie

Fig. 36. — Cellules adipeuses de ver à soie en état de grasserie. Masses chromatophiles intranucléaires fortement teintées en bleu par la thionine phéniquée et mouchetées de grains fuchsinophiles ; quelques corpuscules polyédriques dans certains noyaux. Chondriocontes complètement transformés en grains.

Fig. 37. — Cellules hypodermiques en voie d'altération chez un ver à soie atteint de grasserie. Même type d'altération que celui précédemment décrit ; masses chromatophile avec granules d'origine nucléolaire. Corpuscules polyédriques moins nombreux que dans les cellules adipeuses.

Fig. 38. — Coupe transversale dans une trachée de ver à soie atteint de grasserie ; peu de corpuscules dans les noyaux ; dans l'un d'eux, masse chromatophile centrale avec granules fuchsinophiles d'origine nucléolaire ; chondriome granuleux comme dans les cellules adipeuses.

Fig. 39. — Coupe oblique dans un tronc trachéen et transversale dans une ramification de ce tronc ; cellules en voie d'altération (début des processus d'altération nucléaire). Chondriocontes transformés en grains.

Fixation au formol salé, coloration de Kull.

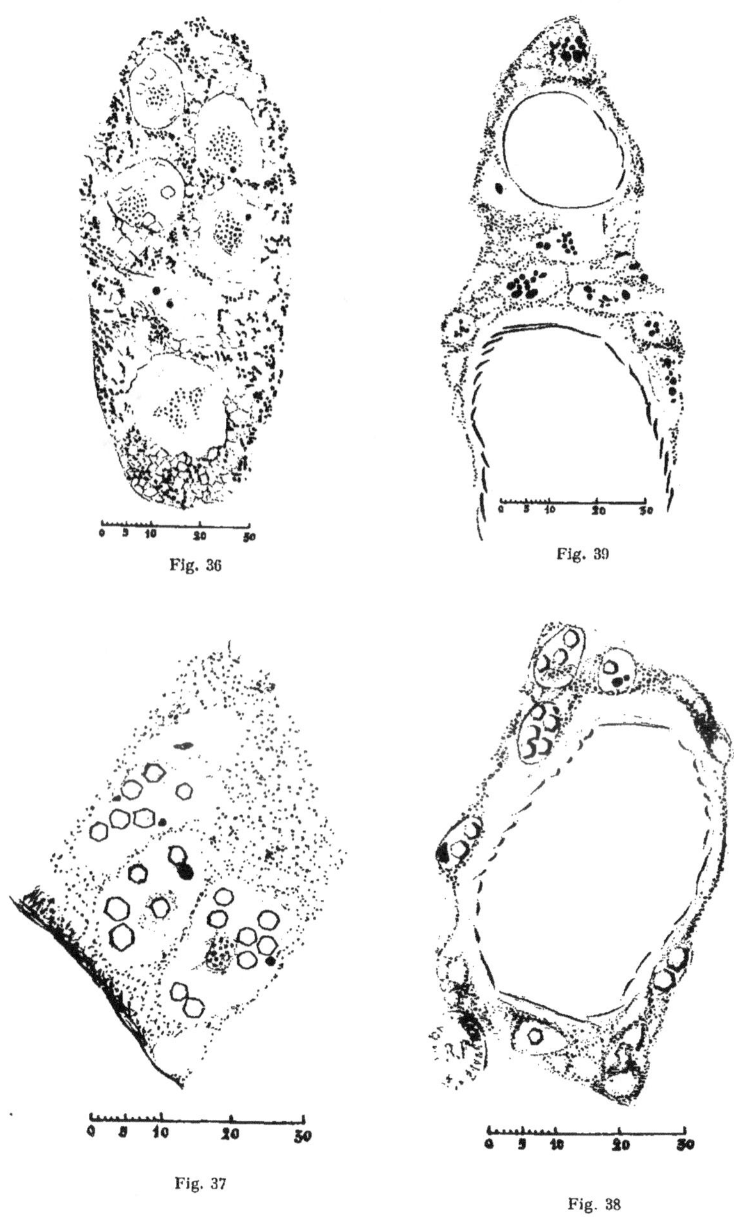

Pl. XIII

Fig. 36

Fig. 39

Fig. 37

Fig. 38

après fixation par le mélange de Tellyesniczki (Figure 29) la différence de structure des masses chromatophiles apparaît extrêmement nette ; elle est même telle qu'on pourrait croire qu'elles correspondent à des objets différents. Cette différence dans l'aspect des masses intranucléaires est cependant uniquement due à l'action des fixateurs ; on comprend, dans ces conditions, combien il est facile de faire des erreurs d'interprétation dans les figures observées sur coupes. Les corpuscules polyédriques prennent naissance le plus souvent en dehors des masses chromatophiles; d'abord très petits, ils se présentent avec un contour très accusé et nettement fuchsinophile, ce qui laisserait supposer, si l'on s'en tient aux réactions colorantes, que le nucléoplasme participe à leur élaboration. Comme ils affectent la forme régulière de rhomboèdres, on peut les considérer comme de véritables cristaux malgré la présence d'une couche corticale différente de la portion centrale ; ils se forment vraisemblablement comme les cristaux ordinaires dans une solution saturée. Le nombre des corpuscules qui se forment dans une cellule, varie suivant la nature et la taille de celle-ci. Au terme de l'évolution morbide, la cellule est entièrement détruite et les corpuscules sont mis en liberté dans le sang.

c) *Cellules hypodermiques et trachéales.* Les processus intranucléaires se déroulent généralement suivant le type précédemment décrit. On observe, comme dans les cellules adipeuses, la formation de masses centrales chromatophiles mouchetées de granulations fuchsinophiles d'origine nucléoplasmique (figure 37, Pl. XIII). La destruction des cellules hypodermiques explique la fragilité extrême de la peau chez les Vers à soie atteints de grasserie : les plaques jaunes qui apparaissent extérieurement sur la peau vers la fin de l'évolution de la maladie, sont la conséquence de l'amincissement de celle-ci, la coloration jaune étant celle du sang vu par transparence à travers la mince couche de cuticule. Chez les Vers à soie à sang non coloré, on n'observe pas de taches jaunes sur la peau.

Dans les cellules trachéales, dont le noyau est toujours de très petite taille, le nombre des corpuscules polyédriques est toujours très réduit (figures 38 et 39, Pl. XIII). On n'observe pas de rétrécissement de la lumière des tubes trachéens même dans les plus fines ramifications. Cette constatation infirme nettement l'observation de KOMAREK et BREINDL relativement à l'obstruction partielle des fines ramifications trachéales chez les chenilles de *Lymantria monacha* atteintes de « *Polyederkrankheit* ».

d) *Cellules pariétales de la capsule génératrice*. La paroi des capsules génératrices est le siège d'altérations comparables à celles qu'on observe dans les cellules hypodermiques et trachéales (Figure 40, Pl. XIV). Comme dans ces dernières, le nombre des corpuscules formés est toujours des plus réduits. L'altération des cellules commence par la couche la plus externe et gagne progressivement les couches profondes.

e) *Cellules épithéliales de l'intestin moyen*. On considère généralement les cellules épithéliales de l'intestin comme réfractaires au parasite de la grasserie. Cette opinion est trop absolue et il peut exister des cas où ces cellules présentent des lésions analogues à celles étudiées chez les cellules sensibles, y compris la transformation de la substance nucléaire en corpuscules polyédriques. Les Vers à soie chez lesquels j'ai eu l'occasion de faire ces observations étaient tous en état de diarrhée et présentaient les symptômes externes de gattine ; dans le contenu intestinal plus ou moins clair, on trouvait en abondance un Bacille sporulé très répandu dans les magnaneries décimées par la flacherie. La présence du Bacille explique certainement l'apparition des lésions caractéristiques de la grasserie dans des cellules qui souvent n'en présentent pas ; mais nous verrons d'autre part, en étudiant les maladies intestinales, que le Bacille sporulé est incapable de se multi-

PLANCHE XIV

Grasserie

Fɪɢ. 40. — Coupe longitudinale dans la capsule génératrice d'un ver à soie en état de grasserie. En certains points de la couche externe, les cellules sont déjà à un stade d'altération avancé. Les processus d'altérations sont sensiblement les mêmes que ceux qui se déroulent dans les cellules hypodermiques ou trachéales. On observe, dans quelques éléments, la présence d'une masse intranucléaire colorée en bleu par la thionine phéniquée et mouchetée de granules fuchsinophiles. Il y a beaucoup moins de corpuscules polyédriques intranucléaires que dans les cellules adipeuses. Chondriome altéré dans toutes les cellules de la paroi de la capsule.

Fɪɢ. 41. — Cellules épithéliales du mésointestin postérieur d'un ver à soie atteint de grasserie et parasité en outre par un bacille sporulé intestinal *(Bacillus bombycis)* qu'on retrouve fréquemment chez les vers atteints de flacherie vraie. Corpuscules polyédriques très fuchsinophiles sur le pourtour. La chromatine des noyaux altérés est en général condensée sur le pourtour de ceux-ci ; elle est plus ou moins infiltrée de substance nucléoplasmique et apparaît alors teintée en rose par la fuchsine acide.

Fixation au formol salé ; coloration de Kᴜʟʟ.

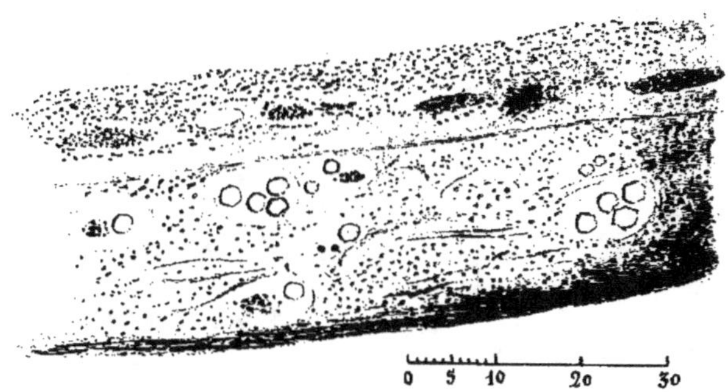

Fig. 40

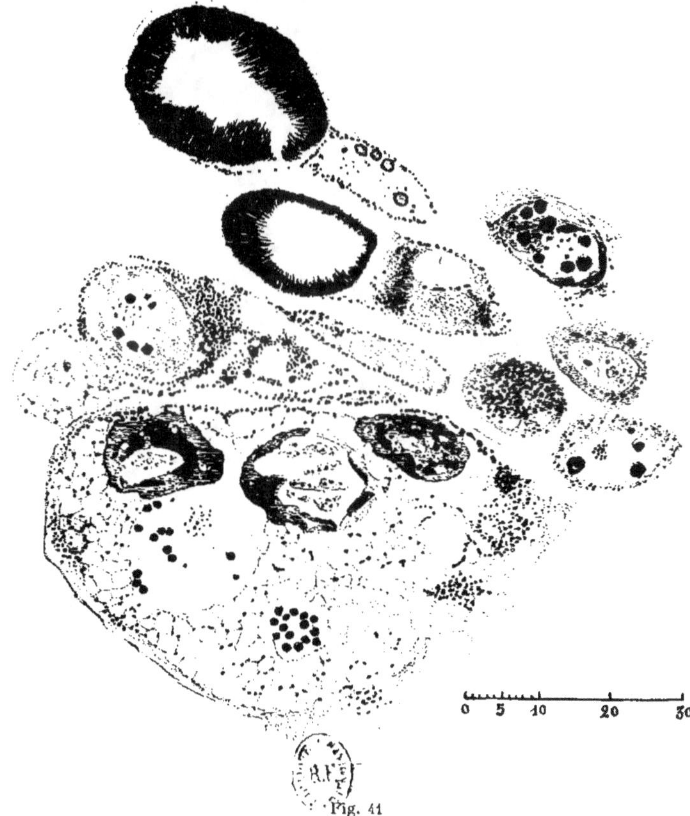

Fig. 41

plier dans le contenu intestinal de Vers à soie normaux : il accompagne presque toujours le Streptocoque cause de la gattine ou, s'il parait se multiplier seul, c'est que le tube digestif est déjà lésé par l'action de la toxine microbienne. On ne peut donc dire que l'infection bactérienne a précédé l'envahissement de l'organisme par le *Borrellina* ; il semble logique d'admettre que cette infection a pu se produire grâce à un état de prédisposition déterminé par le parasitisme du Borrellina et que l'envahissement des cellules épithéliales par ce parasite a eu lieu grâce à l'altération de la paroi sous l'influence du parasitisme du Bacille sporulé.

Les premiers signes d'altérations que l'on observe dans les cellules épithéliales de l'intestin moyen se manifestent, comme dans les autres cellules, au niveau du chondriome et des nucléoles. La présence d'une ou plusieurs masses centrales fortement chromatophiles est ici exceptionnelle fig. 41, Pl. XIV) ; le plus souvent, la condensation de la chromatine est périphérique, la partie centrale restant plus claire. Quelquefois, on observe dans la masse périphérique la présence de petits grains fuchsinophiles d'origine nucléoplasmique, mais généralement la substance des nucléoles infiltre la masse chromatophile où elle constitue des plages plus ou moins étendues qui apparaissent colorées en rose par la fuchsine. Les corpuscules polyédriques sont en général plus petits que ceux des cellules adipeuses ; ils restent longtemps colorés en rose à leur périphérie.

Toutes les parties de l'intestin moyen ne sont pas également altérées ; les cellules épithéliales antérieures le sont beaucoup moins par exemple que les cellules de la région postérieure. On n'observe pas de lésion dans les cellules de l'intestin postérieur, ni dans les cellules du pharynx et de l'œsophage.

Les cellules musculaires, nerveuses et séricigènes, les cellules glandulaires sous-hypodermiques (contrairement à l'opinion d'Acqua) peuvent être considérées comme réfractaires au parasite de la grasserie.

EPIDEMIOLOGIE DE LA GRASSERIE

I. Transmission de la maladie d'individu a individu ; conséquences pratiques. — La transmissibilité de la grasserie d'individu à individu, dans une même éducation, et de génération à génération, pose des problèmes d'une très grande importance pratique. Les faits d'observation, exposés au début du présent chapitre, démontrent que la grasserie est une maladie éminemment contagieuse et que l'infection a lieu généralement par la voie intestinale. Nous avons vu, d'autre part, que la température avait une grande influence sur la marche de la maladie et que l'évolution de celle-ci pouvait être considérablement ralentie par un abaissement de la température moyenne. Si donc la présence de vers gras est constatée dans un élevage dès les premières mues, on peut prévoir une mortalité de plus en plus importante à mesure que l'éducation se poursuit ; on peut prévoir aussi que les épidémies successives se suivront d'autant plus rapidement que la température ambiante sera plus élevée. L'observation montre en effet que, dans les magnaneries, la gravité de la grasserie est très souvent fonction de la température ; celles où l'on maintient une température moyenne élevée et où l'apparition des vers gras est précoce, souffrent généralement plus de la maladie que les autres.

La contagion est assurée surtout par le virus mis en liberté avec le sang qui s'écoule des vers malades à la suite de blessures de l'épiderme ; on sait que cet épiderme est très fragile chez les vers en état d'infection avancée et qu'il peut même se déchirer spontanément. On ne saurait donc trop attirer l'attention des éducateurs sur la nécessité de débarrasser les claies d'élevage de tous les vers malades qui s'y rencontrent, principalement à la sortie des mues, et de les détruire immédiatement, soit en les jetant au feu, soit en les immergeant dans un liquide antiseptique. La surveillance devra s'exercer pendant tout le cours de l'éducation, même, et surtout, peut-on dire, pendant les premiers âges. Nous avons vu que les cellules épithéliales de l'intestin moyen peuvent présenter les lésions de grasserie et que ces lésions apparaissent avant qu'il soit possible de distinguer les taches jaunes de l'épiderme ; cette constatation est importante ; elle montre que le contenu intestinal peut être contagieux (il ne l'est pas dans tous les cas) avant l'apparition des symptômes externes ; la surveillance, dans ce cas, ne peut donc donner que des résultats partiels.

Le délitage à la main doit être formellement déconseillé ; en roulant les vers comme on le fait souvent dans la pratique, on blesse en effet ceux qui sont malades et on multiplie ainsi les causes d'infection. Seuls doivent être recommandés les procédés qui permettent d'enlever les litières sans toucher aux vers. Parmi ces procédés, celui qui est basé sur l'emploi du papier perforé est un des plus pratiques et des plus recommandables ; il consiste à recouvrir les claies d'élevage de larges feuilles de papier mince perforées de trous découpés au moyen d'un emporte-pièces, de déposer sur ces feuilles des feuilles fraîches de mûrier ; les vers attirés par la nourriture passent au travers des trous ; la grosseur de ceux-ci varie avec celle des vers qu'il s'agit de déliter. Lorsque tous les vers ont quitté les vieilles litières, on enlève celles-ci après avoir transporté les feuilles avec leurs vers sur de nouvelles claies. Le balayage des litières est une opération assez délicate ; elle entraîne un déplacement de poussières qui peut être préjudiciable à la bonne marche de l'éducation. On ne saurait trop répéter en effet que les poussières de magnaneries sont dangereuses pour les Vers à soie, aussi bien par les germes contagieux qui s'y trouvent que

par les poisons organiques dont elles sont plus ou moins impr
gnées. Nous reviendrons plus longuement sur cette question
l'influence des poussières de magnanerie, en étudiant la patholog
du tube intestinal. L'emploi du papier perforé est préconisé depu
de longues années en France ; malgré la propagande active fai
par les Stations séricicoles, par l'Office national séricicole de V
lence, par certains graineurs ou sériciculteurs, ce procédé
délitage est d'un usage encore peu courant dans les régions
grand élevage comme l'Ardèche et le Gard.

J'ai eu l'occasion de voir pratiquer à la Station séricicole d'Al
un autre procédé de délitage également très recommandable: il co
siste à déposer sur les claies d'élevage, dans le sens de la largeu
des tiges de bambou disposées parallèlement les unes aux autres
dont la longueur est telle que les extrémités dépassent légèremer
de chaque côté de la claie ; les tiges de bambous sont recouverte
de rameaux de mûrier placés transversalement ; les vers monter
aussitôt sur les feuilles fraîches ; il suffit ensuite de soulever e
semble tous les bambous au moyen de deux supports disposés sou
l'extrémité de ceux-ci et maniés par un système de poulies ; o
enlève enfin les vieilles litières et on laisse retomber sur les claie
les tiges de bambous avec leur chargement de rameaux et de vers
on enlève ces tiges et on procède à une nouvelle opération sur un
autre claie. Ce procédé de délitage est très expéditif, mais il n'es
possible que si l'on pratique l'élevage au rameau.

L'élevage au rameau, s'il est, économiquement, plus avantageu
que l'élevage à la feuille détachée, n'est pas cependant, contraire
ment à ce qu'on pourrait supposer, celui qui offre le plus de ga
rantie au point de vue hygiénique. Il est en effet plus difficile d
dépister les vers atteints de maladie contagieuse au milieu de
rameaux enchevêtrés que sur un simple lit de feuilles coupées
ceux qui sont atteints de grasserie, par exemple, échappent très sou

vent à l'œil de l'observateur et constituent des foyers d'infection
d'autant plus dangereux qu'ils restent plus longtemps sur les claies
d'élevage.

II. Transmission de la grasserie de génération a génération

La question de la transmission de la grasserie d'une génération
à l'autre a été l'occasion de controverses très vives au cours de
ces dernières années. Nous avons vu, en étudiant l'historique de
cette question, que beaucoup d'auteurs n'admettent pas le passage
du virus dans l'œuf. Acqua, en particulier, a toujours affirmé que
la grasserie n'était pas héréditaire. En 1922, il considérait encore
cette affection comme une maladie à virus filtrant et il montrait,
par des expériences très précises, que le virus conserve son pouvoir
pathogène pendant plus d'un an mais non après deux ans, au moins
dans les conditions où il opérait ; d'après lui, c'est donc uniforme-
ment par l'intermédiaire des poussières qu'a lieu la transmission
du germe de la grasserie d'une génération à l'autre. L'expérience
personnelle suivante démontre aussi que le virus de la grasserie
conserve sa virulence d'une année à l'autre : en juin 1924, le sang
laiteux d'un ver gras est centrifugé à grande vitesse ; la partie
surnageante, légèrement opalescente, est répandue sur un carré
de toile fine qui est ensuite suspendu, sans précaution spéciale, à
un des murs d'une chambre mal chauffée en hiver. Le 8 juin 1926,
le carré de toile est lavé dans un peu d'eau physiologique ; quatre
Vers à soie du troisième âge sont inoculés dans la cavité générale
avec une goutte de l'eau de lavage ; trois meurent le lendemain
à la suite d'infection microbienne consécutive à l'injection de liquide non aseptique ; le quatrième ne s'infecte pas mais présente,
six jours après l'inoculation, les signes caractéristiques de la grasserie.

Le culot de centrifugation de l'expérience précédente, après plusieurs lavages successifs suivis de centrifugation, a été conservé à l'air dans les mêmes conditions que la partie claire et utilisé en 1926 pour des essais d'infection. Les vers inoculés avec l'eau de lavage tenant en suspension les corpuscules polyédriques, sont restés normaux. Ce simple fait d'expérience démontre que les corpuscules polyédriques ne sauraient être assimilés, ainsi que le prétendent KOMAREK et BREINDL, à des réservoirs de virus. Les résultats semblent contredire ceux d'ACQUA qui avait réussi à infester des Vers à soie en utilisant une émulsion de corpuscules lavés et conservés à l'air. La contradiction n'est qu'apparente cependant : en effet, suivant les conditions de l'expérimentation il peut exister un nombre plus ou moins important d'éléments virulents à la surface des corpuscules (on sait qu'il est impossible de les enlever même après lavages répétés à l'eau distillée) ; suivant l'importance du nombre des éléments virulents qui font corps avec les corpuscules, ceux-ci sont virulents ou avirulents.

Nombreux sont les faits d'observation qui démontrent le rôle des poussières dans la propagation naturelle de la grasserie d'une année à l'autre. Je ne citerai que les plus importants, ceux qui paraissent les plus probants. En 1926, dans une commune de la Basse Ardèche, deux propriétaires voisins, le père et le fils, font chacun une éducation de Vers à soie à partir d'un même lot de graine. Les Vers à soie du père sont élevés dans une magnanerie où la grasserie a causé d'importants dégâts l'année précédente et dont le matériel n'a pas été désinfecté ni même lavé ; ceux du fils sont élevés jusqu'à la première mue dans une cuisine puis, transportés dans une magnanerie n'ayant pas été utilisée pour cet usage l'année précédente. Dans la première magnanerie, la grasserie a fait des dégâts à tous les âges ; à la sortie de la quatrième mue, la proportion des vers malades est relativement importante ; dans l'autre magnanerie au contraire, il n'y a aucun ver malade à la même époque ; mais au moment de la montée, on peut observer quelques vers avec taches jaunes et sang laiteux. Comment expliquer la présence de ces vers malades en fin d'éducation ? Le propriétaire interrogé m'a dit avoir emprunté à son père quelques planches pour faire de nouvelles claies ; or ces planches étaient encore infestées du virus de l'année précédente ; c'est à la présence de ce virus qu'est due la manifestation tardive de la maladie.

Dans une autre magnanerie d'une commune voisine, magnanerie inoccupée l'année précédente et bien isolée des voisines, dont le matériel a été soigneusement désinfecté à l'acide sulfurique (solution à 10 p. 100), la mortalité par grasserie a été nulle, même en fin d'éducation.

On ne peut contester que beaucoup des cas de grasserie qu'on observe chaque année dans les éducations de Vers à soie, ont généralement pour origine le virus de l'année précédente conservé dans les poussières de magnanerie ou dans les litières que beaucoup d'éducateurs conservent pour l'alimentation du bétail. Cette dernière pratique, qui est fort répandue dans les pays de grand élevage, doit être condamnée formellement surtout en période d'épidémie. Nous verrons qu'elle contribue aussi pour une part importante à la conservation et à la propagation des germes de maladies microbiennes intestinales.

Malgré les affirmations contraires de beaucoup d'auteurs, il est incontestable aussi que l'hérédité joue un rôle très important dans la transmission de la grasserie d'une génération à l'autre. Dès l'année 1924, j'ai soutenu cette thèse et affirmé que le germe de la maladie passait effectivement dans l'œuf. Depuis ce moment, tous les faits d'observation et d'expériences que j'ai eu l'occasion d'étudier, loin d'ébranler ma conviction, n'ont fait que la renforcer.

AcQua, dans une note critique relative à ma première note à l'Académie des sciences sur l'étiologie et l'épidémiologie de la grasserie, a prétendu que l'œuf ne pouvait être contaminé naturellement : il est facile de comprendre, dit Acqua, que le papillon est normalement indemne de grasserie ; même si le ver s'infectait au moment de filer, il succomberait à la maladie avant de pouvoir donner naissance à un papillon ; quant à la possibilité de contamination par les germes extérieurs, elle est impossible, la chrysalide étant protégée et le papillon n'absorbant aucune nourriture. Que l'infection larvaire puisse exister à l'état latent et se prolonger ainsi à travers les stades nymphal et imago jusqu'à l'œuf, puis à la larve qui en éclora l'année suivante, l'auteur italien ne peut le concevoir. Il conçoit très bien cependant que le parasite de la pébrine évolue de cette manière et que l'infection se maintienne à l'état latent au cours du développement embryonnaire du Ver à soie ; ce qui est compréhensible pour la pébrine serait-il donc absurde lorsqu'il s'agit de grasserie ? Je sais bien que les deux maladies diffèrent l'une de l'autre, mais les parasites qui en sont la cause sont-ils donc tellement dissemblables qu'on ne puisse concevoir un certain rapprochement entre leur évolution intracellulaire ? L'affirmation érigée en principe par Acqua que la contamination du papillon est impossible, a reçu un premier démenti dès l'année 1925 ; je réussissais en effet à obtenir d'un élevage de laboratoire, un papillon atteint naturellement de grasserie. L'expérience a déjà fait l'objet d'une description antérieure (page 94) ; je rappellerai sommairement ici les faits qui sont à la base de cette expérience et les résultats qui ont été enregistrés : un certain nombre de Vers à soie de la race dite « Chinois doré » sont infestés *per os* le 2 septembre 1925 ; le 18 septembre, 38 cocons sont placés à l'étuve à 30° C ; 36 autres sont maintenus à la température du laboratoire. La mortalité par grasserie est plus tardive et plus échelonnée dans le dernier lot que dans le premier. La première éclosion de papillon, dans le lot non chauffé, date du 4 octobre;

à ce moment, tous les papillons du premier lot qui à l'état larvaire avait été décimé par la maladie, sont éclos et aucun n'est reconnu atteint de grasserie. Le 9 octobre, examinant sur fond noir le sang d'un des papillons éclos à la température du laboratoire, je reconnais la présence du virus de la grasserie sous

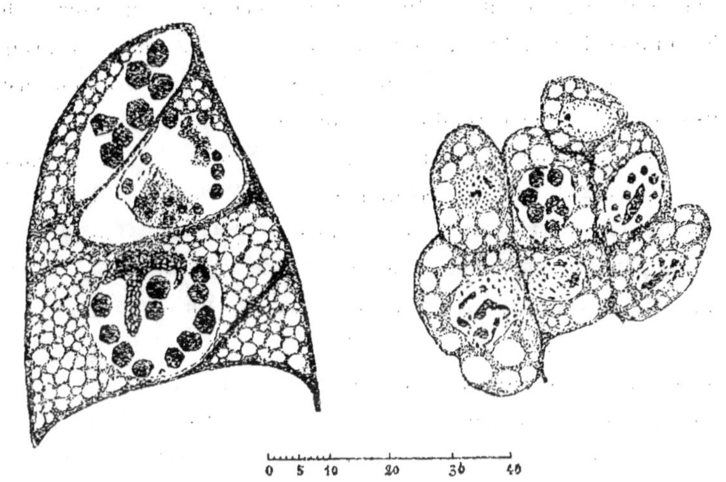

Fig. 42 et 43. — Cellules adipeuses de chenille de Bombyx du mûrier et de papillon. Fixation au Duboscq-Brasil ; coloration à l'hématoxyline ferrique-éosine.

forme de particules faiblement éclairées intra- et extracellulaires ; un frottis de sang coloré aussitôt au mélange de Giemsa, présente, à l'examen microscopique, les mêmes particularités cytologiques que le sang des vers atteints de grasserie typique. Le papillon est fixé dans le mélange de Duboscq-Brasil après ouverture longi-tudinale du corps et étalement sur plaque de liège; les coupes colorées à l'hématoxyline ferrique ou à la safranine présentent exactement le même aspect que celui des coupes de vers malades traités de la même manière (figures 42 et 43).

Ce simple fait d'expérience démontre que l'évolution du para-

site de la grasserie peut être considérablement ralenti ; l'hyp
thèse d'une vie latente, pour ce parasite, n'est donc pas aus
absurde que le supposait Acqua.

Peu avant la présentation de la note à l'Académie d'Agricultu
où j'exposais ces faits, M. Rebouillon en avait fait présent
une autre également relative à l'existence de la grasserie ch
les adultes du Bombyx du mûrier; mais les arguments qu'il invoqu
et les conclusions qu'il en déduit reposent sur une technique insu
fisante ou des interprétations inexactes.

1° M. Rebouillon a constaté par exemple que si l'on exami
à un grossissement de 500 diamètres, une goutte de bouillie o
tenue en broyant sous un peu d'eau le corps de certains papillo
d'apparence anormale, on observe de « petits corps réfringen
qui paraissent ronds, mais ont en réalité un contour polyédriqu
ils mesurent en moyenne 1 μ de diamètre.... ils paraissent,
prime abord, ne ressembler en rien aux gros granules polyédriqu
observés sur les chenilles et qui sont moins réfringents et mes
rent 3 à 10 μ, mais leur présence coïncide régulièrement avec l
symptômes macroscopiques décrits plus haut ou avec la présen
de la maladie dans la chambrée ». Les symptômes macroscopiqu
dont parle Rebouillon sont les suivants : ailes froissées, très p
tites, quelquefois même réduites à l'état de moignons ; abdome
très flasque et hypertrophié de la même manière que celui d
chenilles malades ; chez les individus malades, les écailles du cor
disparaissent ; l'épiderme prend une teinte jaunâtre et devie
légèrement onctueux. On constate effectivement dans certains lo
de papillons destinés à la reproduction, une proportion plus o
moins importante d'individus présentant quelques uns ou l'ensen
ble des caractères macroscopiques signalés par Rebouillon ; ma
jamais je n'ai trouvé dans leurs tissus les corpuscules polyédr
ques dont la présence constitue le seul criterium absolu de la m

ladie. D'autre part, le papillon gras de l'expérience précédemment décrite, comme les papillons atteints de grasserie expérimentale (après inoculation de sang de ver gras dans la cavité générale) ne présentent aucun des symptômes décrits plus haut. Les granules réfringents observés dans la bouillie de papillon ne 'correspondaient certainement pas à de véritables corpuscules polyédriques : il est impossible en effet à un grossissement de 500 diamètres, de déterminer si un granule mesurant 1 μ de diamètre est de forme arrondie ou polygonale ; je sais bien que, dans une nouvelle note publiée en réponse à la mienne, l'auteur a reconnu s'être trompé dans l'évaluation de la longueur du diamètre des corpuscules, mais une telle erreur n'est guère excusable lorsqu'il s'agit de résoudre des questions aussi importantes que celles de la transmission héréditaire de la grasserie et de la pratique de la sélection au grainage. D'ailleurs ce qui a frappé REBOUILLON dans ses premières observations, c'est bien l'apparence minuscule des soi-disant corpuscules comparativement à ceux des vers ; or semblable différence d'aspect n'existe pas, ainsi que je le montrerai plus loin.

2° La méthode employée par REBOUILLON pour étudier les lésions histo-pathologiques chez les papillons aux ailes froissées et à l'abdomen distendu, n'est plus employée aujourd'hui pour ce genre de recherches ; elle consiste à imprégner en masse l'Insecte par le carmin boracique à l'alcool ou le carmin chloro-acétique après fixation au Bouin ou au Duboscq-Brasil. La description donnée par REBOUILLON ne correspond à aucune de celles données par les auteurs qui ont étudié la grasserie chez les vers : « Les coupes faites dans une chenille sont uniformément colorées en rose, avec les noyaux plus foncés, lorsque l'animal est sain ; lorsqu'il est malade, mais que rien ne le faisait encore prévoir extérieurement et que les noyaux des tissus attaqués, en voie de dégénérescence, ne sont pas arrivés encore au stade des granules polyédriques, on voit se former autour d'eux et les englobant, des masses granuleuses brun foncé qui brillent d'une lueur phosphorescente lorsqu'on prive la préparation de l'éclairage du miroir ; enfin, chez les chenilles très malades, dans les noyaux hypertrophiés des cellules adipeuses, trachéennes et hypodermiques on remarque au centre, une petite masse de chromatine et, autour d'elle, l'amas des globules polyédriques qui ont conservé la teinte jaune donnée par l'acide picrique du fixateur. Les mêmes tissus des papillons sains, malades ou au stade intermédiaire, présentent les mêmes altérations avec cette différence toutefois, que beaucoup de papillons présentant à un degré assez avancé les symptômes extérieurs que nous avons décrits plus haut, n'en sont encore histologiquement, qu'au stade intermédiaire ». On peut se demander à quoi correspondent « ces masses granuleuses brun foncé » qui entourent le noyau et ce que signifie le stade qualifié d'inter-

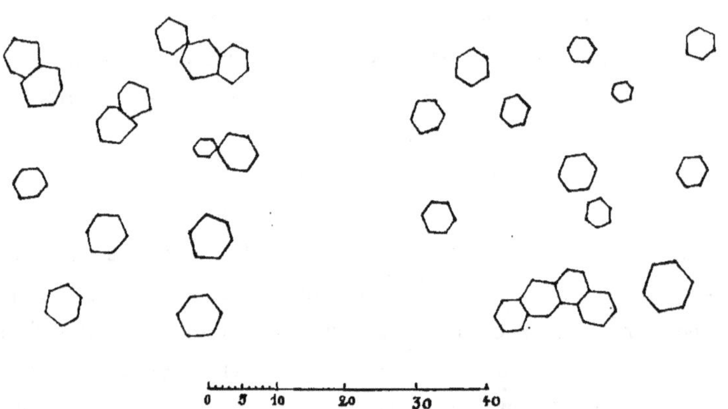

Fig. 44 et 45. — Corpuscules polyédriques de Bombyx du Mûrier
à l'état larvaire et à l'état d'imago.

médiaire. Toute cette description apparaît des plus fantaisiste et ne correspond à aucun des aspects décrits jusqu'ici. Rien en tout cas, dans cette description, ne rappelle les figures que j'ai observées moi-même après fixation au mélange Duboscq-Brasil et coloration par l'hématoxyline ferrique ou la safranine. Les figures 42 et 43 qui représentent l'une une coupe d'un ver, l'autre, une coupe de papillon atteint de grasserie naturelle, ont été dessinées à la chambre claire au même grossissement; on voit que les processus d'altération cellulaire sont identiques dans les deux cas ; les corpuscules polyédriques de la chenille et du papillon (figures 44 et 45) ne présentent de même aucune différence morphologique ; ils ont été dessinés à la chambre claire sur frottis obtenus de la même manière par étalement de bouillie de ver ou de papillon atteint de grasserie. On peut tout au plus noter une légère différence dans la taille moyenne des corpuscules, mais cette différence est loin d'être aussi frappante que le dit REBOUILLON.

De cette critique, on peut conclure que REBOUILLON n'a pas fait la preuve scientifique de l'existence de la grasserie chez les papillons du Bombyx du mûrier : on peut même affirmer que les papillons auxquels il a eu affaire n'étaient pas atteints de grasserie. L'espoir, manifesté par l'auteur, « d'arriver à un système de sélection contre la grasserie basé sur l'observation macroscopique des individus au cours du papillonnage et sur l'élimination, à l'aide du microscope, des reproducteurs présentant des granules polyédriques » apparaît donc prématuré. Les graineurs ne peuvent espérer pouvoir éliminer avec certitude les papillons atteints de grasserie par l'examen microscopique ; l'examen sur fond noir n'est pas assez pratique ni assez sûr pour être conseillé ; d'autre part, un certain nombre de papillons en état d'infection peuvent mourir avant l'apparition des corpuscules dans les tissus. Pour toutes ces raisons, je crois que l'élimination des porteurs de virus, par le seul examen microscopique, n'est guère possible en l'état actuel de nos connaissances.

Depuis le moment où j'ai signalé pour la première fois que le parasite de la grasserie pouvait évoluer assez lentement dans l'organisme du Ver à soie pour atteindre le papillon, découverte qui réduit à néant la principale objection de C. Acqua, d'autres auteurs ont fait des observations confirmant l'existence de la grasserie chez les papillons destinés au grainage. Ainsi, en 1926, G. Teodoro, « grâce à la courtoisie d'un distingué bacologue, a pu observer quatre cas de papillons atteints de grasserie bien caractérisée (deux jaunes indigènes, un chinois blanc, un croisement chinois) ». Déjà en 1925, cet auteur avait constaté que, sur des coupes d'œufs provenant de papillons éclos en 1924, on pouvait observer, tantôt dans l'ectoderme, tantôt dans les couches mésodermiques, des altérations nucléaires rappelant celles observées par Verson au cours du développement post-embryonnaire du Ver à soie et attribuées par lui au parasite de la grasserie ; on sait que cet auteur avait observé dans certaines cellules hypodermiques et trachéales de larves de Vers à soie, la présence d'un noyau transformé en « *un vano tondeggiante* » renfermant des corpuscules vésiculeux (« *corpiccioli vescicolari* ») au nombre maximum de 16 ; ces mêmes formations ayant été observées chez des Vers à soie atteints de grasserie, Verson en a déduit que les premières larves examinées étaient en état d'infection. Mais les faits signalés par Verson sont trop particuliers pour qu'on puisse les considérer comme un criterium sûr de la maladie. Rien ne prouve donc que les figures observées par Teodoro correspondent effectivement à des lésions de grasserie ; l'argumentation de l'auteur Italien aurait une plus grande valeur s'il était démontré que les œufs étudiés par lui avaient été pondus par des papillons atteints de grasserie ; or il ne donne aucune précision sur cette origine et signale seulement que les papillons ayant pondu les œufs examinés provenaient d'un lot où la grasserie avait causé quelques dégâts.

A la suite de mes observations et de celles de TEODORO, l'existence de la grasserie chez les papillons n'est plus contestée par ACQUA encore que cet auteur n'ait pas réussi jusqu'ici à constater le fait lui-même malgré qu'il ait examiné de nombreux papillons : « *Che in qualche raro caso l'infizione possa estendersi anche farfalle, non credo che possa negarsi a priori. Basta ammettere che il periodo d'incubazione o di sviluppo della malattia possa eccezionalmente divenire piu lungo del normale (e cio in realita io ho potuto constatare nel presente anno, pero nelle larve) pur comprendere come anche la farfalla possa encore eccezionalmente infetta, a menoche non intervengono altri fattori sconosciuti che la rendano refrattaria per la malattia.* »

Dans le rapport qu'il a présenté sur la grasserie au dernier Congrès européen de la soie, congrès tenu à Milan en Juin 1927, ACQUA est très affirmatif : « D'après notre manière de voir, dit-il, nous excluons la théorie parasitaire et nous n'admettons pas, pour cette maladie, la transmission héréditaire, quoiqu'on puisse à priori la croire possible, même en admettant l'hypothèse d'un pseudo-virus à action catalytique qui pourrait être présent au moment de la formation des œufs. Tous les résultats de nos recherches tendent non seulement à exclure cette possibilité, mais ils ont aussi fourni la preuve que la maladie ne saurait se transmettre de cette manière, ainsi que le prouvent nos expériences comparatives faites avec la graine de papillons provenant d'élevages indemnes de grasserie ou décimés par cette maladie. Les mêmes résultats obtenus dans l'un et l'autre cas, sont une preuve que la maladie n'est pas transmissible. »

La démonstration du passage du virus de l'organisme du papillon dans l'œuf a été réalisée expérimentalement ; j'ai montré que si l'on inocule des papillons femelles avec une goutte de sang de ver gras, qu'on examine sur fond noir le contenu des œufs pondus plusieurs jours après l'injection, on retrouve, bien que difficilement, en raison de l'abondance des substances de réserve accumulées dans l'œuf, les mêmes granules faiblement éclairés qui existent dans le sang des vers gras. Il n'a pas été possible jusqu'ici de réaliser expérimentalement le cycle complet de l'évolution du parasite de la grasserie d'une génération à l'autre ; de même je n'ai pu réussir encore à isoler et à suivre l'évolution des pontes de papillons atteints naturellement de grasserie. Mais les preuves tirées de l'observation sont nombreuses et même assez démonstratives, pour entraîner à elles seules la conviction ; je ne mentionnerai ici que les plus importantes :

Le 22 mai 1924, s'ouvrait au Palais de la Foire de Lyon, une exposition de sériciculture dont le but principal, dans l'esprit des organisateurs, était d'initier le public lyonnais à l'élevage en grand du Ver à soie. Douze onces de graines, soit 360 grammes environ, avaient été mises en incubation ; les vers n'occupaient pas moins de 22 stands du rez-de-chaussée et étaient répartis en plusieurs catégories suivant l'origine de la graine. Comme il n'existait pas de mûrier à proximité du palais, la feuille était récoltée dans les environs et transportée chaque jour au moyen d'une camionnette. Aucune éducation dans les environs immédiats et même dans un rayon de 10 kilomètres ; aucun germe extérieur susceptible de contaminer les vers par la nourriture ; on pouvait donc prévoir que ceux-ci seraient indemnes de grasserie ; or la maladie a fait néanmoins son apparition en cours d'éducation, mais seulement dans un des lots ; les dégâts causés furent relativement importants ; dans les autres lots, il y a eu également quelques cas de grasserie, mais seulement en fin d'éducation ; ces cas ont certainement pour origine les germes du premier lot atteint. Comment expliquer autrement que par l'hérédité l'origine de cette épidémie spontanée localisée à un lot déterminé ? Les partisans de la nonhérédité diront, avec Acqua, que les germes ont été transportés par l'air, et qu'ils provenaient de chenilles atteintes naturellement de la maladie ou d'élevages de la région ; ils diront aussi que les différences constatées dans l'intensité de la maladie entre les différents lots, résulte du fait que les différentes races de Vers à soie offrent une résistance naturelle à l'infection qui varie considérablement de l'une à l'autre. Mais il n'est nullement prouvé que cette immunité existe ou qu'elle est plus développée chez certaines races que chez d'autres et Acqua le sait mieux que quiconque, lui qui cherche encore la race idéale dont les vers résisteront naturellement à l'infection. Si l'on n'admet pas que la transmission de la grasserie peut avoir lieu par l'intermédiaire de l'œuf, il faut alors admettre qu'elle n'est pas de nature parasitaire et qu'elle peut naître spontanément à la suite de troubles divers : on sait que Acqua soutient maintenant que la maladie a pour origine des troubles mataboliques occasionnés principalement par l'arrêt de la transpiration.

Ainsi renait, en s'amplifiant, le débat qui met aux prises les deux thèses fondamentales sur l'étiologie de la grasserie.

On peut rapprocher les observations faites au Palais de la Foire d'autres observations faites la même année dans une filature de la Basse-Ardèche où depuis plusieurs années on pratiquait l'élevage en grand du Ver à soie dans une salle voisine de la salle de manipulation des cocons : j'ai pu constater que la mortalité causée par la grasserie était très nettement inférieure à celle qui s'est manifestée dans le lot contaminé du Palais de la Foire ; et cependant, les vers de la filature étaient exposés plus que les autres à l'action des germes extérieurs ; bien mieux, ainsi que nous le montrerons en étudiant les maladies intestinales, les vers ayant vécu pendant les premiers âges dans une atmosphère plus ou moins riche en poussières toxiques, pouvaient être considérés comme prédisposés à l'action du virus. Si donc la mortalité a été plus faible dans le milieu exposé à l'action des germes extérieurs que dans le Palais de la Foire isolé de toute source contagieuse, n'est-ce pas que la graine employée dans la première éducation était saine alors que celle utilisée dans l'autre éducation était partiellement contaminée par le virus ?

En 1925, je visite le 2 juin une magnanerie de la commune des Vans, dans l'Ardèche, qui m'est signalée comme très défectueuse ; les vers sont sortis récemment de la quatrième mue ; ils sont répartis en deux lots suivant l'origine de la graine ; dans un des lots, la mortalité est énorme ; l'éducateur a constaté la présence de vers gras à toutes les mues, même à la première ; dans l'autre lot, la mortalité est très sensiblement plus faible et, cependant, tous les vers ont été soumis aux mêmes conditions d'élevage. N'est-on pas en droit, dans ce cas, d'attribuer la cause de la différence à une différence dans la contamination des lots de graines utilisés ?

Des observations analogues ont été faites la même année dans plusieurs localités du département de l'Isère où l'on s'adonne encore à l'élevage du Ver à soie ; j'ai constaté de nouveau que l'intensité de la grasserie variait dans de grandes proportions suivant l'origine de la graine.

Je mentionnerai enfin une dernière observation faite en 1927 dans une localité de la Basse-Ardèche ; cette observation suffirait à elle seule pour démontrer l'importance du rôle de l'hérédité dans la propagation de la grasserie. Une même personne avait fait éclore, au moyen d'une incubatrice, plusieurs onces de graines et avait élevé, jusqu'à la première mue, les vers qui en étaient éclos ; ceux-ci furent alors répartis entre trois éducateurs, y compris celui qui les avait élevés. Je visitai le 26 mai les trois éducations distantes les unes des autres de deux kilomètres environ ; les vers venaient de sortir de la quatrième mue ; dans les trois magnaneries, la mortalité était énorme ; deux des éducateurs durent même jeter leurs vers peu après ma visite. Dès la première mue, on a constaté une mortalité importante, ce qui laisse supposer que l'infection n'avait pas pour cause des germes extérieurs mais bien ceux qui vivaient à l'état latent dans le corps de l'embryon. Cette hypothèse est corroborée par le fait suivant : la personne chargée de l'incubation avait fait éclore pour elle un petit lot de graines de pays ; les vers avaient été élevés à part mais dans le voisinage des autres ; jusqu'à la troisième mue, la mortalité fut insignifiante ; à partir de ce moment, elle devint plus importante, mais la récolte fut encore appréciable. L'apparition de la grasserie dans le petit élevage a pour cause certaine les germes émanés de l'élevage voisin.

Je n'ai rapporté ici que les faits d'observation les plus importants ; beaucoup d'autres auraient pu être mentionnés mais la position de la thèse que je défends n'en serait pas renforcée. J'ajouterai enfin, que rien n'est venu jusqu'ici infirmer celle-ci et qu'on peut la considérer, jusqu'à preuve du contraire, comme la plus rationnelle.

MÉTHODES PRATIQUES POUR ENRAYER L'EXTENSION DE LA GRASSERIE DU VER A SOIE

J'ai la conviction d'avoir démontré scientifiquement que la grasserie est une maladie infectieuse et héréditaire ; je suis persuadé aussi qu'on peut la prévenir, ou tout au moins atténuer ses dégâts, par la mise en œuvre de mesures simples à la portée de tout le monde. Mais avant d'en exposer le détail, je crois devoir attirer l'attention des sériciculteurs et surtout des graineurs, sur les conséquences de l'opinion qu'ils adopteront après avoir bien pesé les arguments qui sont à la base de ma démonstration et ceux que font valoir les partisans de la thèse opposée ; ou considérer la grasserie comme une maladie infectieuse héréditaire et appliquer les mesures d'hygiène propres à en éliminer les germes, ou adopter la thèse contraire et se contenter de mettre les vers à l'abri des causes extérieures susceptibles de provoquer la maladie; tel est le dilemme qui se pose à eux et qu'ils devront résoudre ; je ne doute pas que les graineurs se rangeront à mon avis et qu'ils approuveront les règles nouvelles que je leur proposerai ; certains d'entre eux les appliquent déjà et n'ont pas lieu de le regretter.

1° J'ai déjà dit que la sélection au grainage par un procédé aussi simple et aussi efficace que celui imaginé par PASTEUR pour éliminer les reproducteurs atteints de pébrine, était impossible en l'état actuel de nos connaissances ; mais on peut réduire considérablement le taux d'infection des graines par un choix plus sévère des lots destinés à la reproduction. Actuellement, le taux de mortalité, dans ces lots de cocons, est évalué au moment de leur réception ; lorsque le taux dépasse un certain maximum, le lot est étouffé aussitôt et les cocons sont envoyés à la filature. La détermination du taux maximum est des plus arbitraires : elle varie suivant les Etablissements de grainage, suivant l'importance des lots achetés et la qualité générale des cocons pour l'année considérée. La méthode d'évaluation du taux de mortalité, telle qu'on la pratique aujourd'hui, est très imparfaite : elle ne donne qu'une idée fausse de la qualité du lot échantillonné ; on ne tient aucun compte, en effet, de la mortalité qui se manifeste pendant l'intervalle qui sépare le moment où l'on a prélevé l'échantillon de celui où le papillon éclot; or celle-ci peut être très importante, surtout si les cocons sont placés en chambre chaude ; on peut s'en rendre compte d'après le tableau ci-contre :

NUMÉROS DES LOTS	RACES	POURCENTAGE DE MORTS A LA RÉCEPTION DES COCONS	POURCENTAGE DE MORTS APRÈS SÉJOUR EN CHAMBRE CHAUDE (5 jours à 30° C)
37	*B. R.*	5 %	19 %
45	—	3 %	15 %
180	—	5 %	5 %
90	*Ascoli*	6 %	12 %
18	—	4 %	11 %
24	—	4 %	1 %
151	—	0 %	0 %

Il peut sembler paradoxal que le taux de mortalité, dans le cas du lot 24, soit plus élevé au moment de la réception qu'après le séjour en chambre chaude ; l'explication de ce fait doit être cherchée dans le mode d'évolution de la grasserie : cette évolution étant assez lente, les épidémies se succèdent à intervalles plus ou moins longs et le taux de mortalité varie dans de grandes proportions suivant le moment où on l'évalue. Mais, en général, on constate presque toujours une différence très sensible dans les taux de mortalité avant et après séjour en chambre chaude ; cette simple constatation doit suffire pour condamner l'ancien système d'évaluation de ces taux.

Pour importante que soit la sélection des cocons avant les opérations de grainage proprement dites, elle ne représente, à mon avis, que le complément d'une autre opération beaucoup plus importante et efficace : la surveillance des éducations dites de reproduction. PASTEUR écrivait au sujet de cette surveillance : « *Si j'étais éducateur de Vers à soie, je ne voudrais jamais élever une graine née de vers que je n'aurais pas observés à maintes reprises, dans les derniers jours de leur vie*, afin de constater leur vigueur, c'est-à-dire leur agilité au moment de filer leur soie. Servez-vous de graines provenant de papillons dont les vers sont montés avec prestesse à la bruyère, sans offrir de mortalité par la flacherie de la quatrième mue à la montée, *et dont le microscope aura démontré la sanité au point de vue des corpuscules* et vous réussirez dans toutes vos éducations, si peu que vous connaissiez l'art d'élever les Vers à soie. » Ces conseils sont plus que jamais d'actualité qu'il s'agisse de flacherie et de pébrine ou de grasserie; la qualité de la graine est toujours fonction de celle des reproducteurs et, partant, de celle des vers dont ils tirent leur origine. Une éducation indemne de grasserie doit donner naissance à des reproducteurs dont la graine sera parfaitement saine. La surveillance des éducations de reproduction doit être d'autant plus sévère que la grasserie est toujours menaçante ; elle doit s'exercer pendant tout le cours de l'élevage, mais principalement à la sortie des mues c'est-à-dire au moment où les vers gras sont les plus nombreux.

Les mesures dont je demande l'application ont paru si nécessaires, que la Commission de sériciculture réunie le 22 octobre 1925 sous la présidence de M. MARCHAL n'a pas hésité à émettre un vœu pour leur mise en application. On lit par exemple dans le procès-verbal de la séance : « La Commission est unanime à demander que, *seuls les cocons provenant d'éducations contrôlées et reconnues saines, au cours de la vie des vers, puissent être vendus pour le grainage.*

Dans ce but, après avoir reçu les suggestions de M. FOUGÈRE relatives à la déclaration des éducations destinées à la reproduction, et celles de M. LAUGIER sur l'organisation du contrôle des éducations, la Commission propose à M. le Ministre de l'Agriculture les mesures suivantes :

1° Obligation de déclarer les éducations dont les cocons sont destinés au grainage ;

2° Obligation pour les éleveurs dont les éducations sont faites en vue de la reproduction, de se soumettre aux prescriptions d'un règlement sur les conditions d'élevage et d'hygiène les plus essentielles à appliquer ;

3° Contrôle de toutes ces éducations au premier degré, par les agents assermentés de l'Union syndicale des graineurs ;

4° Contrôle par sondage au deuxième degré, par les contrôleurs de l'Etat ;

5° Contrôle au troisième degré des contrôleurs de l'Etat et des contrôleurs de l'Union syndicale des graineurs, par le Directeur de la station expérimentale de Draguignan ;

6° Remise aux éleveurs, dont les éducations ont donné satisfaction au contrôle, d'un *bon de reproduction*, qui sera suivi de l'allocation d'une *prime de reproduction ;*

7° Obligation, pour le graineur, d'éliminer du grainage les cocons non accompagnés d'un bon de reproduction. Sanctions pour les graineurs qui ne se conforment pas à cette prescription ;

8° Prélèvement par les contrôleurs de l'Etat, d'un échantillon de chaque lot de graines en vue de leur examen et, en cas d'acceptation des graines, le graineur recevra la banderole de contrôle officiel de l'Etat.

Les mesures propres à réduire les dégâts causés par la grasserie dans les élevages industriels, consistent surtout en mesures d'hygiène. En étudiant l'épidémiologie de la maladie, j'ai attiré l'attention sur le danger de certaines pratiques comme le délitage à la main ; j'ai montré aussi que l'élévation exagérée de la température moyenne favorisait l'extension de la grasserie et que les épidémies étaient d'autant plus nombreuses et plus meurtrières que la température ambiante était plus élevée ; il y a donc intérêt pour l'éleveur, à chauffer modérément les magnaneries ; la même recommandation ne saurait être faite en ce qui concerne les éducations de reproduction ; elle pourrait aboutir à des résultats contraires au but que l'on se propose : en effet, l'abaissement de la température moyenne, ralentissant l'évolution de la grasserie, a pour effet de rendre plus difficile et moins efficace la surveillance ; elle multiplie, d'autre part, les cas de grasserie à évolution ralentie qui jouent, semble-t-il, un rôle prépondérant dans la transmission héréditaire de la maladie.

La désinfection des magnaneries doit être faite chaque année et suivant les méthodes que je décrirai en étudiant la prophylaxie des maladies intestinales.

CONCLUSIONS GÉNÉRALES

De mes observations et expériences, on peut tirer les conclusions générales suivantes qui sont autant de solutions complémentaires ou nouvelles des problèmes posés par l'étude de l'étiologie, de la pathogénie et de l'épidémiologie de la grasserie et des maladies à polyèdres en général :

1° La grasserie est une maladie éminemment contagieuse que l'on peut reproduire à volonté, avec tous ses caractères les plus typiques, par injection dans la cavité générale, de sang infecté, même très dilué. La maladie est aussi transmissible par la voie intestinale, mais l'infection *per os* ne réussit que si le volume de liquide virulent ingéré est suffisant ;

2° Le passage de liquide virulent (sang faiblement dilué ou bouillie de chenille infestée) à travers les parois filtrantes à pores grossiers (papier filtre ou bougies de porcelaine dégourdie à pores grossiers) atténue la virulence, mais ne la supprime pas ; le virus est arrêté complètement par les filtres de porcelaine à pores fins ;

3° La centrifugation, même prolongée, ne permet pas de séparer complètement le virus du plasma dans lequel il est en suspension ;

4° L'agent virulent étant arrêté par certains filtres bactériens mais ne pouvant être isolé que très difficilement, par centrifugation, des liquides dans lesquels il est en suspension, on peut en déduire qu'il est constitué par des éléments figurés dont la masse est inférieure à celle des plus petites Bactéries connues. L'examen microscopique ordinaire de sang infecté, ne permet pas de mettre en évidence d'autres éléments anormaux que les corpuscules polyédriques et quelques débris cellulaires ; l'examen sur fond noir donne au contraire la possibilité de mettre en évidence, dans les liquides virulents, des éléments figurés anormaux ayant une signification étiologique : ce sont de très petites particules faiblement éclairées, animées de mouvement brownien à grande amplitude. Ces particules n'existent que dans les liquides virulents (sang complet, liquide de broyage de chenilles en état d'infection, filtrats de bougies à pores grossiers, partie claire des liquides virulents centrifugés). La virulence étant liée à la présence, dans ces liquides, des particules ultramicroscopiques, on peut en déduire qu'elles représentent les éléments parasitaires eux-mêmes dont la multiplication, dans l'organisme, déclanche les processus caractéristiques de la grasserie ;

5° Le parasite de la grasserie a été décrit sous le nom de *Borrellina bombycis* ; il se multiplie surtout dans le noyau de certaines cellules de l'organisme du Ver à soie, en particulier, des cellules sanguines, adipeuses, hypodermiques, trachéales, des cellules de la capsule génératrice et, éventuellement, des cellules épithéliales de l'intestin moyen. Avant de pénétrer dans le noyau, le parasite se multiplie d'abord, mais faiblement, dans la couche cytoplasmique ;

6° La multiplication du parasite de la grasserie dans les cellules réceptives, entraîne les modifications suivantes : destruction précoce du chondriome dont les chondriocontes se fragmentent et se transforment en grains de grosseur variable ; fragmentation des nucléoles fuchsinophiles ; dispersion des fragments et disparition partielle ou totale de la substance nucléoplasmique (sous sa forme normale tout au moins) ; altération profonde de la chromatine qui perd sa structure granuleuse et se condense sous forme de masses fortement chromatophiles ; précipitation, à la surface de ces masses, de substance nucléoplasmique sous forme de granulations fuchsinophiles ; formation, aux dépens de la substance nucléaire, de corpuscules de forme rhomboédrique ; enfin destruction du noyau rempli de corpuscules et mise en liberté de ceux-ci dans le sang ,

7° La transmission de la grasserie d'individu à individu, dans un même élevage, a lieu par l'intermédiaire de la nourriture souillée par le sang qui s'écoule des blessures de l'épiderme (d'autant plus faciles à provoquer chez les vers malades, que la peau est plus fragile) ou, éventuellement, par les déjections ;

8° La transmission de la grasserie de génération à génération a lieu : soit par l'intermédiaire des poussières de magnanerie, soit par hérédité ; il a été démontré que les papillons reproducteurs pouvaient être naturellement porteurs de virus et que le virus pouvait passer de l'organisme de la femelle infectée dans les œufs ;

9° Le principe de la lutte contre la grasserie doit être le suivant : obtenir de la graine saine et prévenir les invasions de grasserie par des mesures de prophylaxie et d'hygiène appropriées :

a) Pour obtenir de la graine saine, il est indispensable d'éliminer autant que possible les papillons porteurs de virus, par un choix sévère des lots de cocons destinés à la reproduction et surtout par une surveillance rigoureuse des éducations de reproduction ;

b) L'intensité des dégâts causés par la grasserie dans les élevages industriels peut être diminuée par une désinfection minutieuse des locaux et du matériel d'élevage, par l'emploi de papier perforé pour les délitages, par une surveillance des vers en élevage dès les premières mues et l'élimination de tous ceux qui présentent les premiers symptômes de maladie ; il est nécessaire aussi de chauffer modérément les magnaneries afin que la température ambiante ne soit pas supérieure à 18 ou 20° C.

TROISIÈME PARTIE

Les Maladies Intestinales du Ver à Soie.

INTRODUCTION

La question de la pathologie du tube intestinal du Ver à soie est une des plus complexes qui se pose en sériciculture ; elle a donné lieu à de nombreux travaux et cependant, elle reste aussi obscure aujourd'hui qu'elle l'était autrefois. Cette confusion est due pour une très large part à la méthode défectueuse suivie jusqu'à présent pour distinguer les unes des autres les différentes affections qui ont pour siège le tube digestif ; cette distinction repose uniquement sur les symptômes externes ; or, ces symptômes sont le plus souvent insuffisamment caractérisés pour qu'il soit possible d'établir un diagnostic sûr de la maladie. Les descriptions minutieuses qu'ont donné de ces symptômes externes, les auteurs anciens et modernes, sont d'ailleurs loin de concorder entre elles ; d'autre part, les noms par lesquels les maladies ont été désignées varient suivant les auteurs qui les ont étudiées.

En pathologie humaine ou vétérinaire, l'étude des symptômes externes a une très grande importance pour le diagnostic des maladies, mais on ne doit pas oublier que chez les êtres dits supérieurs, la dépendance entre les divers organes est étroite et que toute lésion qui se manifeste au niveau de l'un d'eux entraîne des répercussions plus ou moins grandes dans le fonctionnement des autres. Ces réactions d'ordre général constituent, pour chaque type de maladie, un tableau clinique très complet qui permet, ultérieurement, de diagnostiquer avec une certaine précision les affections auxquelles on a affaire. Chez les Invertébrés au contraire, les organes sont beaucoup plus indépendants les uns des autres et les réactions d'ordre général sont pour ainsi dire inexistantes ou tout au moins impossibles à déceler par les moyens d'investigation ordinaires. L'étude de ces réactions, qui représentent les manifestations extérieures des maladies, ne saurait donc avoir la même importance chez les différentes catégories d'êtres organisés. Même en pathologie humaine et vétérinaire, on ne se contente pas toujours de diagnostiquer les maladies ou tout au moins certaines d'entre elles ; on tend de plus en plus à compléter cet examen par des observations bactériologiques, histologiques, biochimiques, physicochimiques, etc. ; *a fortiori*, lorsqu'il s'agit d'Invertébrés, doit-on faire un large emploi de ces moyens d'investigation et n'accorder qu'une importance secondaire à l'étude des symptômes externes. C'est la méthode que je me suis efforcé d'appliquer ici. Elle est nouvelle pour le sujet qui nous occupe ; les résultats obtenus diffèrent donc essentiellement de ceux qui ont été publiés jusqu'ici. Je me suis efforcé d'identifier les types de maladies que j'ai eu l'occasion d'étudier avec les types connus et décrits dans les traités classiques ; mais bien souvent, en l'absence d'une base sûre pour l'étude comparative, j'ai dû renoncer à cette identification. C'est donc un cadre nouveau que j'ai cru devoir adopter ; mais les nouveaux types pathologiques décrits sont suffisamment caractérisés pour qu'il soit possible, à l'avenir, d'y faire rentrer la plupart des maladies auxquelles on aura affaire. Ce cadre est sans doute incomplet ; de nouvelles recherches l'élargiront et modifieront peut-être ma conception première : c'est donc une base de départ plutôt qu'une conclusion d'ensemble, autrement dit, une introduction à une œuvre de plus grande envergure.

CHAPITRE PREMIER

HISTORIQUE

---

1. OPINIONS ANCIENNES
(TRAVAUX ANTÉRIEURS A CEUX DE PASTEUR).

Les maladies intestinales du Ver à soie, comme la grasserie, sont connues depuis longtemps, mais il est très difficile de se faire une idée exacte de l'importance relative des principales affections décrites par les anciens auteurs. L'Abbé Boissier de Sauvages est un des premiers auteurs qui ait donné une description relativement précise de maladies intestinales causant des ravages importants dans les éducations de Vers à soie ; voici ce qu'il écrit en note de la page 86 de ses mémoires sur l'éducation des Vers à soie: « Dans les temps humides et pluvieux, il y a des vers qui meurent pour ainsi dire avec tout leur embonpoint, en conservant leur taille et toute la blancheur de leur peau, ce qui fait qu'on ne s'aperçoit guère de leur mort et encore moins de leur maladie que lorsqu'on change la litière ; j'ai vu des chambrées dont une bonne partie fondait par là. On les nomme tripes ou *Morts-blancs*. Le corps des Morts-blancs est flasque et molasse avant qu'ils expirent. On pourrait conjecturer que leur mort est une suite d'un long relâchement produit par l'humidité ; mais il est accompagné de circonstances qui me sont inconnues et qui font différer cette maladie d'une autre qui a la même cause.

Voici ce que j'ai trouvé en disséquant les Morts-blancs. La peau de ceux qui sont encore en vie, ne se contracte pas ; très peu de suc gastrique dans le boyau relâché et tout farci de mangeaille, surtout vers la tête ; un crottin dur au derrière ; la lymphe d'ailleurs d'un beau jaune transparent comme dans les vers sains ; elle a le même mouvement ou circulation autant que j'ai pu en juger par ce vaisseau qui règne le long du dos où je voyais un mouvement vif de systole et de diastole à un ver très malade. Serait-ce une indigestion qui tuerait les Morts-blancs ? Ce serait toujours une suite du relâchement et de l'humidité. Leur cadavre au reste, qui devient noir à la longue en pourrissant, est appelé vulgairement « Capelan ».…. L'humidité de l'air arrête la transpiration qui passe dans les fèces. Il en résulte que le crottin n'est plus moulé comme à l'ordinaire. Le Ver à soie a le dévoiement qui est toujours un symptôme mortel ».

La description donnée par l'auteur s'applique assez exactement à un type de maladie que nous étudierons plus loin sous le nom de « pseudo-flacherie ».

Boissier de Sauvages a décrit une autre maladie, celle des *passis* qui se manifeste à tous les âges mais plus particulièrement au deuxième; il est difficile de savoir s'il s'agit de pébrine ou de maladie intestinale proprement dite. Voici ce qu'il écrit au sujet de cette affection : « C'est dans le deuxième âge qu'on commence à voir de la menuaille qui se succède dans les âges suivants : plusieurs de ces vers maléficiés abandonnent après un certain temps la litière et la feuille et vont périr sur les bords de l'aire ; la chambrée se fond peu à peu par ces fuyards ou par ceux qui restent sous la litière ; ce sont les prétendus brûlés dont nous avons parlé ailleurs ; on appelle ceux qui sont attaqués par cette maladie, des « passis », terme qui, dans le langage du pays, signifie, flétri, desséché ; ce sont des vers non seulement d'une taille inférieure à ceux du même âge, mais ils sont de plus, effilés, maigres et retraits, sans force, sans vigueur. C'est la maladie que les magnaniers redoutent le plus ; ils ne la nomment point par son vrai nom comme s'il était d'un mauvais augure ; ils avouent les autres maladies qui sont plus naturelles aux vers et comme inévitables, ils cachent celle-ci ; ils se dissimulent les passis qui sont un reproche de leur maladresse.

« On prendrait cette espèce de marasme pour une épidémie dans certaines années ; mais elle n'est guère générale que dans celles où la saison, plus froide que de coutume, avertit les magnaniers par le sentiment qu'ils éprouvent eux-mêmes, à redoubler la chaleur du feu ; et cela, sans prendre les précautions que la prudence exige lorsque le logement de leurs vers n'est pas construit de manière à pouvoir le faire en sûreté.

« Qu'y a-t-il de commun entre cette cause et l'effet qui la suit ? C'est un problème à résoudre ; mais l'effet n'est pas moins constant et il ne l'est pas moins qu'on n'y sait point de remède lorsque le mal est arrivé ». Le meilleur conseil à donner, d'après l'auteur, serait de jeter l'éducation et de recommencer s'il en est encore temps.

On verra par la suite de cet exposé, combien les remarques de l'Abbé Boissier de Sauvages sont judicieuses ; on peut même dire qu'elles contiennent en germe toute la théorie des causes adjuvantes ou prédisposantes de certaines maladies de nature parasitaire.

Le même auteur a donné sur l'hygiène des éducations des conseils qui sont encore d'actualité et qui mériteraient d'être rappelés à beaucoup d'éducateurs : il recommande entre autres « de ménager avec prudence l'action du feu qui est d'ailleurs l'âme des fonctions vitales et de la vigueur de nos Insectes, mais qui en devient le fléau le plus terrible s'il est employé sans précaution ». Il faut aussi éviter l'étouffement, bien aérer les magnaneries, éclairer les vers et surtout proportionner la nourriture à la chaleur. « On doit, dit-il, tenir pour constant que la chaleur et la nourriture doivent aller de pair et que le nombre et la dose des repas doivent être proportionnés à la chaleur que les vers éprouvent. Il vaut mieux imiter ceux qui donnent trois repas par jour et qu'on joigne à cela une chaleur de 18 à 20° ». Cette observation est très importante ; nous verrons, par la suite, que l'inobservation de cette règle posée par B. DE SAUVAGES est une cause importante de maladie intestinale.

Les recherches poursuivies par P. H. NYSTEN en 1807 et 1808 concernent à la fois la muscardine et la maladie des Morts-blancs ou Morts-flats (dénomination adoptée par l'auteur, mais déjà employée dans un certain nombre de départements). Voici ce qu'écrit l'auteur pour justifier l'étude simultanée des deux maladies : « Je crois devoir traiter en même temps ces deux maladies, parce qu'on les voit souvent se développer dans les mêmes circonstances et que l'étude de l'une s'est trouvée, dans mes recherches, liée à l'étude de l'autre ». La méthode de recherches suivie par l'auteur ne laisse rien à désirer au point de vue scientifique. « Je m'étais proposé, écrit NYSTEN, d'étudier les symptômes, la marche de ces affections et les altérations qu'elles produisent dans les solides et dans les liquides des Vers à soie ; la route que j'avais à suivre devait donc consister naturellement à observer, pendant tout le cours de ces maladies, les Vers à soie qui en étaient affectés, à comparer leur état à celui des vers sains, à disséquer des vers malades à diverses époques de la maladie, à noter exactement les différentes lésions qui se rencontreraient dans leur économie, à les examiner chimiquement, à tracer enfin le tableau des résultats les plus généraux des faits observés. »

On ne fait pas mieux aujourd'hui et la méthode de NYSTEN peut encore servir de modèle à bien des recherches actuelles du même ordre. Les résultats obtenus sont importants : il est démontré d'abord, par l'observation comme par l'expérience, que la maladie des morts-flats se développe principalement dans les magnaneries étouffées. « La chaleur accablante, écrit NYSTEN, et le calme parfait de l'air qui constituent cet état que l'on désigne sous le nom de touffe et qu'on observe surtout à la veille d'un orage, sont une cause occasionnelle des épidémies de muscardine et de la maladie des morts-flats ; mais cette dernière maladie semble particulièrement se développer lorsque l'humidité se trouve réunie à la chaleur et que les vers occupent un petit espace.

« Je présumai, en conséquence, que la maladie des morts-flats était quelquefois le produit des émanations humides qui s'exhalent du corps de vers et de leur litière. » Aujourd'hui, on parle de « fermentation des litières » et on attribue à cette fermentation un rôle important dans la génèse de la flacherie.

L'expérience faite par NYSTEN semble d'ailleurs très démonstrative : il place, dans le fond d'une terrine, de la litière de Ver à soie avec un peu d'eau ; au bout de deux jours, il constate que cette litière est en putréfaction ; il la recouvre d'un lit de paille et dépose sur ce lit, vingt vers au cinquième âge depuis quelques jours; la terrine est recouverte d'un linge et placée à une température de 18 à 19° R ; trois repas quotidiens sont donnés pendant les 6 à 7 jours qui précèdent la montée. Sur les vingt vers mis en expérience, neuf meurent de la maladie des morts-flats.

L'étude de l'action de l'oxygène, de l'azote, de l'acide carbonique, de l'hydrogène, de l'hydrogène sulfureux et de mélanges gazeux divers, a donné lieu à de nombreuses expériences mais qui n'apportent pas de nouveaux éclaircissements sur les causes de la maladie des morts-flats.

La maladie dite des « passis » n'est, pour Nysten, qu'un accident facile à éviter en mettant à part tous les petits vers qu'on trouve pendant les délitages.

Enfin, Nysten étudie une dernière maladie, non mentionnée par Boissier de Sauvages, la « clairette » ou « luzette ». Voici ce que l'étude anatomique a appris à l'auteur : « je n'ai observé aucune infiltration dans les organes des vers malades de la clairette et leur liquide nutritif, bien loin d'avoir augmenté en quantité, m'a toujours paru moins abondant que dans l'état naturel ; j'ai constamment trouvé leur canal alimentaire, et surtout l'estomac, distendu par une matière muqueuse, filante et d'une transparence parfaite ; et c'est à cela qu'est due la transparence des vers dits clairettes. Tous ceux que j'ai examinés ne contenaient dans leurs organes digestifs aucun débris d'aliment ; c'est sans doute parce que ces vers ne mangent pas, que la matière muqueuse qui leur sert de suc gastrique, s'accumule dans leur estomac ; ainsi en faisant jeûner des Vers à soie sains pendant vingt-quatre heures, je leur ai donné toute l'apparence de vers affectés de clairette et je les ai rappelés à leur état naturel en les nourrissant ; j'ai aussi rendu la santé à des vers qu'on m'avait donnés comme affectés de clairette, en les isolant et leur donnant de la feuille fraîche. Je suis autorisé à conclure de mes observations, que la clairette dépend ou d'un dérangement dans les fonctions digestives des vers, ou d'une abstinence forcée par la négligence dans la distribution de la feuille, ou par la trop grande accumulation des vers. Le remède qui m'a réussi sur des vers affectés de clairette, ne suffirait peut-être pas lorsque la maladie dépend d'une lésion particulière dans les fonctions digestives ; mais cette maladie attaque rarement un grand nombre de vers et je ne l'ai jamais vue régner d'une manière générale. »

Nous verrons que la maladie étudiée par NYSTEN sous le nom de clairette correspond exactement, d'après les symptômes externes, à celle que j'étudierai sous le nom de gattine ou maladie des « têtes claires ». Les observations de cet auteur, comme les conclusions qu'il en a tirées, sont remarquablement justes et je n'ai pu que les confirmer en les complétant. Nous verrons, en particulier, que l'hypothèse sur la cause de la clairette (dérangement dans les fonctions digestives du ver) est vérifiée par les faits ; les vers malades présentent des lésions graves de l'intestin entraînant un trouble profond dans la fonction intestinale ; mais il était impossible à NYSTEN de mettre en évidence de telles lésions car, à l'époque où il poursuivait ses recherches, on était dans l'ignorance à peu près complète de l'organisation tissulaire et cellulaire des organismes vivants.

CORNALIA, LAMBRUSCHINI et les autres auteurs bacologues du milieu du siècle dernier, ont compliqué beaucoup la question des maladies intestinales du Ver à soie par la description de nombreux types pathologiques uniquement caractérisés par les symptômes extérieurs. CORNALIA n'a pas décrit moins de dix maladies différentes : l'apoplexie ou maladie des morts-flats, l'hydropisie ou luzette, l'atrophie ou *macilenza* ou gattine, la « *Riccioni* » ou maladie des courts, la « *Strozzamento* », la « *Flusso* » ou diarrhée, la « *Chiarelle* », la « *Negrone* », la « *Codette* » et la « *Doppionismo* ». L'air humide pesant et la chaleur, c'est-à-dire un ensemble de circonstances atmosphériques qu'on désigne vulgairement sous le nom de touffe, sont la cause déterminante de la maladie des morts-flats. L'hydropisie ou maladie des Luzettes, Lustrini, « *Wassersucht* » des Allemands ne serait, pour CORNALIA, qu'une forme de grasserie.

La *Macilenza* ou « *Atrophia* » est une des plus graves ; les symptômes externes décrits par l'auteur italien ne correspondent pas à ceux de la clairette étudiée par Nysten. Pour lui, la cause de la maladie paraît résider principalement dans l'imperfection de la graine. Peut-être s'agit-il de la pébrine. La note à l'Académie des sciences publiée en 1818 par Joly sur les maladies du Ver à soie le donnerait à supposer ; on lit, en effet, que les Vers atteints de rachitisme (*bacchi nani* des Italiens, *atrophia, macilenza*) présentent des taches plus ou moins étendues sur la face, sur les pattes, sur les derniers anneaux surtout, quelquefois sur le corps tout entier (négrone). Ces taches sont dues à une mortification lente, à une véritable gangrène du tissu cutané... « Les globules hérissés que l'on observe dans le sang normal, ont presque tous disparu chez les vers malades. Mais on y trouve, en revanche, des myriades de corpuscules doués d'un mouvement de vibration ou de titubation plus ou moins prononcé ». L'auteur croit avoir affaire au *Nosema bombycis* ; cependant, il établit une distinction entre le rachitisme et la maladie de la tache ou gattine (véritable pébrine).

Lambruschini décrit onze maladies différentes. Pour cet auteur, les causes générales qui les engendrent doivent être cherchées dans la nourriture, la mauvaise qualité de la graine et son incubation défectueuse, la marche générale de l'éducation, les litières, d'où vient presque tout le mal (« Ecco il nemico più crudete dei bacchi », dit l'auteur), le froid et la chaleur excessifs, les chambres trop petites, le manque d'aération et de lumière.

D'après Maestri, la *macilenza* n'aurait pas pour cause, comme le pense Cornalia, la mauvaise qualité de la graine, mais elle serait la conséquence du mauvais temps accompagné de froid humide, combiné avec une certaine tension électrique ou autre cause impondérable inconnue qui se manifeste et agit au moment où le ver subit le phénomène de la mue. Les vers malades s'engourdissent et ne peuvent accomplir toute leur métamorphose interne. Ils se tiennent immobiles, sont de couleur terreuse, un peu flats. Dans l'estomac, on trouve une humeur ayant l'aspect de gélatine coagulée identique à celle que l'on trouve chez les vers atteints de lucette ou clairette. Le sang paraît plus riche en globules que celui des vers sains ; le tissu adipeux est très réduit et de couleur jaunâtre.

On doit savoir gré à Maestri d'avoir cherché à simplifier la question des maladies du Ver à soie. Ainsi la *négrone* n'est pas considérée par lui comme une maladie particulière : c'est l'aspect que présentent les vers après certaines maladies ; de même, la « *Costoloni* », diarrhée ou « *Codette* » de Targioni, Hydropisie de Cornalia, ne serait pas autre chose que la maladie décrite sous le nom de « *Lustrini* » ou « *Luzette* ». La maladie des « *Morts-blancs* » ou apoplexie ou maladie des morts-flats ne devrait pas être considérée, comme une entité morbide déterminée, mais devrait être rattachée à la muscardine. Une telle interprétation ne saurait évidemment être retenue : elle ne paraît d'ailleurs avoir été adoptée par aucun autre auteur que Maestri.

Pour de Quatrefages, le mal dont souffrent les éducations « est dû à la pébrine compliquée de maladies qui varient selon le temps et le lieu ». Ces maladies sont dites « intercurrentes » ; c'est à elles, c'est-à-dire à « l'élément variable du mal », que doit être attribuée l'inégalité de réussite des chambrées et les désastres qui s'y produisent.

THÉORIES MODERNES

Cette opinion, qui tend à simplifier à l'extrême la question des maladies du Ver à soie, a été vivement combattue par Pasteur, qui montra que la pébrine et la maladie des morts-flats ou flacherie (le nom est de Pasteur) sont « deux maladies très distinctes, indépendantes, ayant chacune leur nature propre ». Pasteur s'éleva aussi contre l'idée très répandue jusqu'ici de la multiplicité des maladies du Ver à soie. « Je crois qu'on exagère beaucoup, écrit-il, et qu'on a exagéré de tout temps le nombre des maladies auxquelles sont sujets les Vers à soie, du moins celles qui paraissent prendre un assez grand développement pour causer la ruine totale d'une éducation. Aux divers âges de l'insecte, une même maladie revêt des formes qui ont entre elles une analogie apparente. Il en est résulté naturellement, dans le langage usuel des magnaneries, une foule de dénominations qui ont fait admettre l'existence de maladies imaginaires.

« J'ai donné beaucoup d'attention à cet objet, et je dois dire que je ne connais guère que quatre maladies bien caractérisées chez les Vers à soie. Ce sont la *grasserie*, la *muscardine*, la *flacherie* et la *pébrine*. Toutes les autres me paraissent rentrer dans celles-ci. L'apoplexie, l'hydropisie, l'atrophie, l'étisie, la négrone, les passis, les arpians, peut-être même les lucettes, ne sont que des formes de flacherie ou de la pébrine. »

C'est là une conception toute nouvelle de la pathologie du Ver à soie ; la découverte du rôle des infiniments petits dans la pathologie infectieuse des animaux supérieurs devait amener aussi une modification radicale des théories régnantes sur la pathogénie des maladies du Ver à soie.

« Lorsque les vers, écrit PASTEUR, sont atteints de cette maladie (la flacherie) d'une manière apparente, qu'ils ne mangent plus ou très peu, qu'ils se montrent étendus sur les bords des claies ou lorsqu'ils viennent à succomber, les matières qui remplissent leur tube intestinal renferment des productions organisées diverses. Ces organismes sont : 1° des Vibrions, souvent très agiles, avec ou sans noyaux brillants dans leur intérieur ; 2° une monade à mouvements rapides ; 3° le *Bacterium termo* ou un Vibrion très ténu qui lui ressemble ; 4° un ferment en chapelets de petits grains pareil d'aspect à certains ferments organisés que j'ai rencontrés maintes fois dans mes recherches sur les fermentations. Ces productions sont réunies, dans le même ver, d'autres fois, plus ou moins séparées. Celle qui offre le plus d'intérêt est ce ferment en chapelets flexibles de 2, 3, 4, 5... grains sphériques ou un tant soit peu plus longs que larges et quelquefois légèrement étranglés à la manière du *Mycoderma aceti* naissant.

« On ne peut douter, ajoute PASTEUR, que la présence de ces ferments animaux et végétaux n'altère profondément les fonctions digestives et que la mort ne soit habituellement la conséquence du développement de ces êtres microscopiques » ..... « Pour se convaincre que, dans le cas de flacherie, la mort est due essentiellement à une altération des fonctions digestives, survenant à la suite d'une fermentation, il est utile de comparer l'état des matières contenues dans le canal intestinal des vers malades, avec celui que présente la feuille de mûrier triturée et abandonnée à elle-même dans un vase plus ou moins bien clos à la température des mois de mai et de juin. On reconnaît alors facilement que, dans les vers flats, le contenu intestinal se comporte à la manière d'un tube fait de matière minérale, de verre par exemple, où on aurait introduit de la feuille de mûrier broyée. De part et d'autre, ce sont les mêmes organismes ; de part et d'autre également, on trouve, tantôt une seule des productions dont nous avons parlé, tantôt plusieurs associées, avec dégagement de gaz en plus ou moins grande abondance. Parfois, lorsqu'on ouvre un ver atteint de flacherie sans endommager les tuniques du tube digestif, on voit, sous l'enveloppe distendue et translucide de ce tube, se rassembler continûment de petites bulles de gaz qui s'élèvent comme elles feraient du fond d'un vase où fermenterait de la feuille de mûrier.

PASTEUR admet que la flacherie est tantôt accidentelle, tantôt héréditaire ; elle est très souvent accidentelle. « Une trop grande accumulation des vers aux divers âges de la vie de l'insecte, une trop grande élévation de température au moment des mues ; la suppression de la transpiration par les effets du vent que, dans le Midi, on appelle *marin*, ou par un défaut prolongé d'aération ; un temps orageux qui prédispose les matières organiques à la fermentation ; l'emploi d'une feuille échauffée et mal aérée ; souvent même, un simple changement subit dans la nature de la feuille qui sert de nourriture aux vers, une feuille très dure succédant à une feuille plus digestive, une feuille mouillée, surtout par un brouillard ou par la rosée du matin ou du soir qui accumule sur la feuille les germes en suspension dans une grande masse d'air, voilà, selon PASTEUR, autant de causes propres à développer la maladie des morts-flats. Parmi ces causes, il en est dont les funestes effets s'accusent dans l'intervalle de vingt-quatre heures. D'autres ne font qu'affaiblir les vers, souvent à l'insu de l'éducateur qui se trouve fort étonné, plus tard, de voir sa chambrée décimée par la flacherie sans avoir commis d'imprudence apparente la veille du désastre. Mais la faute a existé longtemps auparavant ; c'est ainsi, par exemple, que les choses se passent quand on a laissé la température s'élever au moment des mues. Les vers ne périssent pas immédiatement, mais ils éprouvent un affaiblissement qui se traduit plus tard par la flacherie. L'habitude de tailler les mûriers chaque année, comme on le fait généralement dans tout le midi de la France, pourrait bien contribuer également à multiplier les ravages de cette maladie. »

C'est toute la théorie des causes adjuvantes ou prédisposantes qui est exposée là par PASTEUR ; la multiplication anormale des microbes intestinaux est conditionnée par ces causes générales. En ce qui concerne la flacherie héréditaire, PASTEUR admet qu'il n'y a pas transmission des germes d'une génération à l'autre par l'intermédiaire de l'œuf, mais les vers qui sont issus de papillons provenant eux-mêmes d'élevages atteints de flacherie, sont prédisposés héréditairement à la même maladie. Il est possible, toutefois, d'obtenir de bonnes récoltes avec de tels vers, mais alors il est nécessaire de prendre des précautions particulières pendant l'élevage. « Cette circonstance, écrit PASTEUR, est très digne de remarque : elle montre d'une manière évidente que les conditions des éducations peuvent guérir les vers, dans certains cas déterminés, de l'affaiblissement héréditaire qui les prédispose à la flacherie, bien que, dans l'état actuel de nos connaissances, sur l'art d'élever des Vers à soie, on ne puisse assigner les causes des succès que je viens de mentionner. »

Il n'en reste pas moins que la flacherie héréditaire est à redouter et c'est avec raison que PASTEUR attire l'attention des éducateurs sur la nécessité de n'employer pour la reproduction que des papillons provenant d'éducations indemnes de flacherie. Nous verrons que la même recommandation n'a rien perdu de sa valeur aujourd'hui mais elle ne s'adresse plus à l'éducateur lui-même, la graine étant produite maintenant dans des établissements spécialisés, contrôlés par les agents de l'Etat.

Le caractère contagieux de la flacherie a été démontré par de nombreuses expériences ; de ces expériences, PASTEUR a tiré les conclusions suivantes :

1° « La flacherie peut être communiquée aux vers, soit au moyen de Vibrions ayant pris naissance dans le canal intestinal des vers, dans la feuille de mûrier broyée en fermentation, dans les poussières de magnaneries infectées ; soit au moyen du ferment en chapelets de grains prélevé dans les vers ou dans les feuilles en fermentation ; soit enfin par le contact des vers qui meurent de la flacherie. Les infusions de poussières de magnaneries infectées et dans lesquelles se sont développés les Vibrions, ont également un pouvoir contagionnant très marqué;

2° Les vers contagionnés commencent par devenir inégaux à cause de la différence dans la quantité de nourriture qu'ils prennent suivant le degré d'intoxication ; la mortalité arrive ensuite avec tous les caractères de celle que montre la flacherie naturelle On observe particulièrement un développement abondant de Vibrions, ou le ferment en chapelets de grains, ou le mélange de ces deux organismes dans les matières du tube digestif. Quand les vers survivent, on trouve souvent, dans la poche stomacale des chrysalides, le ferment en chapelets de grains. Rarement on y trouve des Vibrions. C'est que les vers meurent le plus souvent avant de faire leurs cocons lorsque les matières du canal intestinal ont donné lieu à des Vibrions;

3° Le temps qui sépare le repas infecté du commencement de la mortalité est très variable. Tantôt la mortalité s'accuse au bout de vingt-quatre à quarante-huit heures : c'est ce qu'on voit par la contagion par les poussières très infectées prises à l'état sec ou en infusions; c'est ce qui se voit également, et pour tous les germes de contagion, quand on opère sur des vers après la quatrième mue. Pour les vers plus jeunes, il arrive souvent que la mortalité, pour les diverses natures de contagion, ne s'accuse qu'après un temps assez long qui peut aller jusqu'à quinze jours et peut-être trois semaines et plus ;

4° Si l'on répète à plusieurs reprises le repas infecté, la mortalité est plus prompte et plus intense ; c'est par cette cause qu'on peut expliquer, du moins en partie, que la mortalité par la flacherie est beaucoup plus active dans les éducations où les vers sont accumulés. Lorsque les vers sont espacés, les points de contact entre les vers sains et les vers malades sont moins nombreux. La souillure des feuilles par les déjections des mourants est beaucoup diminuée. »

Les mesures propres à limiter les dégâts causés par la flacherie sont surtout des mesures préventives ; mais avant tout, et c'est le conseil que donne Pasteur, il faut « chercher à augmenter par tous les moyens possibles, la vigueur des vers », en espaçant ceux-ci, en évitant l'élévation exagérée de la température principalement au moment des mues, en aérant suffisamment les magnaneries, les tenant en parfait état de propreté ; l'hivernage des graines joue aussi un rôle important dans l'accroissement de résistance des vers. Tous ces préceptes étaient connus depuis longtemps ; nous avons vu que l'Abbé Boissier de Sauvages avait déjà formulé les plus importants ; Dandolo, en 1845, avait également donné des conseils qui s'inspirent du plus judicieux bon sens.

« On ne verra jamais paraître, disait-il, ce grand nombre de maladies :

1° Lorsque les vers seront tenus clairsemés sur les claies de manière à ce qu'ils puissent tous bien respirer et transpirer ;

2° Si l'air intérieur de l'atelier est toujours au degré de chaleur que j'ai déterminé (recommandation qui implique le danger des changements de température en cours d'éducation) ;

3° Lorsqu'on ne laisse jamais l'air stagnant dans l'atelier et qu'au contraire on l'y maintient continuellement dans une douce et lente agitation ;

4° Si on a soin de faire de la flamme à propos, quand l'air extérieur est humide et stagnant et l'évaporation de l'intérieur, abondante ;

5° Lorsqu'on a soin de tenir l'atelier toujours bien éclairé, la lumière étant le plus précieux excitant de la matière vivante ;

6° Si on ne laisse jamais les litières sur les claies plus longtemps que je l'ai prescrit pour éviter la fermentation ;

7° Si on a soin de ne distribuer jamais que la feuille bien séchée :

8° Lorsqu'on emploie à propos la « *bouteille qui purifie l'air* », dont les vapeurs détruisent les mauvaises émanations animales (1).»

Le grand mérite de PASTEUR, c'est d'avoir donné une base scientifique à tous ces préceptes anciens.

Déjà au moment où PASTEUR publiait les premiers résultats de ses recherches sur la flacherie, un auteur Italien, VERSON, soutenait une thèse toute différente : il affirmait que le développement de la flacherie était sans rapport direct avec la multiplication anormale des germes microbiens dans le tube intestinal. Ces ferments, en particulier le Vibrion et le ferment en chapelets de grains, ne se multiplieraient anormalement que si l'organisme du ver est déjà en état de maladie. La vraie cause, d'après VERSON, devrait être cherchée dans l'obstruction des vaisseaux malpighiens par les cristaux d'acide urique, obstruction qui détermine des troubles dans la nutrition et l'assimilation et contribue à empoisonner le sang qui se décompose. HABERLAND prit le parti de son jeune collaborateur VERSON et soutint que « les vibrions et le ferment en chapelets de grains ne sont pas la cause, mais la suite de la maladie, la conséquence d'une décomposition du sang pendant que l'insecte vit encore ». Selon PASTEUR, auquel j'emprunte ces citations, HABERLAND fit une critique sévère de ses expériences. « M. PASTEUR, écrivait-il, annonce qu'on peut donner la flacherie aux vers sains en salissant leur feuille avec les matières de l'intestin des vers flats. Mais on doit se demander si la présence des Vibrions dans le sang des vers est un signe que la flacherie existe ; nous en doutons. Bien avant qu'on trouve dans le sang de germes de Vibrions et des Vibrions, la flacherie est accusée par la quantité anormale de cristaux. La formation de ces derniers est la conséquence d'un trouble

---

(1) Le contenu de la bouteille qui purifie l'air est obtenu de la manière suivante : mélanger à 6 onces de sel, 2 onces d'oxyde noir de manganèse et 2 onces d'eau ; remplir un verre à liqueur d'acide sulfurique et le verser dans la bouteille renfermant le mélange.

dans la nutrition et l'assimilation. Ils obstruent les conduits rénaux, arrêtent les liquides, empêchent l'excrétion des matériaux devenus inutiles ; le sang est empoisonné, il se décompose et alors apparaissent les vibrions dont la présence indique la décomposition du sang ; elle est un des derniers phénomènes qui accompagnent la flacherie. »

A ces critiques, PASTEUR a répondu très justement que la multiplication des Vibrions dans le sang est en effet très éloignée du début de la maladie ; longtemps avant l'apparition dans ce milieu, ils se multiplient dans le contenu intestinal et sont une cause de trouble dans la digestion. D'autre part, l'apparition des cristaux d'acide urique dans les tubes de Malpighi est un phénomène très naturel ; s'ils sont plus abondants au cours de la flacherie, c'est que la sécrétion est modifié par suite des troubles de nutrition, troubles consécutifs à la fermentation anormale du contenu intestinal.

Reconnaissons que la thèse défendue par PASTEUR n'était pas inattaquable ; le seul critérium de maladie reconnu par lui, c'est la présence de germes microbiens en quantité anormale dans le contenu intestinal ; or, il y a des cas, et je reviendrai sur ce point très important en exposant le résultat de mes recherches, où la maladie peut exister sans multiplication apparente de germes microbiens, ce qui semblerait donner raison aux auteurs Italiens.

Jusqu'à sa mort (1927), VERSON a toujours défendu la même thèse ; pour lui, la meilleure preuve que la flacherie n'est pas de nature microbienne, c'est qu'on en a attribué la cause à un grand nombre d'espèces microbiennes sans rapport les unes avec les autres. C'est ainsi qu'après avoir passé en revue, dans son traité, tous les travaux relatifs à la cause de la flacherie, il écrit cette phrase qui traduit si bien sa pensée : « je crois qu'on ne peut imaginer document plus éloquent pour démontrer la vanité de toutes les diligentes recherches entreprises dans le champ bactériologique pour démontrer la nature parasitaire de la flacherie. »

La thèse défendue par VERSON est exposée dans son plus récent traité sur le Ver à soie qui date de l'année 1917 : « certaines conditions d'essence encore indéfinie, mais inérantes à l'organisme même, sont acquises dans l'œuf déterminant chez les vers qui naîtront de ceux-ci, une prédisposition spéciale à contracter la flacherie avec plus ou moins de facilité. C'est à cette cause prédisposante, dont on ignore le véritable principe, que l'on doit attribuer la différence de sensibilité à la flacherie des races indigènes et japonaises. Les *causes occasionnelles*, qui tiennent à l'éducation elle-même ou aux facteurs externes, ont pour effet de déclancher la maladie lorsque le terrain est préparé. »

Le meilleur moyen de lutter contre la maladie, c'est donc de chercher à combattre les causes prédisposantes, c'est d'obtenir des races robustes et vives qui résistent naturellement à la maladie. Bonne graine et bonne éducation doivent avoir pour conséquence, dit VERSON, bonne récolte. Ce sont là des conclusions auxquelles il semble que l'on doive souscrire d'emblée ; cependant des réserves sont à faire ; en exposant le résultat de mes observations personnelles, j'aurai l'occasion de montrer que même en employant de la bonne graine et conduisant son éducation suivant les méthodes les plus rationnelles, des échecs sont possibles dont la cause est uniquement due à la flacherie.

L'argument fondamental sur lequel s'appuie VERSON pour soutenir que la cause première de la flacherie n'est pas de nature microbienne, c'est que cette maladie peut se manifester en dehors de toute multiplication anormale des Bactéries. Les premières victimes d'une épidémie de flacherie, d'après l'auteur italien, ne semblent héberger dans le ventricule, au moins en quantité appréciable à l'examen microscopique, ni Diplocoques, ni Bacilles ; par la suite, les cadavres entrent en putréfaction assez tard et peuvent conserver pendant plusieurs jours la blancheur naturelle de leur peau ; à mesure que la maladie prend de plus en plus d'extension, le contenu ventriculaire des vers malades se montre de plus en plus riche en Diplocoques et en Bacilles ; alors les cadavres se putréfient rapidement et noircissent souvent en moins de douze heures. De telles constatations, si elles étaient générales, démontreraient effectivement que la cause de la flacherie doit être cherchée ailleurs que dans la multiplication anormale de certains germes microbiens intestinaux ; mais peuvent-elles être généralisées ? Conte, en 1906 affirme, pour sa part, qu' il n'a « jamais vu de vers flats qui ne renferment pas de Bactéries. » Je serai moins affirmatif : je montrerai en effet, que des Vers à soie peuvent mourir avec les symptômes de flacherie sans qu'il y ait au préalable multiplication anormale de microbes dans le contenu intestinal ; mais ce sont là des cas d'espèces et dont la cause est toute différente de celle imaginée par Verson ; ces cas se manifestent d'ailleurs non au début de l'épidémie, mais lorsque celle-ci est déjà généralisée. Dans la très grande majorité des cas, il y a multiplication anormale de Bactéries et celles-ci jouent effectivement un rôle pathogéne dans la maladie.

La nature parasitaire de la flacherie a été admise par Cuboni et Garbini qui signalaient, dès l'année 1890, la présence sur les feuilles de mûrier, d'un *Coccus* identique au *Streptococcus bombycis* agent de la maladie.

C'est aussi l'opinion de L. Macchiati (1892) ; les nombreuses expériences qu'il a faites ne laissent aucun doute sur ce point; le *Streptococcus bombycis* est bien l'agent spécifique de la flacherie ; mais il dénie ce rôle d'agent spécifique aux Cocci découverts par Cuboni et Garbini ; pour lui, il s'agit d'une espèce différente à laquelle il donne le nom de *Bacillus cubonianus* ; s'il est possible d'infecter artificiellement des Vers à soie en partant de culture pure du Bacille, jamais par contre on ne constate sur les vers infestés les symptômes caractéristiques de la flacherie. De même les Bacilles divers que l'on rencontre dans le contenu intestinal des vers flats, en particulier le *Bacillus bombycis* (Past.) Macchiati. sont incapables de déclancher les symptômes de flacherie. En réalité, ces Bacilles, qui présentent d'ailleurs beaucoup de ressemblance avec les Bacilles de la putréfaction, en particulier avec le *Bacillus amylobacter*, se multiplient seulement pendant la phase ultime de l'évolution de la maladie ou aussitôt après la mort. Ayant retrouvé le *Streptococcus bombycis*, non seulement dans l'organisme des chrysalides et des papillons issus de vers contaminés *per os* avec Streptocoques de culture, mais aussi dans les œufs pondus par ces papillons, MACCHIATI en conclut que la flacherie est héréditaire au même titre que la pébrine et qu'il est possible de faire une sélection microscopique des reproducteurs. Pour éviter la flacherie, il suffirait donc, d'après MACCHIATI, d'obtenir de la graine saine et d'appliquer les mesures hygiéniques préventives susceptibles d'empêcher la contamination directe des vers pendant le cours de l'éducation.

D'après KRASSILSHTSHIK, c'est « à MACCHIATI (de Modène) que revient le mérite d'avoir été le premier à reconnaître dans le ferment en chapelets de grains sphériques de PASTEUR, le microbe spécifique de la flacherie ». Mais l'auteur Italien n'aurait pas réussi à obtenir des cultures pures de ce microbe auquel KRASSILSHTSHIK a donné le nom de *Streptococcus pastorianus ;* en effet, cette espèce ne liquéfie pas la gélatine alors que l'espèce de MACCHIATI liquéfie ce milieu ; or parmi les cocci que l'on trouve normalement dans le contenu intestinal du Ver à soie, il se trouve une espèce très ubiquiste à laquelle KRASSILSHTSHIK a donné le nom de *Staphylococcus insectorum*, qui possède cette même propriété ; ce serait donc à cette espèce que MACCHIATI aurait eu affaire ; mais alors il est difficile d'expliquer pourquoi cet auteur a réussi à provoquer la flacherie avec une espèce dépourvue de toute pathogénéité pour le Ver à soie ; peut-être les cultures utilisées étaient-elles impures et le *Strept. bombycis* était-il associé au *Staphyl. insectorum* ? Quoi qu'il en soit, les critiques de KRASSILSHTSHIK sont parfaitement justifiées et on doit reconnaître que ses observations et expériences ont une valeur scientifique indiscutablement supérieure à celles de l'auteur italien. Cependant, toutes ses conclusions ne sauraient être approuvées. « En admettant, dit-il, la description des signes extérieurs de la flacherie. qui ont été soigneusement et parfaitement décrits par PASTEUR, je dois noter ce qui suit : les premières traces de l'apparition de la flacherie dans un ver encore vigoureux se manifestent par la *constante présence du Streptococcus pastorianus en plus ou moins grand nombre dans le tube digestif*. Avec la progression de la maladie, le nombre des Streptocoques augmente, après quoi, ce microbe passe dans le courant sanguin du ver ; il y forme *des cultures pures* et ouvre la voie un peu plus tard au *Staphylococcus insectorum* qui va s'installer, lui aussi, dans le sang. La mort approchant, le *Bacillus septicus insectorum* passe aussi du tube digestif dans le sang du ver. Après la mort, tous les microbes du tube intestinal se trouvent aussi dans le sang ». L'affirmation que le *St. pastorianus* (=*bombycis*) se retrouve de façon constante dans le tube digestif des vers atteints de flacherie est un peu exagérée ; il existe en effet, des maladies intestinales dont les symptômes externes sont ceux de la flacherie et dont la cause n'est pas microbienne ; il existe même des cas de flacherie microbienne où le Streptocoque est très rare dans le contenu intestinal. En ce qui concerne le passage des microbes dans le sang avant la mort de l'insecte, c'est une observation que je n'ai pas confirmée même chez les vers atteints de flacheries ou dysenteries microbiennes. Enfin, il n'a pas été possible de confirmer les observations concernant la présence constante du *Staphylococcus insectorum* dans le contenu intestinal des Vers à soie normaux.

Lo Monaco et Giorgi ont isolé de vers flats un Bacille qu'ils iden-t'fient avec le *Bacillus bombycis* de Macchiati et avec le Vibrion à noyaux de Pasteur ; ils admettent même l'identification avec le *Bacillus megathérium* de de Bary.

L'opinion des auteurs japonais, d'après Conte, est intermédiaire entre celle de Pasteur et celle de Verson ; pour eux, la flacherie n'est pas causée par un microbe spécifique : elle résulte de la multiplication, dans l'intestin du ver, d'un grand nombre d'espèces bactériennes présentes sur les feuilles de mûrier ; si les vers sont sains, ils résistent à l'infection, sinon, celle-ci se développe. Sawamura a isolé des feuilles de mûrier une dizaine d'espèces de Microcoques et constaté que certains d'entre eux sont identiques à ceux isolés des vers flats ; il réussit à provoquer la flacherie dans des vers sains par injection de microbes de culture. Voici, d'après Conte, les principales conclusions des expériences de Sawamura :

1°) Beaucoup de Bactéries peuvent se propager dans le suc intestinal des larves et causer la flacherie ;

2°) Des troubles de la digestion tels que l'injection d'eau distillée dans l'intestin, provoquent la flacherie ;

3°) Les Bactéries qui peuvent produire la flacherie sont présentes en tout temps dans l'intestin, attendant l'occasion de se multiplier ;

4°) La flacherie n'est pas seulement due aux désordres du tube digestif comme le prouvent les faits suivants :

a — Les Bactéries injectées dans l'intestin s'y multiplient ;

b — Quand les Bactéries sont injectées, la flacherie se produit plus vite et plus souvent qu'en injectant l'eau ;

5°) Il est très improbable qu'une toxine spécifique soit la cause de la maladie. L'action nuisible doit être un effet commun à toutes ces Bactéries ; c'est la formation d'acides, parce que les enzymes digestifs du Ver à soie ne sont actifs que dans une solution alcaline.

Ishiwata, en 1902, isola de Vers à soie atteints de flacherie un Bacille auquel il attribua un rôle actif dans la maladie et qu'il décrivit sous le nom de Bacille « Sotto » ; (le mot « Sotto », en Japonais, signifie : tomber soudainement). Ishiwata montra que les Bacilles de culture pure sur gélose sont très pathogènes *per os* pour les Vers à soie ; qu'ils conservent longtemps leur pouvoir pathogène en culture et que si l'on filtre la culture en bouillon à travers une bougie de porcelaine, le filtrat n'est pas actif.

K. Aoki et Y. Chigasaki ont étudié en 1915 la pathogénéité du Bacille Sotto pour le Ver à soie et montré que l'ingestion de Bacilles de cultures jeunes sur gélose était sans action sur les vers, alors que l'ingestion de Bacilles provenant de vieilles cultures déterminait très rapidement leur mort ; ils ont déduit de leurs expériences que l'action pathogène n'était en somme qu'une action toxique provoquée par un poison bactérien ; en effet, les Bacilles ne se multiplient pas dans le tube intestinal et sont même détruits très rapidement. Inoculés dans la cavité générale, ils déterminent très rapidement la mort des Vers à soie. La toxine élaborée par le Bacille Sotto ne passe pas dans le milieu où il cultive ; elle peut être extraite en partie des corps bacillaires par mélange de la culture microbienne avec une solution de chlorure de sodium. Les substances désinfectantes qui neutralisent la toxine diphtérique, la solution de Lugol et la formaldéhyde en particulier, neutralisent également la toxine du Bacille Sotto. Les autres substances désinfectantes comme le sublimé, l'acide phénique, l'alcool, doivent être employées en assez grande quantité pour produire le même effet ;

les microbes peuvent être rapidement détruits par ces substances sans que la toxine soit altérée.

L'existence du Bacille Sotto ne paraît avoir été signalée qu'au Japon ; cependant, je montrerai qu'il existe en France une espèce très voisine, sinon identique, dont les effets sur le Ver à soie sont sensiblement les mêmes que ceux décrits par les auteurs japonais ; mais cette espèce ne joue aucun rôle dans la génèse des épidémies de flacherie ; elle est même incapable d'infecter *per os* des Vers à soie sains.

L'opinion exprimée par les auteurs japonais sur la pathogénie de la flacherie, est partagée par CONTE ; « l'hypothèse pastorienne, écrit cet auteur, est trop absolue (1) ; elle ne permet pas d'expliquer les apparitions brusques de flacherie coïncidant avec des variations barométriques, fait cependant bien établi. Elle n'explique pas non plus la rapidité effrayante avec laquelle, dans ces conditions, se trouve détruite une éducation entière. Si la flacherie avait pour cause une Bactérie spécifique, jamais, dans un délai de quelques jours, celle-ci n'arriverait à tout infester ». Cette même objection a été soulevée récemment par un auteur Italien, C. ACQUA, partisan de la thèse de VERSON. Disons tout de suite que cette forme de flacherie à laquelle CONTE fait allusion, n'est pas la forme la plus fréquente, au moins dans notre pays ; on peut même dire qu'elle est rare et que les dégâts qu'elle cause sont incomparablement moins élevés que ceux causés par la gattine, c'est-à-dire la maladie intestinale de nature sûrement microbienne, qui est à l'origine de la plus grande partie des cas de flacherie.

Pour CONTE, l'hypothèse italienne n'explique pas la maladie, elle laisse place à la recherche d'un agent spécifique et réduit

---

(1) En réalité, l'hypothèse pastorienne n'est pas aussi absolue que le croit CONTE ; Pasteur a admis en effet que plusieurs espèces microbiennes jouaient un rôle actif dans la flacherie et que la multiplication de ces espèces était conditionnée par des causes prédisposantes.

beaucoup trop le rôle des Bactéries. L'hypothèse japonaise explique bien, au contraire, tous les phénomènes et c'est en définitive à cette dernière que se rallie CONTE. « Suivant la prédominance d'une Bactérie dit-il, ou d'un groupe de Bactéries, on aurait une forme ou l'autre ». Je fais remarquer en outre que des Bactéries normalement inoffensives peuvent devenir pathogènes dans l'intestin du ver, ce qui explique bien le caractère épidémique de la maladie et les résultats de FERRY DE LA BELLONE.

« Je pense donc qu'il faut admettre non pas une, mais des flacheries, véritables entités résultant d'une multiplication excessive des Bactéries ingérées avec la feuille. »

C'est là une hypothèse très séduisante mais dont l'exactitude ne paraît pas avoir été malheureusement vérifiée par son auteur. Dans un rapport à la Caisse des Recherches scientifiques sur les recherches faites en 1913, il reconnaît bien avoir isolé de nombreuses espèces du contenu intestinal de vers flats (douze espèces différentes dans les seules éducations de laboratoire) ; il reconnait aussi qu'il y a en général prédominance d'une ou de deux espèces par rapport aux autres ; mais il ne peut en tirer des conclusions sur les rapports entre la forme de la maladie et la nature des microbes qui se multiplient dans le contenu intestinal. La question qu'il posait en 1906, il la pose toujours en 1913 mais il semble bien qu'elle soit restée sans réponse. Nous verrons cependant que l'hypothèse envisagée par CONTE comporte une certaine part de vérité.

En ce qui concerne la véritable cause de la flacherie, son opinion est restée ce qu'elle était en 1906. « Les observations que j'ai faites depuis plusieurs années, » lit-on dans son rapport à la Caisse des recherches scientifiques, « me conduisent à admettre que cette maladie est due à des causes externes, les actions microbiennes n'intervenant que secondairement. Parmi ces causes externes, les basses pressions, l'humidité, la mauvaise qualité de la feuille sont les plus apparentes. Ce que Verson a appelé causes prédisposantes de la flacherie est la résultante des actions de ces causes externes sur l'organisme du ver. Je pense avec S. Sawamura que c'est dans une modification de la nutrition qu'il faut voir le point de départ de la maladie. Si l'on place des vers à l'humidité, on fait apparaître la flacherie. Dans ces conditions, l'excrétion de vapeur d'eau, si importante chez le ver, est ralentie ; le ver diminue sa nutrition, la feuille de mûrier étant la source de toute cette eau que les téguments doivent éliminer. Il en résulte une stase des aliments dans l'intestin, stase fatale au ver, car il est indispensable que l'évacuation se fasse rapidement. C'est qu'en effet, le contenu de l'intestin du ver est à réaction basique et non acide comme chez les Vertébrés. Il y a là, par suite, un milieu très favorable à la multiplication des Bactéries. Celles-ci sont ingérées en quantité énorme avec les feuilles de mûrier ; trouvant des conditions favorables, elles se multiplient activement, déversent leurs toxines qui empoisonnent le ver et acquièrent un caractère de virulence. Sous l'action des toxines, les tissus du ver prennent les caractères morbides que révèle l'anatomo-pathologie des vers flats. Les Bactéries devenues virulentes sont épandues sur les feuilles avec les excréments ou avec la sanie noîrâtre qui s'écoule des vers morts ; elles transmettent la maladie aux vers sains ».

Les idées exposées par Conte expliquent assez bien, théoriquement l'étiologie de la flacherie ; malheureusement, elles ne s'appuient que sur un nombre de faits insuffisants, ce qui leur enlève toute valeur démonstrative.

La première démonstration scientifique du rôle pathogénique du ferment en chapelets de grains de Pasteur, c'est-à-dire du *Streptococcus bombycis* Flügge, est due à deux auteurs Italiens, A. Sartirana et A. Paccanaro qui publièrent, en 1905, un travail assez important sur ce sujet. Ce travail paraît avoir été ignoré de la plupart des auteurs bacologues, car aucun n'en fait mention et, cependant, les expériences des deux auteurs italiens, expériences faites dans le laboratoire de PERRONCITO, ont une valeur scientifique indiscutable. Ils distinguent dans les maladies intestinales du Ver à soie : la flacherie ou « *Schlaffsucht* » et la macilenza ou « *Auszehrung* ». Cette classification a été adoptée par beaucoup d'auteurs, en particulier par VERSON ; les uns ont tendance à considérer la deuxième maladie comme la forme chronique de la première ; les autres en font deux affections distinctes.

SARTIRANA et PACCANARO ont d'abord constaté la présence constante du *Streptococcus bombycis* chez les vers atteints de macilenza et de flacherie ; le microbe existe le plus souvent à l'état pur chez les premiers alors que chez les autres, il est associé généralement avec d'autres espèces bactériennes.

L'inoculation dans le vaisseau dorsal, d'une émulsion de Streptocoques de culture pure, détermine la mort des Vers à soie en dix à vingt heures ; ceux-ci présentent les symptômes caractéristiques de la macilenza. La contamination par la voie intestinale est plus difficile à réussir ; l'ingestion d'un volume assez considérable d'émulsion microbienne (10 gouttes) n'a pu déclancher la maladie dans plus de 20 p. 100 des cas ; la durée d'incubation de la maladie est beaucoup plus longue que dans le cas de l'inoculation ; par badigeonnage de la peau, la contamination est encore moins bien assurée que par ingestion. Le *Streptococcus bombycis* ne produit aucune toxine : en effet l'inoculation de filtrat de vieille culture est sans action sur les vers.

Quel que soit le mode d'infestation, les Streptocoques ont toujours tendance à se localiser dans le tube intestinal. Examinant des coupes de Vers à soie inoculés avec une émulsion de Streptocoques de culture, SARTIRANA et PACCANARO ont constaté d'autre part, principalement dans la région thoracique, une pénétration des microbes dans la plupart des tissus, mais plus spécialement dans les faisceaux musculaires et la lumière des réservoirs des glandes séricigènes.

Ils ont été incapables de reproduire expérimentalement la flacherie avec les microbes qui accompagnent ordinairement le *Strep. bombycis;* leurs essais d'infestation avec microbes divers sont restés de même sans résultat.

« Comme d'un côté, écrivent-ils, on ne trouve pas de flore microbienne spécifique de la flacherie, que d'un autre côté le Streptocoque est pathogène pour le Ver à soie et qu'on retrouve constamment cette espèce chez les Vers à soie atteints de flacherie et à l'état saprophyte chez les vers sains, on peut se demander si, éventuellement, la flacherie n'est pas causée par une association microbienne dans laquelle le Streptocoque, comme le *Bacillus coli* chez l'homme, a son pouvoir pathogène accru et dans des conditions déterminées, combine son action morbide à celle des produits solubles élaborés par les autres microbes qui se multiplient considérablement dans le contenu intestinal ».

Les conclusions qu'ils tirent de leurs expériences sont formelles :

1° — Le *Streptococcus bombycis* doit être considéré comme la cause spécifique de la macilenza ; ce parasite est localisé dans le tube intestinal ; cette localisation détermine de graves lésions que l'on peut comparer avec celles de l'entérite chronique chez l'homme ;

2° — La flacherie ne doit pas être considérée comme une forme morbide déterminée par un microbe spécifique, mais comme une infection mixte dans laquelle, à côté de parasites ordinaires de l'organisme des chenilles, et peut-être aussi des feuilles de mûrier, se rencontre toujours le Streptocoque de la macilenza. Cette infection mixte est facile à concevoir si on la compare à ce qui se passe chez l'homme et les animaux supérieurs où il est bien reconnu que les microbes non pathogènes peuvent le devenir s'ils trouvent un terrain de développement favorable ou s'ils sont associés à d'autres espèces pathogènes ».

J'attire dès maintenant l'attention sur le fait que mes conclusions propres sur la pathogénie de la gattine ou macilenza, conclusions formulées avant d'avoir eu connaissance des recherches poursuivies par SARTIRANA et PACCANARO, sont presque identiques à celles des deux auteurs italiens. La seule objection que l'on puisse faire, c'est que les affections étudiées par eux ont été insuffisamment caractérisées et que le critérium sur lequel ils se sont basés pour identifier avec la macilenza ou la flacherie les maladies expérimentales obtenues à la suite d'inoculation ou d'ingestion de cultures microbiennes, est insuffisant. Je reviendrai d'ailleurs sur ce point lorsque j'exposerai les résultats de mes recherches propres sur la gattine et la flacherie.

Il est étonnant que VERSON et les autres auteurs bacologues modernes n'aient fait aucune allusion au travail de SARTIRANA et PACCANARO, travail que je n'hésite pas à considérer comme fondamental dans l'histoire de la pathologie intestinale du Ver à soie et dont la valeur scientifique est certainement supérieure à celle de beaucoup d'autres travaux de même ordre publiés depuis.

FISCHER, en 1916, a publié un travail assez important sur les causes de la flacherie chez les chenilles de plusieurs espèces de Lépidoptères nuisibles ; malheureusement, cet auteur a confondu flacherie et *Wipfelkrankheit* (maladie à polyèdres), ce qui diminue beaucoup la valeur de ses conclusions. Pour FISCHER, la prédisposition joue le rôle principal dans les maladies infectieuses ; les Bactéries se multiplient secondairement, et en se multipliant, elles peuvent entraîner le dénouement de la maladie. La prédisposition se ramène sûrement à l'action de certains facteurs externes qui l'engendrent très rapidement. Par exemple, le flétrissement des feuilles, le séjour dans l'eau de rameaux coupés fraîchement, peuvent être des causes de dégénérescence, au moins pour certaines espèces de chenilles. Cette dégénérescence se traduit par une odeur douceâtre à laquelle FISCHER accorde une très grande importance comme symptôme précoce de maladie. Ce symptôme peut d'ailleurs disparaître si l'on place les chenilles dans des conditions normales d'élevage Les dégâts causés au feuillage des arbres par les chenilles, les destructions exagérées de feuilles, peuvent avoir leur répercussion, l'année suivante, sur la qualité de la feuille. Les expériences faites au Japon sur les mûriers par MIYOSHI et surtout par SUZUKI, ont montré qu'à la suite de l'amputation des feuilles pendant la période de développement, une maladie des racines ne tarde pas à se déclarer qui engendre, l'année suivante, une maladie des feuilles. L'étude chimique de ces feuilles a montré que la plupart d'entre elles étaient riches en oxydes et en peroxydes ; il y a ralentissement dans la transformation des composés de l'azote et augmentation de l'acidité ; on comprend alors que cette feuille plus ou moins altérée détermine des accidents chez les chenilles qui s'en nourrissent.

Mais la prédisposition n'est pas tout et FISCHER admet que la désinfection est indispensable pour réduire le plus possible le nombre des Bactéries dans le voisinage des chenilles ; on évite ainsi les dégâts occasionnés par les maladies infectieuses.

Les travaux de C. ACQUA sur la flacherie du Ver à soie constituent, dans l'ensemble, une confirmation de la thèse défendue par VERSON. D'après l'auteur italien, la flacherie se manifeste sous trois formes différentes : la *flacherie typique*, forme la plus fréquente, qui se manifeste principalement pendant le dernier âge et qui est caractérisée par le relâchement de l'appareil musculaire et la résorption d'une très grande partie du sang ; la *fausse flacherie*, caractérisée par la contraction de l'appareil musculaire au moment de la mort, par la diminution du volume du corps ; l'*apoplexie*, appelée ainsi parce que les vers meurent subitement en conservant l'apparence de vers vivants. Ces diverses formes de flacherie ne correspondraient pas à des types pathologiques déterminés ; autrement dit, la flacherie typique, la fausse flacherie et l'apoplexie ne correspondraient pas à des entités morbides déterminées. Mais on peut se demander quel est l'intérêt d'une telle classification uniquement basée sur les caractères des symptômes externes et qui ne tient aucun compte des lésions tissulaires et cellulaires. ACQUA continue d'ailleurs, dans ses travaux, de distinguer la macilenza de la flacherie. Mais il tend à se rallier à l'opinion moderne, c'est-à-dire à admettre l'existence d'un même complexe de causes pour les deux affections ; la flacherie représenterait la forme aiguë déterminant la mort de l'Insecte en quelques heures, alors que la macilenza serait caractérisée par une évolution plus lente. C'est en partant d'une telle conception que l'auteur s'est attaché à étudier de préférence la flacherie qui, pour lui, représente la maladie dans son développement le plus caractérisé. J'ai peut-être antérieurement déformé quelque peu la véritable pensée de l'auteur en disant qu'il considérait la macilenza comme la forme chronique de la flacherie typique, mais l'erreur provient du fait qu'on ne s'entend pas sur la véritable signification du mot flacherie et qu'il sert à désigner des objets assez différents les uns des autres suivant l'auteur qui l'emploie.

Afin d'éviter de stériles polémiques, je m'efforcerai de traduire aussi objectivement que possible et d'une manière très générale, la conception d'ACQUA telle qu'elle découle de ses derniers travaux.

L'auteur affirme d'abord que l'influence des microorganismes. dans l'évolution de la flacherie, peut être considérée comme secondaire. « Le grand mérite de VERSON, écrit-il, c'est d'avoir démontré que la conception microbienne de la flacherie était sans fondement à une époque où il pouvait sembler audacieux de combattre les idées de Pasteur et la théorie microparasitaire qui dominait alors dans le champ de la pathologie ». Que Verson ait fait preuve de courage en s'élevant contre la thèse de Pasteur à une époque où celui-ci était déjà universellement connu par ses travaux sur le rôle des microbes, nous ne le contesterons pas, mais qu'il ait démontré le manque de fondement de cette thèse, c'est une affirmation qui paraît fort contestable ; l'œuvre de Verson, si importante qu'elle soit, n'a pu réussir cependant à faire triompher la thèse qu'il a toujours défendue jusqu'à sa mort. Les deux thèses se sont affrontées et s'affrontent encore ; trop absolues l'une et l'autre, elles ne pouvaient logiquement se supplanter et ce n'est pas les arguments nouveaux apportés par C. Acqua qui feront triompher définitivement celle de Verson. Mais peut-on parler d'arguments nouveaux ? Le principal est celui sur lequel s'appuyait Verson : existence possible de la flacherie sans développement anormal de microbes ; l'argument est considéré comme suffisant pour démontrer que la flacherie n'est pas une maladie de nature parasitaire. La seule question qui se pose, pour Acqua, c'est l'influence des microbes sur la forme de la maladie ; la réponse d'après le même auteur est facile, elle découle de l'observation suivante : sur cent vers atteints de flacherie proprement dite ou typique, il a été trouvé dans 75 d'entre eux seulement des Cocci ; dans 25 autres, des Bacilles et Cocci ou Bacilles seuls. Sur cent vers atteints de fausse flacherie 70 ne renfermaient que des Cocci, 29, des Cocci et des Bacilles ou des Bacilles seuls, un, ni Cocci, ni Bacille. « Il ne semble donc pas, conclut Acqua, qu'il existe un rapport entre la flore microbienne intestinale et la forme spécifique de la maladie ».

D'après le même auteur, la flacherie ne serait pas contagieuse et il en donne comme preuve le fait que des vers sains placés au milieu de vers en état de flacherie, ne contractent pas la maladie si on les empêche de manger les feuilles souillées par les déjections. Le fait de contracter la maladie après ingestion de telle nourriture ne constitue d'ailleurs pas pour lui une preuve de contagiosité de la flacherie ; le même résultat serait en effet obtenu en souillant les feuilles de mûrier avec une matière putride quelconque. En faisant ingérer à des vers normaux des feuilles contaminées avec culture pure de *Streptococcus bombycis*, Acqua n'a pu réussir à déclancher la flacherie ; c'est la preuve, dit-il, que le microbe n'est pas la cause de la maladie. Acqua était-il en droit de tirer semblable conclusion d'une expérience négative ? On peut lui objecter d'abord que le nombre des microbes introduits dans le tube intestinal était insuffisant pour déterminer le déclanchement des processus morbides caractéristiques de la maladie. C'est d'ailleurs l'objection qu'a faite le même auteur aux auteurs Japonais Hayashi et Sako lorsque ceux-ci ont déduit de leurs expériences de filtration du sang de ver atteint de grasserie que les corpuscules polyédriques constituaient l'élément virulent de la maladie. On sait aussi qu'il ne suffit pas toujours de mettre en présence hôtes et parasites microbiens pour déclancher aussitôt les maladies infectieuses correspondantes. Des expérimentateurs célèbres comme Metchnikoff, Pfeiffer, ont pu absorber des cultures pures de Vibrion cholérique sans contracter la terrible maladie dont ce Vibrion est la cause. De même, l'absorption de cultures pures de Bacille typhique est le plus souvent sans danger pour l'organisme alors qu'en temps d'épidémie, il suffit de quelques microbes en suspension dans l'eau pour occasionner la maladie. Et cependant qui douterait aujourd'hui que le choléra, la fièvre typhoïde ne sont pas des maladies de nature microbienne ?

Mais reconnaître que la multiplication anormale des microbes dits pathogènes est liée à certaines conditions indépendantes du microbe lui-même, n'est-ce pas confirmer l'exactitude de la thèse défendue par Verson et son école ? Ce serait vrai si ces auteurs admettaient l'existence d'un microbe spécifique dont la multiplication est liée au développement de la maladie ; mais ils ne l'admettent pas et croient à l'existence d'une cause non microbienne, mais de nature encore inconnue.

L'étude publiée en 1919 par A. Foa sur les lésions de l'épithélium chez les Vers à soie atteints de flacherie, est une des premières contributions, sinon la première, à l'étude de l'anatomopathologie des maladies intestinales. Constatant que chez les vers flats, il y a disparition des cellules caliciformes, l'auteur en conclut que la maladie est caractérisée, au point de vue histopathologique, par une destruction élective de ces cellules; par suite de cette destruction, la sécrétion intestinale est profondément modifiée ; on constate en effet un changement important dans la réaction du suc gastrique qui, d'alcaline, devient franchement acide. Sans discuter longuement ici sur les conclusions des recherches d'A. Foa, je ferai simplement remarquer que la flacherie à laquelle a eu affaire cet auteur est vraisemblablement une forme très particulière de maladie intestinale ; au point de vue pathogénique, elle diffère essentiellement de la flacherie infectieuse qui, en France tout au moins, peut être considérée comme la forme la plus commune et la plus redoutable.

CONCLUSIONS SUR L'HISTORIQUE DES MALADIES INTESTINALES

De l'étude historique que je viens de faire, il se dégage un certain nombre d'idées générales qui résument les diverses opinions émises jusqu'ici pour expliquer la nature des maladies intestinales du Ver à soie. Les anciens auteurs et même la plupart des auteurs modernes, accordent une importance beaucoup trop grande aux manifestations morbides extérieures ; il en résulte une divergence assez grande dans les appréciations de chacun et par suite, une classification arbitraire des différentes affections intestinales. Avant Pasteur, les causes étaient attribuées à des facteurs divers: mauvaise conservation de la graine, nourriture, éducation, température, etc. Avec Pasteur, triomphe la thèse microbienne. Les japonais soutiennent une thèse très voisine; mais pour eux les causes favorisantes jouent le rôle principal. Enfin les Italiens avec Verson dénient tout rôle pathogène aux microbes intestinaux ; ils admettent en général l'existence d'une forme aiguë : la flacherie proprement dite, et d'une forme chronique ; la macilenza ; la cause de ces affections serait encore inconnue.

Pour la clarté de l'exposé qui va suivre, je donnerai dès maintenant un aperçu d'ensemble de la thèse que je compte défendre :

La flacherie n'existe pas en tant qu'entité morbide définie : c'est un ensemble d'affections ayant pour siège le tube intestinal ; les unes sont causées par des parasites microbiens ; les autres sont de nature non parasitaire ; l'importance économique des premières dépasse de beaucoup, en France tout au moins, celle des dernières ; les causes qui déterminent celles-ci peuvent intervenir indirectement dans l'évolution des maladies microbiennes, à titre de causes prédisposantes. Toutes sont caractérisées par de la diarrhée : c'est pour cette raison qu'elles seront désignées sous le nom général de dysenterie. La plus importante pratiquement de toutes les dysenteries microbiennes est celle qui a pour agent pathogène le ferment en chapelets de grains de Pasteur, c'est-à-dire, le *Streptococcus bombycis* : c'est la maladie dite des « têtes claires » ou gattine. Lorsque l'infection à Streptocoques est compliquée d'infections secondaires, la maladie se confond avec la flacherie vraie ou flacherie de Pasteur.

CHAPITRE II

DYSENTERIES MICROBIENNES

Article I

LA GATTINE

Dans certaines régions françaises de grand élevage, dans l'Ardèche notamment, on observe assez fréquemment de véritables épidémies de « têtes claires » ; en d'autres régions, dans le Var par exemple, cette maladie est à peu près inexistante. Comme son nom l'indique, la maladie est caractérisée par le gonflement de la partie antérieure du corps qui devient plus ou moins translucide ; les vers ne mangent plus et souvent ils rejettent par la bouche un liquide clair et filant. Ces symptômes correspondent assez exactement à ceux de la maladie étudiée par les anciens auteurs sous le nom de clairette ou lucette ; ils s'appliquent aussi à la maladie désignée sous le nom de macilenza, par les auteurs Italiens. D'après Acqua cependant, cette dernière maladie n'aurait rien de commun

avec celle des « têtes claires ». « *Ecco una definizione assoluta-
mente mesatta, dit-il, e che ci fa fortamente dubitare che i bachi
osservati fossero affetti da macilenza. Infatti secondo tutti gli au-
tori, i bachi macilenti, deperiscono lentamente mangiano, quan-
tunque poco, e solo raramente riescono a tessire un meschino boz-
zoluccio* ». Je ne m'attarderai pas ici à discuter l'assertion de l'auteur Italien ; au surplus, il importe peu que macilenza et gattine
ne soient pas exactement synonymes de maladie des têtes claires.
Le but principal de mon étude, c'est la mise au point de la pathologie du tube intestinal du Ver à soie d'après une méthode non
appliquée jusqu'ici ; mes observations ayant été faites en France,
c'est au Ver à soie élevé en France que s'appliquent mes conclusions. Il est possible, que les conclusions d'une étude similaire faite en d'autres pays, ne coïncident pas toutes avec les miennes ;
cette étude n'ayant pas été faite jusqu'ici, à ma connaissance, la
discussion ne peut encore s'engager.

Les épidémies de têtes claires sont particulièrement fréquentes
en certaines localités, ce qui laisserait supposer qu'il existe, dans
ces lieux, des conditions particulièrement défavorables à l'élevage
du Ver à soie. Mais le fait de rencontrer de belles éducations à
côté d'autres généralement décimées chaque année par la maladie,
est une preuve que les facteurs externes ne sont pas seuls à incri-
miner.

ÉTUDE DES LÉSIONS HISTO- ET CYTOPATHOLOGIQUE
DE LA MALADIE DES TETES CLAIRES

Si l'on fixe par le formol salé ou le bichromate-formol de REGAUD
des Vers à soie atteints de maladie des têtes claires, qu'on colore
les coupes par la méthode de KULL, on constate, déjà à un faible
grossissement, que le tube digestif moyen présente des lésions très
nettes limitées à la région postérieure ; les noyaux, dans cette ré-

PLANCHE XV

Gattine ou maladie des " Têtes claires "

Fig. 46. — Coupe longitudinale dans le mésointestin postérieur d'un ver à soie atteint de gattine. Les noyaux des cellules épithéliales, très volumineux, apparaissent comme des taches énormes colorées en bleu foncé par la thionine phéniquée ou le bleu de toluidine. Lorsqu'on examine au même grossissement une coupe d'intestin normal colorée par la méthode de Kull, les noyaux sont à peine visibles.

Fig. 47. — Cellules épithéliales du tiers postérieur de l'intestin moyen d'un ver à soie atteint de gattine. On peut distinguer plusieurs types d'altération nucléaire :

a) Noyaux avec grains de chromatine plus nombreux mais plus petits qu'à l'état normal ;

b) Grains de chromatine en amas plus ou moins volumineux ;

c) Chromatine disposée en couronnes fortement teintées en bleu par la thionine phéniquée.

Le noyau placé à gauche de la figure marque le terme de l'altération nucléaire. Tous les noyaux sont hypertrophiés.

Disparition de la bordure ciliée des vacuoles des cellules caliciformes ; le protoplasme est très vacuolaire ; le chondriome apparaît généralement transformé en grains minuscules irrégulièrement dispersés dans l'aire protoplasmique.

Fixation au formol salé ; coloration de Kull..

Pl. XV

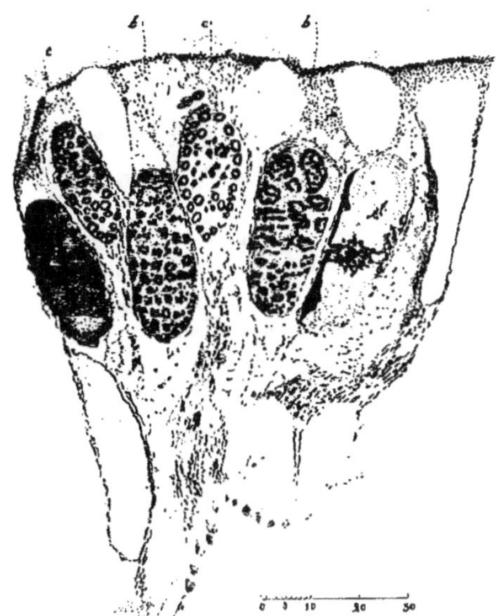

Fig. 47

Fig. 46

PLANCHE XVI

Gattine

Fig. 48. — Coupe longitudinale dans l'épithélium du tiers postérieur de l'intestin moyen d'un ver à soie atteint de gattine. Type d'altération nucléaire différent de celui décrit précédemment (Fig. 47, Pl. XV). La plupart des noyaux apparaissent comme des taches volumineuses faiblement colorées par la thionine phéniquée ou le bleu de toluidine. Dans la partie basale de la couche épithéliale, on observe de nombreuses cellules de remplacement dont le noyau présente la structure normale.

Le protoplasme est très vacuolaire ; le chondriome est partiellement filamenteux dans la partie basale des cellules ; partout ailleurs il se présente sous forme de granules minuscules irrégulièrement dispersés dans l'aire protoplasmique.

Fixation au formol ; coloration de Kull.

Fig. 48

gion de l'intestin, se présentent sous forme de grosses taches colorées en bleu foncé par la thionine et le bleu de toluidine, (Microphotographie 46, Pl. xv), ou presque incolores. Nous avons vu, en étudiant l'histologie normale du tube digestif, que l'intestin moyen comprenait trois parties bien distinctes ; l'antérieure, très courte ; la moyenne, la plus importante de toutes ; la postérieure, de longueur sensiblement égale au tiers de la longueur totale de l'intestin moyen. Cette dernière partie, tout en présentant les mêmes types de cellules que la précédente, diffère de celle-ci aussi bien au point de vue cytologique que fonctionnel. Les constatations d'ordre histopathologique faites sur vers atteints de maladie des têtes claires, confirment cette manière de voir.

En examinant à un fort grossissement les cellules de la zône altérée, on constate, au niveau du noyau, des altérations très curieuses dans la structure morphologique de la chromatine et de la substance nucléoplasmique : celle-ci est assez rapidement détruite ; les nucléoles disparaissent plus ou moins complètement ; dans tous les cas, ils sont rejetés d'abord à la périphérie de l'aire nucléaire où ils se présentent sous forme de blocs fuchsinophiles de forme très irrégulière. Les altérations morphologiques qui ont pour siège la chromatine varient le plus souvent d'une cellule à l'autre ainsi qu'on peut le constater dans les figures 47 et 48 ; les différents types d'altération qui y sont représentés correspondent vraisemblablement à des stades divers de l'altération nucléaire.

Dans un premier type représenté en *a* (Fig. 47, Pl. xv), la substance chromatique se présente sous forme d'une masse finement granuleuse, très différente d'aspect de la forme normale ; la répartition des grains, serrés les uns contre les autres, n'est pas uniforme dans toute la masse du noyau ; on peut observer, en certains points, la présence de plages plus ou moins étendues, complètement vides de grains de chromatine.

Les noyaux, représentés en *b* dans la même figure, constituent un deuxième type d'altération : on peut constater ici que la chromatine est répartie en groupes de granules ayant tendance à s'individualiser. C'est là, semble-t-il, un stade préparatoire à celui qui est figuré en *c* et qui est caractérisé par la disposition de la substance chromatique en couronnes de formes assez irrégulières ; ces couronnes résultent vraisemblablement de la fusion des grains du stade précédent ; d'autres stades, qui paraissent constituer le terme de l'évolution morbide du noyau, sont nombreux dans la figure 48, (PL. XVI); ils sont caractérisés par l'absence de toute structure morphologique appréciable sur coupe; l'aire nucléaire se présente sous forme d'une tache claire ou légèrement teintée en bleu par la thionine ou le bleu de toluidine.

Si on examine à l'état frais une parcelle de l'épithélium prélevée dans la zone altérée, on observe des figures qui rappellent plus ou moins celles qu'on observe sur coupe après coloration par la méthode de KULL ; c'est ainsi que les noyaux à chromatine condensée sous forme d'anneaux, se présentent sous l'aspect de masses craquelées, les craquelures arrondies correspondant au pourtour des couronnes.

Le plus souvent, la partie distale des cellules épithéliales est très vacuolaire ; on sait déjà qu'il existe de telles vacuoles dans les cellules normales de la région postérieure du mésentéron ; mais ici, les vacuoles sont généralement plus grandes et plus nombreuses. D'autre part, alors que les vacuoles des cellules normales se vident de leur contenu au cours des opérations précédant l'inclusion des pièces, un certain nombre de vacuoles, dans les cellules altérées, restent colorées en jaune sur coupes colorées par la méthode de KULL.

En même temps que dans le noyau se déroulent les processus qui aboutissent à la destruction de la chromatine, le protoplasme est le siège d'altérations qui, pour être moins apparentes que celles du noyau, ne sont pas moins importantes par leur répercussion sur le fonctionnement de la cellule. Le chondriome, normalement constitué par des chondriocontes longs et flexueux disposés en files longitudinales dans la partie basale de la cellule, se présente généralement sous forme de grains ou de courts chondriocontes de calibre réduit. Dans les cellules basales de remplacement ou dans les cellules épithéliales encore peu altérées, les chondriocontes ou les grains mitochondriaux qui en dérivent sont encore orientés suivant l'axe pôle basal - pôle distal. La vacuole ciliée des cellules caliciformes subit des modifications profondes qui aboutissent le plus souvent à sa résorption définitive ; il y a d'abord destruction de la bordure ciliée interne dont on retrouve les traces sous forme de blocs fuchsinophiles envacuolés ou non. Ce processus n'est pas particulier à la maladie des têtes claires ; nous verrons que certaines dysenteries amicrobiennes sont également caractérisées par une destruction, non plus partielle, mais générale des vacuoles des cellules caliciformes. C'est donc un processus assez général mais dont la cause véritable nous échappe encore.

Après fixation par le mélange de Duboscq-Brasil et coloration par l'hématoxyline au fer, l'hématéine ou le trichromique de Ramon y Cajal, seules les altérations nucléaires sont assez bien mises en évidence encore qu'on ne puisse aussi bien les caractériser morphologiquement que par les méthodes mitochondriales ; en particulier les altérations qui ont pour siège les nucléoles sont impossibles à mettre en évidence ; de même, les changements de structure de la substance chromatique se présentent sous un aspect assez différent de celui qui a été décrit précédemment (Figure 49) et ceci démontre une fois de plus la supériorité incontestable des méthodes mitochondriales sur les méthodes ordinaires. Toutefois, s'il s'agit simplement de confirmer le diagnostic de gattine formulé après examen des symptômes externes, ces dernières méthodes trouvent leur emploi, car elles permettent d'obtenir rapidement une réponse suffisante dans la grande majorité des cas.

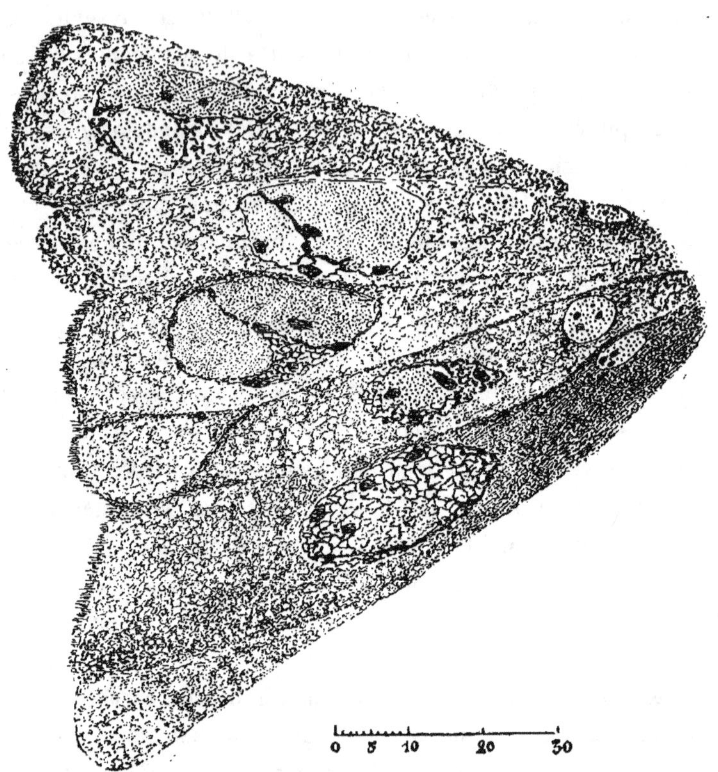

Fig. 49. — Altérations nucléaires dans les cellules du tiers postérieur de l'intestin moyen d'un Ver à soie atteint de gattine. Fixation au Dubosq-Brasil ; coloration à l'hématoxyline ferrique-éosine.

En dehors des lésions nucléaires et protoplasmiques qui ont pour siège les cellules épithéliales du tiers postérieur de l'intestin moyen, on observe d'autres lésions moins apparentes, moins spécifiques, mais non moins importantes, au niveau des autres parties du mésentéron. La partie antérieure qui est constituée, comme on le sait, par de hautes cellules cylindriques serrées les unes contre les autres, apparaît en état de fonctionnement anormal; cet état se manifeste morphologiquement par les caractères suivants :

1° Emigration du noyau vers la partie distale de la cellule ;

2° Tendance des chondriosomes à se concentrer vers la bordure externe des cellules, au contact de la base du plateau ;

3° Formation de boules de sécrétion abondantes, colorables en bleu pâle par la thionine ; on retrouve, dans ces boules, quelques éléments chondriosomiques plus ou moins altérés.

Au niveau du noyau, on n'observe pas de lésion caractéristique, ni dans la disposition générale de la chromatine, ni dans la forme des nucléoles ; tout au plus peut-on constater une multiplication anormale de ces derniers ainsi qu'une légère augmentation de la masse du noyau ; cette hypertrophie est surtout manifeste au moment où le noyau est dans le voisinage du plateau cellulaire ; elle paraît liée, comme nous l'avons vu en étudiant le mécanisme de la sécrétion intestinale normale, à l'état de fonctionnement de la cellule.

Les chondriosomes, longs et flexueux et régulièrement calibrés sur toute leur étendue dans les cellules normales, ont tendance à se fragmenter et à se renfler au centre en s'amincissant vers les extrémités. L'aspect général est celui représenté dans la fig. 50 (Pl. xvii). Il suffit de comparer cette figure avec la fig. 9 qui représente les mêmes cellules à l'état normal pour se rendre compte des principales modifications subies par le chondriome ; on voit par exemple que les formes courtes et les grains sont beaucoup plus nombreux qu'à l'état normal. Le cytoplasme tend aussi à devenir moins homogène et plus vacuolaire.

Outre ces lésions intracellulaires, on observe encore une destruc-

tion plus ou moins active des cellules épithéliales ; certains noya
font hernie en dehors en s'arrondissant et se détachent de la par
entraînant avec eux une certaine masse de protoplasme ; une
ces cellules est représentée dans la figure 50 au milieu de boul
de sécrétion.

La même destruction cellulaire peut être observée au niveau
la portion moyenne de l'intestin moyen ; elle est parfois très acti
et la paroi épithéliale se présente sur coupes, sous un aspect pl
ou moins déchiqueté très différent de l'aspect normal. La micr
photographie 51 (Pl. xviii), donne une idée assez exacte de cet a
pect. Les cellules altérées de forme arrondie qui sont en suspensio
dans le contenu intestinal, correspondent très vraisemblableme
aux « *elementi vescicolari di singolare strutture* » observés par VE
SON dans le contenu alcalin du tube digestif de vers atteints de m
cilenza. Rappelons que ces mêmes éléments avaient été pris pou
des Grégarines par TIGRI.

ETIOLOGIE DE LA GATTINE

Si l'on étudie la flore microbienne intestinale des vers présenta
les symptômes externes de la maladie des têtes claires et les l
sions internes décrites plus haut, on constate qu'elle est constitué
par une seule catégorie d'éléments dont l'aspect est celui du fe
ment en chapelets de grains décrit et figuré par PASTEUR. Cepe
dant, le nombre des Microcoques varie d'individu à individu ; tr
abondants dans le contenu intestinal de certains vers, ils peuve
être clairsemés ou même rares dans le contenu intestinal d'autr
vers ne se distinguant cependant des premiers par aucun sig
perceptible. Cette constatation semblerait donc, comme je l'ai dé

PLANCHE XVII

Gattine

Fɪɢ. 50. — Coupe longitudinale dans la partie antérieure du méso-intestin moyen d'un ver à soie atteint de gattine. La structure du noyau apparaît peu modifiée ; on observe la présence de nombreux nucléoles concentrés en général dans la région centrale du noyau. Le chondriome est partiellement altéré ; dans la portion basale des cellules, il se présente généralement sous forme de fuseaux plus ou moins renflés et de grains de grosseur variable.

Dans le plateau cellulaire qui borde les cellules épithéliales du côté de la lumière intestinale, on observe d'énormes vacuoles ; le plateau apparaît ainsi plus ou moins déchiqueté.

Les cellules sont plus aplaties qu'à l'état normal. Entre l'épithélium et la membrane péritrophique, on constate la présence de nombreuses boules de sécrétion ainsi qu'un certain nombre de cellules détachées de la paroi ; ces cellules sont toutes de forme arrondie.

Fixation au formol salé ; coloration de Kᴜʟʟ.

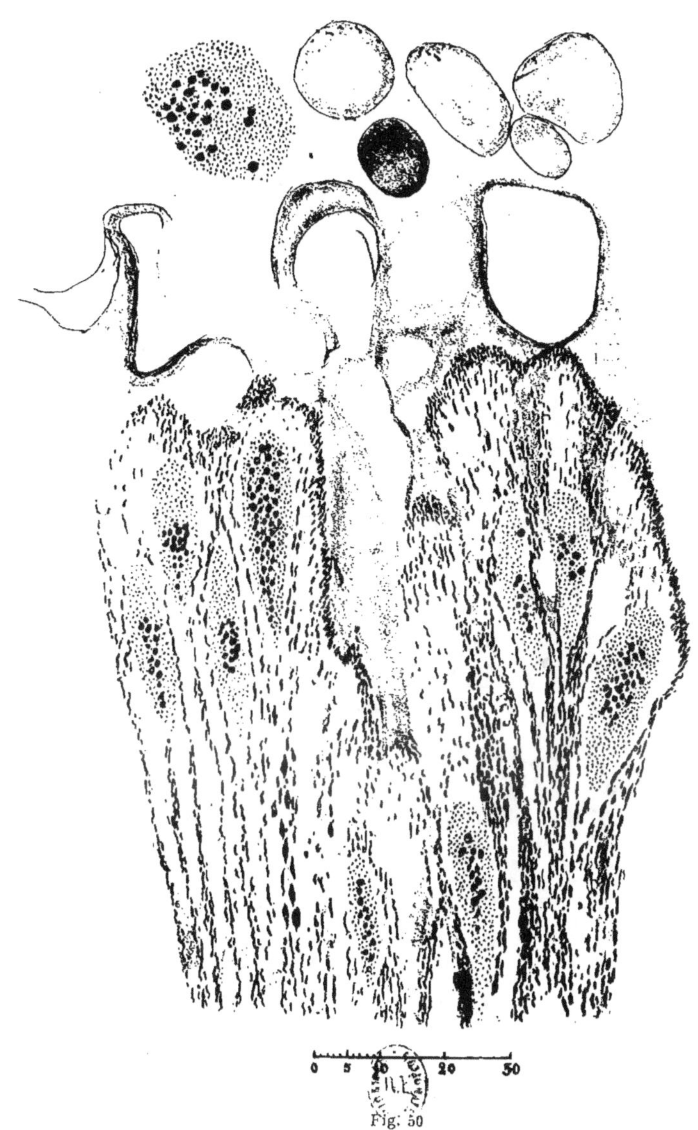

Fig. 50

dit, apporter une confirmation à la thèse italienne ; ce n'est là cependant qu'une forme particulière de l'évolution de la maladie ; j'en donnerai plus loin l'explication.

De nombreuses souches microbiennes ont été isolées au cours de mes deux dernières années de recherches. L'étude biochimique de ces différentes souches a démontré qu'elles correspondaient toutes à une même espèce microbienne dont les caractères sont identiques à ceux du ferment en chapelets de grains de PASTEUR, ferment qui a été décrit par FLÜGGE sous le nom de *Streptococcus bombycis*.

ETUDE MORPHOLOGIQUE DU STREPTOCOCCUS BOMBYCIS. — Les éléments microbiens sont constitués par de petites cocci rondes ou légèrement ovoïdes colorables par la méthode de Gram et mesurant en moyenne 0,9 μ. de diamètre. La multiplication a lieu dans une seule direction ; il se constitue ainsi des chaînettes de cocci de longueur très variable. En culture en milieu liquide, les chaînettes sont le plus souvent inexistantes ; elles ne sont nullement comparables à celles que forment d'autres espèces entomophytes voisines. Mais la présence ou l'absence de chaînettes, leurs dimensions moyennes, ne sauraient être considérées comme des caractères spécifiques importants. Rappelons que le *Diplococcus melolonthae* Pail. dont j'ai étudié les caractères morphologiques dans mon travail sur « les maladies bactériennes des Insectes », après avoir été caractérisé tout d'abord par l'absence de chaînettes streptococciques, en milieu liquide, a présenté ensuite, après repiquages successifs en milieu solide, des caractères tout opposés.

ETUDE BIOCHIMIQUE DU STREPTOCOCCUS BOMBYCIS. — Le microbe pousse bien sur tous les milieux ordinaires employés en bactériologie ; mais il ne donne jamais de culture très abondante. Il se rapproche, par ce caractère, de beaucoup de Microcoques du même type, en particulier de ceux qui appartiennent au groupe des Pneumocoques.

Bouillon ordinaire ou eau peptonée.— A 37° C le milieu se trouble en 12 heures environ sans présenter de phénomènes de floculation. A la température ordinaire, le microbe cultive bien, mais le développement est moins rapide ; il n'y a pas de voile à la surface ; le milieu s'éclaircit assez vite ; il se forme un petit culot blanc, au fond du tube, assez facile à remettre en suspension par agitation.

Gélose ordinaire. — Le Streptocoque donne naissance à de petites colonies arrondies très aplaties, de couleur blanc-grisâtre faible, translucides, à contour faiblement ondulé.

Gélatine. — Ensemencé en gélatine en plaques, le microbe donne naissance à de petites colonies rondes à bords bien délimités, à contenu finement granuleux. Le milieu n'est pas liquéfié. Ensemencé par piqûre en gélatine profonde, il donne naissance à un mince cordon blanchâtre ponctiforme le long de la piqûre ; il n'y a pas de développement notable en surface.

Pomme de terre. — La culture, peu abondante, donne une patine grisâtre à la surface du milieu après quelques jours ; le fond présente la même teinte que la couche microbienne.

Sérum coagulé. — Culture peu abondante formant une couche très mince à peine visible ; milieu non altéré.

Lait. — Pas de coagulation du milieu.

Réaction de l'indol en eau peptonée. — négative.

Milieux sucrés tournesolés. — Les milieux à base de maltose, de saccharose, de glucose, de lévulose, de lactose, d'esculine, virent faiblement au rouge au bout de quelques jours. Les milieux à base de mannite, de galactose, d'inuline, d'inosite, de glycérine, de dulcite, restent colorés en bleu ; tous, sauf les milieux glucosé, inosité, glycériné sont plus ou moins décolorés dès le premier jour ; mais ils se recolorent ensuite vers le troisième jour. La culture est à peine visible dans les milieux inosité et glycériné.

La présence constante, à l'exclusion de toute autre espèce microbienne, du *Streptococcus bombycis* dans le contenu intestinal diarrhéique et transparent des Vers à soie atteints de maladie des têtes claires, quelle que soit leur origine, constitue une première preuve en faveur du rôle parasitaire de ce microbe.

LE STREPTOCOCCUS BOMBYCIS EST LA CAUSE MORBIDE ET LA SEULE, DE LA MALADIE DES TÊTES CLAIRES. — Nous avons vu, en étudiant l'historique des maladies intestinales du Ver à soie, que SARTIRANA et PACCANARO avaient fourni la première preuve expérimentale du rôle pathogénique du *Streptococcus bombycis* dans la macilenza ; cependant, on ne peut considérer leur démonstration comme absolue car il reste un doute sur la nature de la maladie expérimentale à laquelle ils ont eu affaire : en effet, dans leurs expériences d'inoculation, les Vers ayant été injectés dans le vaisseau dorsal avec une émulsion de microbes de culture pure, meurent en moins de vingt-quatre heures, c'est-à-dire après une durée d'incubation très inférieure à la durée normale de la maladie ; d'autre part, ils établissent le diagnostic de macilenza sur l'examen des symptômes externes, ce qui, comme nous l'avons vu, est insuffisant pour identifier les affections chez les Invertébrés en général. Nous verrons d'ailleurs que les symptômes de gattine peuvent se rencontrer chez des vers atteints d'autres affections sans rapport avec cette maladie. Le seul critérium valable, c'est l'existence des lésions histopathologiques décrites plus haut, c'est la destruction élective du noyau des cellules épithéliales du tiers postérieur de l'intestin moyen. SARTIRANA et PACCANARO ne faisant aucune allusion, dans leur étude, à l'existence de telles lésions, on peut supposer que les vers qu'ils ont inoculés sont morts de septicémie banale et non de macilenza.

Mes expériences propres ont été faites en partant de Streptocoques de différentes origines.

Expérience I. — Quatre vers de la fin du quatrième âge sont inoculés le 17 juin 1926 avec une goutte d'une émulsion opalescente obtenue à partir d'une souche A, originaire de l'Ardèche, (Streptocoque isolé la même année dans un élevage de Beaulieu décimé par la maladie des têtes claires).

Le 19 juin, les quatre vers en expériences présentent les symptômes de têtes claires : partie antérieure du corps gonflée et tranlucide, diarrhée bien caractérisée, émission de liquide glaireux par la bouche ; les vers refusent toute nourriture. L'étude histo-pathologique du tube intestinal, après fixation par le mélange de Dubosco-Brasil, montre que chez deux des vers, les lésions correspondent exactement à celles qui caractérisent la maladie des têtes claires ; chez les deux autres vers, les processus morbides qui se manifestent au niveau du noyau des cellules épithéliales du tiers postérieur de l'intestin moyen ne sont pas encore apparentes ; mais on constate l'existence d'autres processus morbides qui, comme je le montrerai plus loin, font toujours partie de l'ensemble des processus pathogéniques qui caractérisent la gattine expérimentale.

Expérience II. — Quatre vers de même origine et de même âge que les précédents sont inoculés le 17 juin avec une goutte d'une émulsion opalescente de culture microbienne obtenue à partir d'une souche B, originaire de l'Ardèche, (Streptocoque isolé en 1926 dans un élevage de Joyeuse décimé par la gattine). Les symptômes de têtes claires se manifestent deux jours après l'inoculation. Le 21 juin, tous les vers sont encore bien vivants, mais ils ne touchent pas à la feuille fraîche de mûrier qui leur est donnée en nourriture. L'examen bactériologique du contenu intestinal diarrhéique démontre que la diarrhée est accompagnée d'une multiplication anormale du *Streptococcus bombycis* chez les quatre vers.

Expérience III. — Le 19 juin 1926, quatre lots de quatre vers chacun (vers au début du cinquième âge) sont inoculés respectivement avec une goutte d'émulsion microbienne opalescente obtenue à partir de quatre souches différentes (souche C originaire de Grospierres, souches D, E et F, originaires de Beaulieu). Le lendemain tous les vers de chacun des quatre lots ont l'apparence de vers normaux ; le 21 juin, tous sont en état de diarrhée et présentent les symptômes de têtes claires. Dans chacun des lots, je prélève un ver pour étudier les lésions internes ; la même opération est répétée le lendemain. Les lésions observées feront l'objet d'une description détaillée lorsque j'étudierai les processus pathogéniques de la gattine expérimentale.

Expérience IV. — Le 15 mai 1927, quatre vers de la fin du troisième âge sont inoculés avec une goutte d'une émulsion microbienne opalescente provenant d'une souche originaire de St-Genis-Laval (épidémie de laboratoire). Deux jours après l'injection, les vers présentent de la diarrhée ; le contenu intestinal est clair, la partie antérieure du corps est gonflée et translucide ; les vers n'ingèrent aucune nourriture par la suite et meurent en présentant les signes classiques de la macilenza des auteurs italiens.

On peut conclure de ces différentes expériences que les Streptocoques isolés du contenu intestinal des Vers à soie atteints de maladie des têtes claires bien caractérisée et cultivés ensuite sur milieu artificiel, sont capables de reproduire la maladie avec tous ses caractères les plus typiques lorsqu'ils sont introduits directement dans la cavité générale des vers normaux. La possibilité de déclencher à volonté, par la seule action parasitaire du Streptocoque de culture, les processus pathogéniques de la maladie des têtes claires, démontre que le microbe est bien la véritable cause morbide de cette affection.

Etude des processus pathogéniques de la gattine expérimentale.
— L'inoculation du Streptocoque de culture pure dans la cavité
générale du Ver à soie normal, provoque une série de réactions
tissulaires et cellulaires qui donnent à la maladie occasionnée un
facies très particulier. Ces réactions seront étudiées et décrites,
autant que possible, dans l'ordre où elles se produisent.

Il y a d'abord *phagocytose des microbes inoculés par les micronucléocytes*. Cette phagocytose est très intense ; l'examen de frottis de sang de chacun des vers de l'expérience décrite précédemment sous le N° III montre, en effet, que deux jours après l'inoculation, les micronucléocytes sont littéralement bourrés de Streptocoques ; même quelques macronucléocytes participent à la réaction lorsque la quantité de microbes introduits dans la cavité
générale est très importante. Trois jours après l'inoculation, on
observe beaucoup moins de Streptocoques dans le protoplasme
des micronucléocytes qu'on en observait la veille ; par contre, on
trouve dans quelques cellules, en plus ou en moins grand nombre,
de petits granules qui représentent les restes de microbes en voie
de digestion. Il s'agit là, bien évidemment, d'une réaction cellulaire d'immunité des plus typiques.

Les amibocytes ont tendance à s'agglomérer les uns aux autres
pour former de véritables plasmodes purinucléés ; j'ai représenté
dans la fig. 52, (Pl. xviii) un de ces plasmodes encastré entre deux
groupes de cellules péricardiales. La formation de plasmodes aux
dépens des amibocytes a été observée par J. Cantacuzène dans la
cavité générale d'*Ascidia mentula* inoculée avec une Bactérie appartenant au groupe du Colibacille et isolée de l'intestin d'*Aphysia
punctata.*

Au niveau de certaines cellules de l'organisme, en particulier
des *cellules péricardiales et péritrachéales*, on observe d'autres

PLANCHE XVIII

Gattine expérimentale

Fɪɢ. 51. — Coupe longitudinale dans la partie antérieure de l'intestin moyen d'un ver à soie en état de gattine expérimentale. La présence de nombreuses boules de sécrétion dans le voisinage de la paroi épithéliale est un indice de l'hypersécrétion qui caractérise la maladie.

Fɪɢ. 52. — Coupe longitudinale dans la paroi du vaisseau dorsal d'un ver à soie inoculé depuis deux jours avec une émulsion de *Streptococcus bombycis* de culture pure. On distingue, dans la paroi du vaisseau dorsal, une énorme masse de microbes qui dilate fortement cette paroi. On distingue une autre masse de microbes agglutinés au contact de cellules péricardiales ; on constate enfin la présence d'un syncitium encastré entre deux groupes de cellules péricardiales. Ce syncitium est formé de cellules sanguines agglutinées les unes aux autres ; le chondriome se présente sous forme de grains inégalement répartis dans la masse syncytiale.

Fixation au formol salé ; coloration de Kᴜʟʟ.

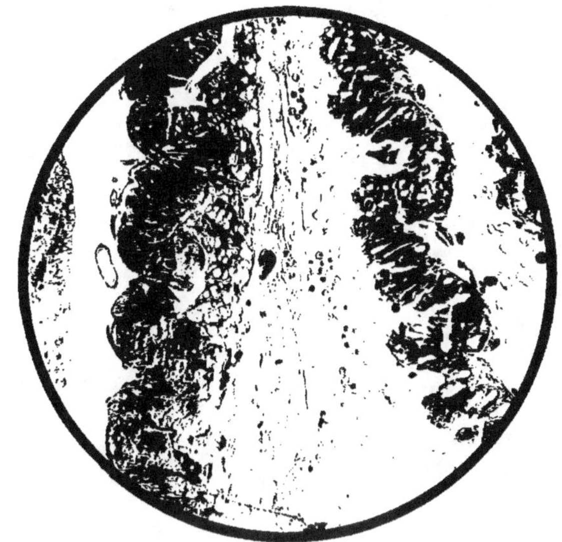

Fig. 51

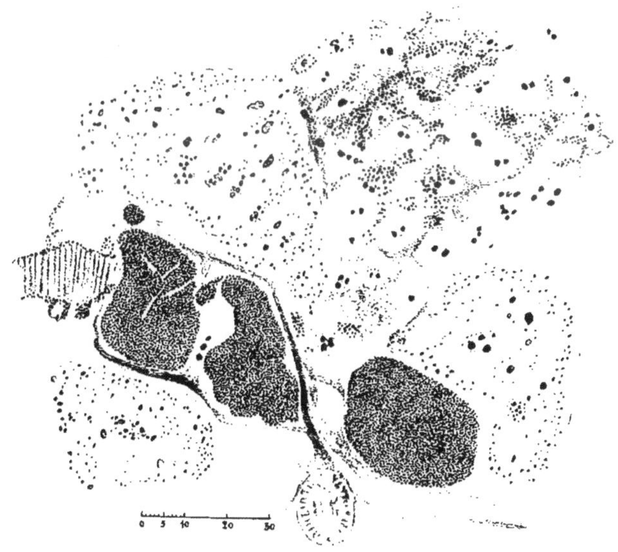

Fig. 52

A. Paillot, *dél.*

Service photographique de l'Université, Lyon, *édit.*

phénomènes réactionnels de type voisin de la phagocytose mais de mécanisme quelque peu différent. Les observations ont été faites sur coupes de Vers à soie de l'expérience III, prélevés deux jours après l'inoculation et fixés par le bichromate-formol de REGAUD ; sur de tels objets, j'ai pu constater l'existence d'énormes amas microbiens au voisinage de certaines cellules péricardiales intra et péri-vasculaires ; ces amas s'étalent plus ou moins à la surface des cellules comme on peut le voir dans la figure 53. Il y a là une véritable agglutination au contact des cellules, phénomène déjà signalé par d'autres auteurs, chez divers Invertébrés, en particulier par J. CANTACUZÈNE, qui résumait ainsi l'ensemble de nos connaissances sur les réactions de contact dans son rapport présenté à l'occasion du 75ᵉ anniversaire de la fondation de la Société de Biologie (1923) : « Voici une question à peine entrevue et dont le point de départ repose sur l'observation suivante : on connaît un petit nombre de cas où des réactions d'immunité telles que l'agglutination ou la lyse font défaut dans le sang de l'animal normal ou vacciné, alors qu'elles se manifestent au contact de certaines cellules ou de certains tissus comme s'il existait au voisinage immédiat de ces éléments (intacts ou lésés) une zône dans laquelle se passeraient des actions liées à la présence de la cellule qui agirait soit en créant autour d'elle une zône de diffusion de certaines substances chimiques, soit en mettant en jeu certains facteurs d'ordre physique. Les phénomènes d'agglutination décrits par MOUTON, au contact des Amibes vivant en symbiose avec le *Bacillus coli*, constituent un exemple typique de ces actions para-cellulaires.

« Nous avons cité, dans les pages qui précèdent, un certain nombre de faits rentrant dans cette catégorie de phénomènes ; rappelons ici l'agglutination des Bactéries au contact des amibocytes adipophores chez l'*Ascidia mentula* en train de faire sa crise, ou au contact des amibocytes hyalins plus ou moins phagolysés ;

l'agglutination par petits paquets des Bactéries au contact des parois lacunaires chez la *Maia* infectée expérimentalement, ou bien par énormes paquets de microbes complètement immobilisés au contact de tissu conjonctif ou de néphrophagocytes mélangés in *vitro* au sérum de l'animal, sérum qui, par lui-même, ne possède aucun pouvoir agglutinant vis-à-vis de l'antigène employé ; rappelons encore l'agglutination du *Bacillus coli* dans les lacunes branchiales d'*Eupagurus prideauxii*, alors que ce même phénomène ne se produit pas dans le sang circulant (vaisseau marginal); le cas si remarquable (et sur lequel il est inutile de revenir) du pouvoir agglutinant des urnes chez les Géphyriens et du pouvoir lytique chez les Siponcles vaccinés. Parmi les éléments doués du pouvoir agglutinant et qui semblent jouer à cet égard un rôle très analogue à celui que l'on connaît aujourd'hui pour les plaquettes du sang des Mammifères, citons encore les thrombocytes du sang des Crustacés décapodes tels que les a étudiés BETANCEZ : les particules solides en suspension dans le plasma sanguin s'accolent à leur surface ; il se forme de la sorte, des amas de particules étrangères et de thrombocytes qui deviennent facilement la proie des phagocytes. Signalons enfin, le cas de *Treponema drosophilae* qui vit dans l'intestin moyen et postérieur des Drosophiles, fixé à l'épithélium auquel il constitue comme un pseudo-revêtement ciliaire. Les cellules intestinales de la Drosophile ont, sur le Tréponème, une action agglutinante et lytique, mais seulement lorsqu'elles sont lésées. C'est au contact des cellules broyées que se produit l'agglutination et la mise en boule des parasites. Agglutination en écheveau, repliement de l'écheveau en U dont les branches se soudent ; transformation homogène de la masse, telles sont les étapes (CHATTON).

« Il est probable que ces phénomènes, si mal observés, ont une généralité beaucoup plus grande que ne le font supposer nos connaissances actuelles. Ils méritent d'autant plus d'être recherchés et étudiés chez les Invertébrés, qu'ils représentent peut-être, dans des groupes où les actions humorales n'ont pu être mises en évidence, les équivalents élémentaires des processus humoraux tels que nous les voyons se développer chez les formes animales beaucoup plus évoluées. De plus, c'est très probablement par l'étude de ces réactions de contact qu'il faudra aborder le chapitre des immunités locales qui tendent aujourd'hui à prendre une importance théorique et pratique de plus en plus grande ».

Les faits observés chez le Ver à soie rentrent dans cette catégorie de réactions de contact étudiées par CANTACUZÈNE et se rapprochent en particulier de ceux observés par cet auteur dans l'organisme de certains Invertébrés marins. Mais alors que chez le *Sipunculus nudus*, la *Maia squinado*, les amas bactériens sont phagocytés par les éléments phagocytants autres que ceux au contact desquels se sont formés les amas, chez le Ver à soie, il y a pénétration des amas de Streptocoques dans le protoplasme de la cellule agglutinante sans intervention d'autres éléments mobiles plus ou moins spécialisés dans la fonction phagocytaire. La pénétration des microbes a lieu sans émission préalable de pseudopodes ; tout se passe comme si les substances bactérienne et cellulaire, à la suite de modifications d'ordre physico-chimique, devenaient mouillables l'une par l'autre. La figure 52 (Pl. xviii) qui représente deux groupes de cellules péricardiales séparées par la paroi du vaisseau dorsal, donne une idée assez précise du mode de pénétration des amas microbiens dans le protoplasme cellulaire. Cette pénétration ne paraît déterminer aucune lésion cellulaire grave du noyau ou des éléments protoplasmiques. Les chondriosomes, en particulier, dont la sensibilité est si grande, restent normaux.

Les amas streptococciques pénètrent non seulement dans les cellules péricardiales, mais aussi dans la paroi du vaisseau dorsal qu'ils dilatent considérablement ainsi qu'on peut s'en rendre compte dans la fig. 52. Des phénomènes analogues se manifestent au niveau des cellules péritrachéales (Fig. 53, Pl. xix). Dans tous ces éléments cellulaires, les microbes sont bien retenus et ne jouent plus aucun rôle pathogène ; ils disparaissent d'ailleurs assez vite, digérés comme dans le protoplasme des micronucléocytes. Il s'agit donc là encore d'une véritable réaction cellulaire d'immunité s'identifiant avec la réaction de phagocytose, dans sa dernière phase ; l'existence d'une phase préliminaire représentée par la constitution des amas microbiens au contact des cellules, en fait cependant une réaction d'un type très particulier.

Au niveau du tube digestif, on observe des phénomènes extrêmement curieux, d'apparence semblable à ceux qui viennent d'être décrits, mais de signification très différente: il y a d'abord formation d'amas microbiens au contact des faisceaux de fibres musculaires longitudinales de la tunique externe (Fig. 55 et 56, Pl. xix et xx ; mais, contrairement à ce qui se passe dans les cellules péricardiales et péritrachéales, les masses microbiennes, après pénétration dans les cellules musculaires, n'y sont pas retenues pour être digérées ensuite ; elles passent assez rapidement à travers les fibres circulaires de la tunique moyenne puis arrivent au contact de l'épithélium glandulaire ; les amas y pénètrent et cheminent à travers les cellules en se dirigeant vers la lumière intestinale ; au cours de leur trajet, ils ne déterminent aucune lésion grave, même dans les éléments du tiers postérieur de l'intestin moyen qui, comme on le sait, subissent les altérations les plus graves au cours de l'évolution de la maladie des têtes claires. Les Streptocoques, toujours agglutinés, sortent enfin des cellules épithéliales et débouchent dans la lumière intestinale ou, plus exactement, dans l'intervalle compris entre la membrane péritrophique et la paroi épithéliale ; on cons-

PLANCHE XIX

Gattine expérimentale

Fig. 53. — Coupe longitudinale dans la région du vaisseau dorsal d'un ver à soie inoculé depuis deux jours avec *Streptococcus bombycis* de culture ; agglutination des streptocoques au contact de cellules péricardiales et pénétration des masses microbiennes ainsi formées, dans les cellules. On distingue des microbes dans l'épaisseur de la paroi du vaisseau dorsal.

Fig. 54. — Pénétration de streptocoques agglutinés dans les cellules trachéales d'un ver à soie inoculé depuis deux jours avec microbes de culture.

Fig. 55. — Coupe longitudinale dans la région moyenne du méso-intestin d'un ver à soie inoculé depuis deux jours avec streptocoques de culture. Il y a agglutination des streptocoques au contact de la tunique externe de l'intestin, pénétration des masses microbiennes dans les fibres musculaires longitudinales de cette tunique, puis dans les fibres circulaires de la tunique moyenne et enfin dans la tunique interne formée de cellules épithéliales.

Le chondriome est très altéré et se présente sous forme de filaments plus ou moins renflés dans la partie médiane, ou de masses arrondies plus ou moins volumineuses.

Fixation au formol salé ; coloration de Kull.

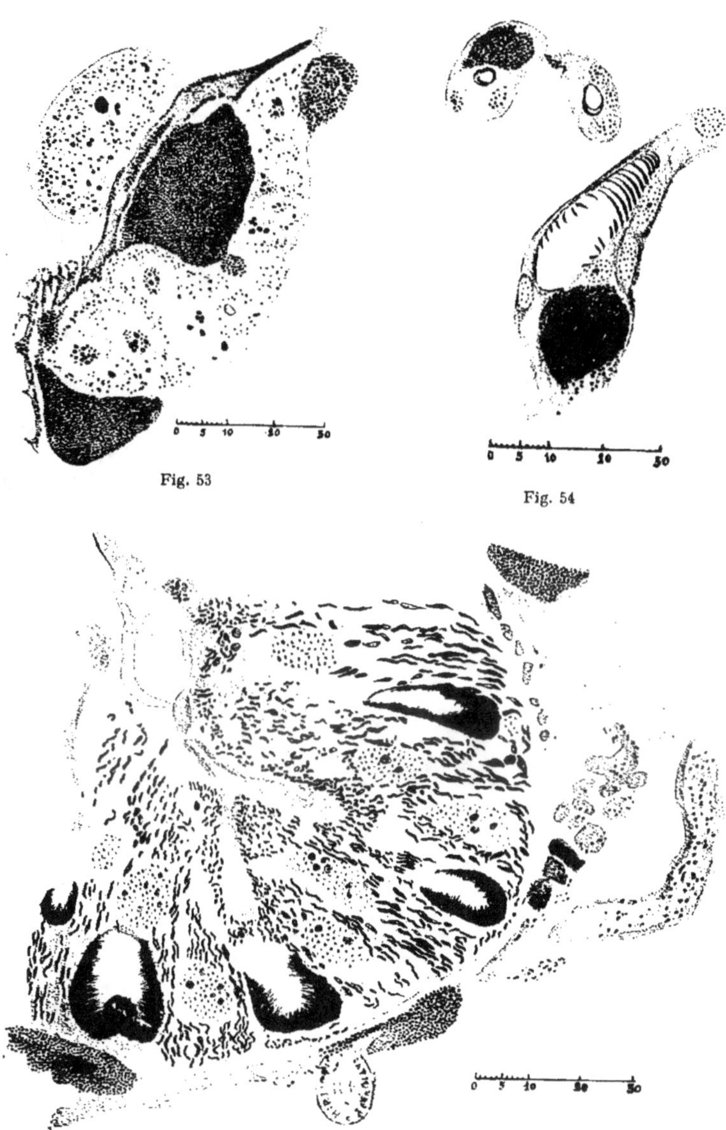

Fig. 53

Fig. 54

Fig. 55

A. Paillot, *dél.*

Service photographique de l'Université, Lyon, *édit.*

tate alors une véritable désagrégation des masses microbiennes ainsi qu'on peut le constater dans la fig. 57 (Pl. xx). La désagrégation de ces masses est suivie d'une multiplication active des Streptocoques dont on voit quelques chaînettes intercalées entre les cellules dans la figure 57. Dès le moment où les Streptocoques se séparent et se multiplient, les noyaux des cellules postérieures de l'intestin moyen sont le siège d'altérations morphologiques analogues à celles qui ont été décrites précédemment. Les quelques différences morphologiques, qui existent entre les lésions de la maladie naturelle et celles de la maladie expérimentale, sont d'ordre secondaire ; les plus importantes résultent d'ailleurs de l'action même du fixateur : en effet, si l'on examine comparativement des coupes de vers infestés par la voie intestinale et fixés, les uns au Duboscq-Brasil, les autres par les méthodes mitochondriales, on observe les mêmes différences (comparer la figure 49 avec la figure 47) ; celles-ci ne peuvent donc être attribuées à la différence dans le mode de pénétration du parasite dans l'organisme.

En dehors des lésions nucléaires limitées à une zone déterminée du tube intestinal, il existe, comme dans la maladie naturelle, d'autres lésions cellulaires plus ou moins spécifiques dont le rôle est très important dans l'évolution de la gattine expérimentale.

Ainsi, dans la portion antérieure de l'intestin moyen d'un ver inoculé depuis deux jours et présentant les symptômes externes de la maladie des têtes claires (Expér. III), les cellules épithéliales se présentent sous l'aspect suivant (Fig. 58, Pl. xxi) : les noyaux émigrent vers la lumière du tube sans présenter de modifications anormales très caractéristiques ; on peut noter toutefois que les nucléoles paraissent plus nombreux qu'à l'état normal (comparer les figures 9 et 58 qui représentent toutes deux la même portion du tube digestif, l'une chez un ver normal, l'autre, chez un ver inoculé depuis deux jours avec le *Streptococcus bombycis*) ; on peut signaler aussi quelques modifications dans la forme et dans la disposition qu'ils affectent dans le noyau. Le chondriome est le siège de modifications beaucoup plus importantes : les chondriocontes longs et flexueux, de calibre uniforme sur toute leur longueur, deviennent de plus en plus rares ; ils sont remplacés par des filaments plus trapus, souvent renflés dans leur partie moyenne ou par des mitochondries granuleuses. L'altération est plus prononcée dans la partie basale de la cellule que dans la partie distale. Comme dans la maladie des têtes claires naturelle, on observe une hypersécrétion plus ou moins active dans cette région de l'intestin ainsi qu'une destruction cellulaire partielle de la paroi épithéliale. Le liquide glaireux transparent qui gonfle la partie antérieure est formé de cellules épithéliales détachées et de boules de sécrétion issues, pour la plupart, des cellules antérieures. Dans la partie moyenne, l'hypersécrétion et la destruction cellulaire concommittante sont moins marquées.

Ainsi dans la maladie expérimentale comme dans la maladie naturelle, il y a similitude à peu près complète des processus pathogéniques ; toutes deux peuvent donc être considérées comme la conséquence d'une même cause morbide : le *Streptococcus bombycis* ; les différences constatées dans la marche des processus, différences peu marquées d'ailleurs, résultent uniquement du mode de pénétration du parasite.

MÉCANISME DE L'INFECTION STREPTOCOCCIQUE
ET ÉPIDÉMIOLOGIE DE LA MALADIE DES TÊTES CLAIRES

La maladie des têtes claires n'est pas une septicémie, c'est-à-dire une maladie infectieuse résultant de la pullulation d'un organisme étranger dans le sang du Ver à soie ; par ce caractère, elle diffère

PLANCHE XX

Fɪɢ. 56. — Coupe longitudinale dans la partie postérieure de l'intestin moyen d'un ver à soie inoculé depuis deux jours avec culture de *Strept. bombycis* ; pénétration des masses microbiennes dans les cellules épithéliales ; le noyau reste normal.

Fixation au Duboscq-Brasil ; coloration à l'hématoxyline ferrique-éosine.

Fɪɢ. 57. — Coupe longitudinale dans la paroi épithéliale du méso-intestin postérieur d'un ver à soie inoculé depuis trois jours avec *Strept. bombycis* de culture. Les masses microbiennes ayant traversé les différentes tuniques de l'intestin, débouchent dans la lumière intestinale où elles se désagrègent ; les microbes se multiplient activement ; on distingue entre des groupes de cellules épithéliales coupées tangentiellement des chaînettes de streptocoques isolées.

Au moment où les masses microbiennes se désagrègent et où les streptocoques se multiplient, le noyau des cellules du tiers postérieur de l'intestin moyen présente les lésions caractéristiques de la gattine ; l'aspect des noyaux altérés, après fixation et coloration par les méthodes ordinaires, diffère sensiblement de celui des mêmes noyaux après fixation par les méthodes mitochondriales et coloration par la méthode de Kᴜʟʟ (comparer cette figure avec la figure 47 de la Planche XV).

Fixation au Duboscq-Brasil ; coloration au trichromique de Ramon y Cajal.

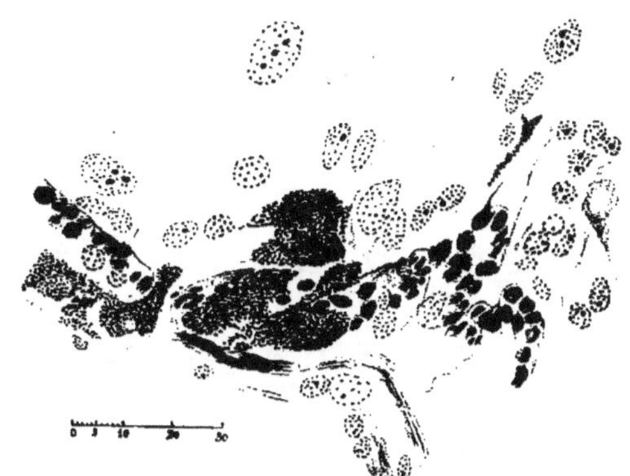

Fig. 56

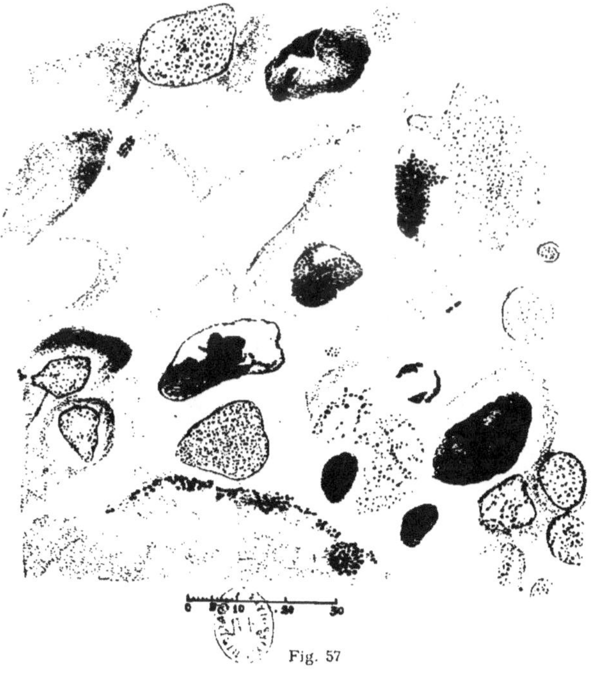

Fig. 57

PLANCHE XXI

Gattine expérimentale

Fig. 58. — Coupe longitudinale dans le mésointestin antérieur d'un ver
à soie inoculé depuis deux jours avec une émulsion de *Strept. bombycis*
de culture. Le ver présente les symptômes externes de « tête claire » :
le contenu intestinal est diarrhéique ; la partie antérieure du tube digestif
est gonflée et remplie de liquide muqueux à réaction alcaline.

Le chondriome présente des signes très nets d'altération : les filaments, souvent renflés au centre, se présentent sous l'aspect de fuseaux ;
l'altération est surtout manifeste dans la partie basale des cellules ; dans
la partie distale, le chondriome est presque normal.

Le noyau ne présente pas de signe particulier d'altération.

Fixation au formol salé ; coloration de Kull.

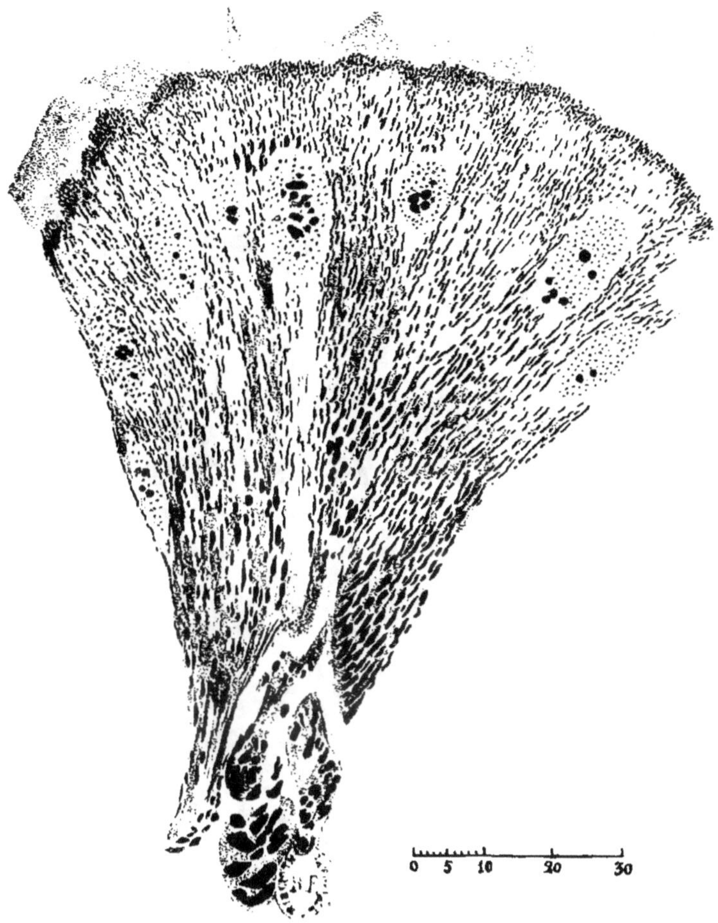

Fig. 58

essentiellement de la plupart des maladies infectieuses que l'on a l'occasion d'observer chez les Insectes en général. Nous avons vu que les Streptocoques injectés dans la cavité générale disparaissaient très rapidement, phagocytés par différents éléments cellulaires de l'organisme ou drainés dans la lumière intestinale. Bien mieux, des vers provenant d'élevages décimés par la maladie des têtes claires et présentant eux-mêmes les lésions caractéristiques de la maladie, peuvent ne manifester aucun signe extérieur de parasitisme microbien. Tout se passe comme si les processus morbides qui se déroulent dans certaines cellules de l'organisme avaient pour cause une substance cytotoxique élaborée par le Streptocoque et pouvant agir en dehors de la présence de ce microbe. La maladie des têtes claires serait donc, en définitive, une affection du même type que la diphtérie ou le tétanos, dont la pathogénie est liée à la présence d'une toxine ayant une action spécifique sur certaines cellules. Mais, alors qu'on peut démontrer expérimentalement la présence de la toxine diphtérique ou de la toxine tétanique et qu'on peut même doser celles-ci dans les cultures, l'existence de la toxine élaborée par le *Streptococcus bombycis* est beaucoup plus hypothétique; il paraît démontré qu'en culture sur milieu artificiel, le microbe ne donne naissance à aucune toxine. En effet, si l'on injecte à des Vers à soie une goutte de filtrat de vieille culture en bouillon, on ne détermine aucune lésion appréciable dans les cellules les plus sensibles. Le mécanisme de l'infection se présente donc sous un jour très particulier et qui ne saurait être assimilé à celui de l'infection diphtérique ou de l'infection tétanique.

Une analyse détaillée des phénomènes qui accompagnent l'infection streptococcique nous permettra de comprendre, dans ses grandes lignes, le mécanisme de l'action pathogénique exercée par le Streptocoque. En étudiant les processus pathogéniques de la gattine expérimentale, j'ai montré qu'on pouvait distinguer deux séries de manifestations morbides : les unes ont pour siège la partie antérieure de l'intestin moyen et apparaissent relativement tôt : c'est l'hypersécrétion et la destruction partielle de la paroi épithéliale résultant de lésions cellulaires précoces qu'on pourrait, à cause de ce caractère, désigner sous le nom de *lésions primaires* ; les autres, toujours plus tardives, ont pour siège la partie postérieure de l'intestin moyen. Les lésions primaires déterminent l'apparition des symptômes les plus caractéristiques de la maladie des têtes claires : gonflement de la région antérieure du corps qui devient translucide, liquéfaction du contenu intestinal, diarrhée. Les *lésions secondaires*, plus spécifiques que les premières, paraissent tout à fait indépendantes de celles-ci et ne se manifestent, dans le cas de la gattine expérimentale, que si les Streptocoques arrivent au contact de la lumière intestinale. L'étude histo-pathologique des vers inoculés depuis un temps variable avec microbes de culture, montre en effet que, dans certains cas, tous les microbes peuvent être retenus par les éléments phagocytants de l'organisme; on n'observe alors, sur coupes colorées, aucune trace d'amas microbien péri-intestinal ; de même le contenu intestinal de ces vers reste amicrobien ; on peut constater enfin que les noyaux des cellules épithéliales de la région postérieure de l'intestin moyen ne présentent aucun signe d'altération ; et cependant, les lésions primaires sont nettes et les troubles physiologiques qui en découlent, très apparents,

Il semble résulter, de ces constatations, que la cause morbide qui détermine les lésions primaires est indépendante, dans une certaine mesure, de celle qui détermine les lésions secondaires. Quelle est la nature véritable de cette cause morbide ? Nos connaissances générales sur les substances diverses qui prennent naissance dans l'organisme des êtres vivants à la suite d'interventions parasitaires, sont encore beaucoup trop obscures pour qu'il soit possible d'émettre une opinion définitive sur ce point. Il est cependant indéniable que cette cause morbide ne se confond pas avec le microbe lui-même, puisque les cellules dans lesquelles on constate l'existence de lésions protoplasmiques ne sont pas en contact immédiat avec les microbes. Une première hypothèse peut être émise : existence d'une substance cytotoxique en suspension dans le sang et dont l'origine est microbienne ou cellulaire (produit réactionnel) ; cette hypothèse est conforme aux données classiques sur l'origine et la nature des toxines, anticorps, etc..., dont on admet l'existence dans le sang des animaux en état d'infection ou vaccinés contre ces infections. Mais rien ne prouve que l'action cytotoxique ne résulte pas, en définitive, d'une simple modification d'ordre physico-chimique du milieu sanguin, modification résultant d'une réaction entre ce milieu et le microbe ou les produits bactériens. C'est par une hypothèse analogue que j'ai cru devoir expliquer les réactions d'immunité humorales observées chez les Insectes. Aucun des six cas étudiés ne pouvant être expliqué par l'action bactéricide d'une substance particulière préformée dans le sang ou élaborée au cours de l'infection, j'admettais que les réactions observées pouvaient avoir pour cause des modifications physico-chimiques de la substance microbienne et du milieu sanguin, modifications déterminées par l'action réciproque de deux complexes organiques vivants. Dans le cas qui nous occupe, ce ne serait pas deux, mais au moins trois complexes qui interviendraient : milieu sanguin, substance microbienne et sécrétion intestinale. On voit, par ces quelques considérations, combien la question de l'origine des lésions cellulaires et des troubles organiques, qui en sont la conséquence, est encore obscure et complexe. Chaque fois d'ailleurs qu'on cherche à approfondir les problèmes posés par l'étude des réactions cellulaires consécutives à une action physiologique ou parasitaire, on se heurte toujours à la même inconnue redoutable : la structure chimique et physico-chimique des constituants de la cellule et du milieu sanguin. On ne connaît rien de ces complexes ; on ne sait rien des lois qui régissent les rapports entre les colloïdes vivants ; comment pourrait-on, dans ces conditions, expliquer par la seule étude des modifications d'ordre morphologique, les processus divers qui se déroulent dans les cellules ou le milieu sanguin, au cours des échanges normaux ou pathologiques ?

L'expérience suivante confirme que l'action cytotoxique n'est pas liée à la présence du Streptocoque : quatre Vers à soie du quatrième âge sont inoculés le 17 mai 1927 à 9 heures avec une goutte du contenu intestinal d'un ver en état de gattine expérimentale. Ce dernier avait été inoculé lui-même le 15 mai avec une émulsion de Streptocoques de culture pure. Le contenu intestinal clair a été centrifugé pendant 8 minutes dans une microcentrifugeuse tournant à la vitesse de 11.000 tours-minutes. Le même jour, à 19 heures, le contenu intestinal de trois vers, sur les quatre en expérience, est plus ou moins anormal ; les jours suivants, on constate de même que les crottes sont moins dures et moins bien moulées que chez les vers témoins. Deux vers sont fixés le 19 mai, l'un dans le mélange de Duboscq-Brasil, l'autre dans le formol salé; les coupes sont colorées à l'hématéine-éosine (pièces fixées avec le premier mélange) ou d'après la méthode de Kull. L'examen histologique montre que chez l'un et l'autre vers, il y a hypersécrétion anormale dans la région antérieure de l'intestin moyen, accompagnée de destruction cellulaire de la paroi épithéliale comme chez les vers inoculés avec Streptocoques de culture ; cependant aucune lésion n'est visible dans les cellules de la région postérieure du mésentéron.

L'expérience a été répétée le 18 mai sur trois vers de deux origines différentes ; les mêmes constatations positives et négatives ont été faites après étude histologique du tube intestinal.

L'existence, dans le contenu intestinal des vers malades, d'une substance cytotoxique agissant principalement sur les cellules antérieures du mésentéron, ou l'apparition dans ce contenu d'une propriété nouvelle, ne paraît donc faire aucun doute. Je n'ai pu reproduire expérimentalement les lésions de la région postérieure de l'intestin moyen par l'inoculation ou l'ingestion de contenu intestinal de ver malade débarrassé de microbes par centrifugation et, cependant, l'observation montre que la destruction élective du noyau des cellules épithéliales postérieures de l'intestin moyen peut avoir lieu en dehors de toute action microbienne apparente. Si l'on étudie en effet la flore microbienne intestinale d'un certain nombre de vers malades prélevés dans un élevage où règne une épidémie de maladie des têtes claires, on constate, comme je l'ai déjà dit, des différences considérables dans le degré d'infection : à côté d'individus à contenu intestinal riche en Streptocoques, on en rencontre d'autres en tout point semblables aux premiers, dont le contenu intestinal est au contraire très pauvre en Streptocoques; chez les uns comme chez les autres, on met en évidence les mêmes lésions cellulaires caractéristiques de la maladie des têtes claires. Comment expliquer pareille anomalie sans admettre l'existence dans le milieu où vivent les vers, d'une substance cytotoxique (ou d'une propriété nouvelle du contenu intestinal des vers malades) agissant principalement sur les cellules épithéliales postérieures de l'intestin moyen ? Substance différente de celle qui détermine les lésions primaires ? Ce n'est guère probable. Mais produit plus actif parce que formé au cours d'une épidémie ? Hypothèse beaucoup plus vraisemblable et qui permet d'expliquer la propagation relativement très rapide de la maladie des têtes claires en temps d'épidémie. Lorsqu'il y a épidémie, en effet, l'action cytotoxique apparaît prépondérante ; elle prépare le terrain à l'invasion microbienne et accroît ainsi ce qu'on est convenu d'appeler la virulence du microbe. La notion de virulence, dans le cas particulier du *Streptococcus bombycis*, s'éclaire donc d'un jour nouveau. De nombreux faits expérimentaux sont en faveur de cette hypothèse :

1° Lorsqu'on fait ingérer à des Vers à soie normaux, une émulsion de Streptocoques de culture, une proportion importante de ceux-ci résistent à l'infection et ne présentent aucune lésion apparente du tube digestif. Dans les expériences faites par SARTIRANA et PACCANARO, la proportion des vers infestés à la suite d'ingestion de microbes de culture ne dépasse pas 20 p. 100 ; dans celles de KRASSILSHTSHIK, elle atteint 30 et même 50 à 70 p. 100 ; dans mes expériences propres, elle est comprise entre 20 et 30 p. 100.

2° Lorsqu'on utilise le contenu intestinal diarrhéique de Vers à soie prélevés directement dans un élevage atteint de maladie des têtes claires, l'infestation réussit beaucoup mieux : ainsi le 22 mai 1926, cinq Vers à soie normaux du troisième âge absorbent une goutte du contenu intestinal clair prélevé dans le tube digestif d'un ver provenant d'une éducation de l'Ardèche décimée par la maladie. Le 27 mai, tous les vers présentent les signes caractéristiques de l'infection ; quatre sont fixés ce même jour : un dans le mélange de Duboscq-Brasil, deux dans le bichromate-formol de Regaud, le quatrième, dans le formol salé. Chez tous, l'examen histologique du tube intestinal montre l'existence des mêmes lésions et troubles morbides : hypersécrétion dans la région antérieure de l'intestin moyen accompagnée de destruction cellulaire ; altération profonde du chondriome dans la région moyenne et destruction cellulaire assez active ; destruction du noyau des cellules épithéliales de la région postérieure. Il s'agit bien là, on le voit, de lésions de maladie des têtes claires.

Des observations et expériences qui viennent d'être décrites, on peut tirer les conclusions suivantes :

1° *Le Streptococcus bombycis* est capable, à lui seul, de déclancher les processus caractéristiques de la maladie des têtes claires après introduction du microbe dans le canal digestif ; mais le développement de la maladie est conditionné par certains facteurs qui dépendent surtout de l'hôte ; la résultante de l'action combinée de ces divers facteurs détermine le degré de résistance du Ver à soie à l'infection.

2° Le contenu intestinal diarrhéique des Vers à soie malades prélevés dans un élevage où l'épidémie de gattine atteint son maximum d'intensité, possède des propriétés cytotoxiques très marquées, dont l'action sur les cellules épithéliales des régions antérieures et moyennes du mésentéron, puis de la région postérieure, se manifeste par le déclanchement des processus pathogéniques caractéristiques de la maladie des têtes claires ;

3° Le contenu intestinal diarrhéique des Vers à soie atteints de gattine expérimentale est également cytotoxique, mais à un degré bien inférieur au précédent ; il ne paraît agir que sur les cellules antérieures et moyennes de l'intestin moyen, déterminant ainsi l'apparition des lésions dites primaires, provoquant les troubles organiques qui caractérisent extérieurement la maladie des têtes claires et favorisant ensuite la multiplication des microbes dans le contenu intestinal ; cette multiplication entraîne les accidents secondaires, c'est-à-dire les lésions graves de la région postérieure de l'intestin moyen. Le contenu intestinal des vers atteints sporadiquement de la maladie des têtes claires, dans les élevages ordinaires, paraît jouir des mêmes propriétés.

Ces conclusions sont très importantes car elles permettent d'expliquer le mécanisme de la propagation naturelle des épidémies de gattine. L'étude de ce point, si importante au point de vue pratique, sera faite en même temps que celle de l'épidémiologie des autres dysenteries microbiennes. Enfin la question de la lutte contre ces maladies fera l'objet d'un exposé commun pour l'ensemble des maladies intestinales.

Article II

FLACHERIE VRAIE
OU FLACHERIE DE PASTEUR

Si dans certaines régions de grand élevage, les épidémies de gattine pure ne sont pas très rares, dans la plupart des autres, on a surtout affaire à la gattine compliquée d'infections secondaires. Le facies de la maladie se modifie alors considérablement, mais c'est toujours le *Streptococcus bombycis* qui doit être considéré comme la véritable cause morbide de cette dysenterie. Les symptômes externes se modifiant, de même que l'allure générale de la maladie, il devient nécessaire de l'étudier sous un nom spécial. Je démontrerai par la suite pourquoi j'ai cru devoir lui donner le nom de Flacherie vraie ou flacherie de PASTEUR.

ETIOLOGIE ET PATHOGÉNIE DE LA FLACHERIE VRAIE

Les infections secondaires qui compliquent l'infection principale à Streptocoques peuvent avoir pour cause les Bactéries les plus diverses. Ces Bactéries ne sont donc pas autre chose que des saprophytes dont le développement n'est possible que si le tube intestinal est en état de fonctionnement anormal à la suite de causes morbides diverses. La plus importante de toutes les espèces bactériennes qui se rencontrent dans le contenu intestinal des vers atteints de flacherie vraie, est un gros Bacille sporulé très répandu

— 214 —

en toutes régions et qui se distingue de toutes les espèces sporulées considérées jusqu'ici comme pathogènes pour le Ver à soie, en particulier du Bacille Sotto d'Ishiwata et du *Bacillus bombycis* de Macchiati, par les deux caractères suivants :

1.° Il ne cultive pas sur les milieux ordinaires employés en bactériologie ;

2° Il se décolore par la méthode de Gram.

En étudiant l'historique des maladies intestinales, j'ai montré que le Bacille décrit par Macchiati sous le nom de *B. bombycis*, de même que celui de Lo Monaco et Giorgi avaient été identifiés par ces auteurs au Vibrion à noyau de Pasteur. Mais j'ai tout lieu de supposer qu'il s'agit là en réalité d'espèces différentes et que seule l'espèce non cultivable s'identifie avec le Vibrion à noyau.

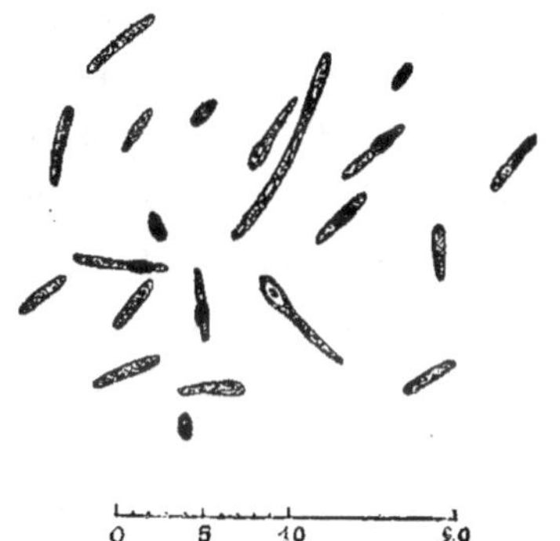

Fig. 59. — *Bacillus bombycis* dans le contenu intestinal d'un Ver à soie atteint de flacherie vraie. Coloration spores par la fuchsine de Ziehl.

A défaut de preuves absolues, il existe en effet de fortes présomptions en faveur de cette hypothèse : toutes deux sont représentées par des éléments droits, allongés, donnant naissance à une spore unique placée le plus souvent vers une des extrémités des bâtonnets (comparer la figure 59 avec celle de l'ouvrage de Pasteur où le Vibrion est représenté) ; tous deux se déplacent suivant une même ligne sinueuse (représentée en pointillé sur la planche de Pasteur) ; tous deux enfin sont largement répandus dans les élevages de Vers à soie et se rencontrent fréquemment à côté du *Streptococcus bombycis*. Malheureusement, Pasteur n'a donné aucune indication précise sur les propriétés biologiques de son Vibrion et n'a fait qu'une étude très sommaire de sa morphologie, de telle sorte qu'il est impossible aujourd'hui de lui rapporter avec certitude l'espèce à laquelle j'ai eu affaire. Je lui conserverai néanmoins le nom de *Bacillus bombycis* qui est celui donné par Macchiati au Vibrion identifié par lui comme étant celui de Pasteur ; mais il doit être bien entendu que le Bacille isolé par l'auteur italien appartient en réalité à une espèce distincte dont le nom doit, par conséquent, être modifié. Doivent être également modifiés les noms sous lesquels ont été désignés divers Coccobacilles isolés de Vers à soie malades, d'abord par Chatton (*Bacillus bombycis*) en 1913, et par moi-même en 1922 (*B. bombycis non liquefaciens*).

Le *Bacillus bombycis* est incapable de se multiplier dans le contenu intestinal des Vers à soie normaux : ce n'est donc pas un Bacille pathogène pour cette espèce. Si le tube digestif est en état de fonctionnement anormal, au contraire, il se développe rapidement et détermine des lésions qui modifient plus ou moins celles engendrées par la cause morbide à la faveur de laquelle il s'est multiplié. On constate aussi une modification plus ou moins profonde des symptômes externes et une accélération des processus morbides déterminant la mort plus rapide des vers. Ceux-ci présentent alors les signes classiques de la flacherie et la description qu'en a donnée Pasteur correspond parfaitement à celle que je pourrais faire moi-même : « Lorsqu'on pénètre dans une magnanerie dont les vers périssent de flacherie, écrit Pasteur, on perçoit une odeur aigre, désagréable, due aux acides gras volatils qui se dégagent des vers malades, acides formés précisément par la fermentation des matières contenues dans le tube intestinal. Une éducation d'une centaine de vers seulement atteints de flacherie, suffit pour répandre autour du panier qui la contient une odeur très prononcée, surtout si l'on flaire de près la litière et alors même qu'on éloigne sans cesse tous les vers au moment de leur mort, circonstance qui démontre que l'odeur dont je parle est propre aux vers encore vivants ».

Les observations que j'ai pu faire au cours de ces trois dernières années de recherches, me permettent d'affirmer aujourd'hui que cette odeur si spéciale qui, selon PASTEUR, suffirait à caractériser la flacherie, est uniquement due à la présence du *Bacillus bombycis*. En 1926, j'ai eu l'occasion de visiter, dans une même commune de l'Ardèche, deux grandes éducations de Vers à soie dont l'une était décimée par la maladie des têtes claires, alors que dans l'autre régnait la flacherie vraie ; l'odeur aigre et désagréable dont parle PASTEUR était extrêmement prononcée dans cette dernière alors que, dans la première, elle n'était pas perceptible. J'ai pu constater de même, au cours d'une épidémie de laboratoire, que la même odeur était d'une intensité telle qu'on la percevait même assez loin de la chambre ; et, cependant, l'élevage ne comprenait guère plus d'une centaine de vers ; or cette épidémie de laboratoire était caractérisée par un développement exceptionnellement abondant du Bacille sporulé ; ce simple fait d'observation semble bien démontrer qu'il existe un rapport étroit entre l'odeur dégagée par les vers malades et la présence du Bacille ; cette odeur résulte vraisemblablement de la fermentation anormale du contenu intestinal sous l'influence de ce microorganisme.

Il ne paraît faire aucun doute que cette forme de flacherie caractérisée par la présence du Bacille sporulé est bien celle étudiée par PASTEUR ; il semble donc logique de lui réserver le nom créé par

Pasteur lui-même ; c'est pourquoi j'ai cru devoir la désigner sous le nom de flacherie vraie ou flacherie de Pasteur. Etiologiquement, elle ne présente aucune différence avec la maladie des têtes claires ; ce n'est qu'au point de vue pathogénique qu'on peut établir quelques différences.

Les lésions dues à la multiplication du *Bacillus bombycis* sont loin d'être aussi caractéristiques que celles dues à l'infection streptococcique ; elles semblent consister surtout en une extension et une aggravation de ces dernières. L'étude histopathologique de Vers à soie malades prélevés dans l'élevage de laboratoire mentionné plus haut montre, par exemple, une aggravation très nette des lésions qui se manifestent au niveau du chondriome, aussi bien dans les cellules épithéliales de la région mésointestinale postérieure que dans les cellules des régions antérieure et moyenne ; on observe, comme dans les vers atteints de gattine pure, une destruction plus ou moins complète du noyau des cellules épithéliales du tiers postérieur ; d'une manière générale, il semble que le noyau se colore bien moins intensément par le bleu de toluidine ou la thionine que chez les vers gattinés.

Des lésions différentes se manifestent lorsque l'infection principale est due à une autre cause morbide que le *Streptococcus bombycis*, par exemple au virus de la grasserie. En étudiant cette dernière maladie, j'ai fait mention d'une épidémie observée dans l'Ardèche, en 1926, et caractérisée par une multiplication anormale du Bacille sporulé dans le contenu intestinal. L'étude histopathologique du tube digestif par les méthodes mitochondriales a montré que le chondriome était le siège d'altérations profondes sur toute l'étendue de l'intestin moyen ; il y a fragmentation générale des chondriocontes ; les cellules épithéliales apparaissent ainsi remplies de grains mitochondriaux souvent groupés en amas plus ou moins diffus ; il y a aussi destruction de cellules épithéliales et épaississement de la membrane péritrophique par apport de substance résultant de cette destruction cellulaire ; enfin, comme je l'ai déjà montré, l'infection microbienne sensibilise les cellules épithéliales, en particulier celles de la région postérieure du mésentéron, à l'action du virus de la grasserie.

FORMES DE FLACHERIE VRAIE A BACILLES SPORULÉS AUTRES QUE BACILLUS BOMBYCIS

Parmi les espèces microbiennes que l'on rencontre habituellement dans le contenu intestinal de Vers à soie atteints de flacherie vraie, on doit mettre à part un Bacille sporulé de forme assez voisine de celle du *Bacillus bombycis*, mais qui se différencie très nettement de cette dernière espèce par son aptitude à cultiver sur la plupart des milieux utilisés en Bactériologie. Ses caractères biochimiques le rapprochent au contraire du Bacille « Sotto » d'Ishiwata. L'étude comparative des deux Bacilles a été rendue possible grâce à la complaisance de M. le Professeur Toru Tateiwa de l'Ecole supérieure de sériciculture de Tokio, qui a bien voulu m'envoyer une culture pure de Bacille Sotto.

Les deux Bacilles donnent en bouillon ordinaire une culture relativement peu abondante ; le milieu s'éclaircit assez vite et il se forme au fond du tube un dépôt blanchâtre assez difficile à remettre en suspension ; il n'y a pas formation de voile superficiel dans la culture de Bacille Sotto ; dans l'autre, on observe parfois la présence d'un voile très fragile qui tombe au fond du tube à la moindre agitation. Sur gélose ordinaire, les deux microbes donnent naissance à de larges colonies arrondies et aplaties, de couleur blanc-brillant. Tous deux liquéfient lentement (en cylindre) la gélatine. En eau peptonée tournesolée sucrée, les deux Bacilles donnent des cultures qui présentent des particularités assez curieuses suivant les sucres employés ; il y a concordance assez grande entre les caractères présentés par les cultures respectives de l'une et l'autre espèce ; c'est là un argument de grande valeur en faveur de leur identification : les milieux maltosé, saccharosé, glucosé troublent assez vite, alors que les autres restent clairs ; les deux premiers bleuissent nettement ; le milieu glucosé a tendance à virer au rouge ; en milieu lactosé, on observe au bout de quelques jours, un dépôt de consistance mucilagineuse, dans le cas du Bacille Sotto ; à l'examen microscopique ce dépôt apparaît en forme de longues chaînes d'éléments courts enchevêtrées les unes dans les autres ; dans la culture correspondante du Bacille d'origine française, le dépôt est à peine visible ; on observe de même des chaînes d'éléments courts. En milieu au rouge neutre, le Bacille Sotto donne également naissance à un dépôt formé de longues chaines d'éléments courts ; l'autre Bacille, à un dépôt moins abondant dans lequel on observe surtout de longs filaments d'aspect mycélien. Il n'y a pas de développement apparent en milieu glycériné.

Comme le Bacille japonais, le Bacille d'origine française est très pathogène pour le Ver à soie ; l'injection d'une gouttelette d'émulsion microbienne dans la cavité générale suffit pour entraîner en quelques heures la mort des Vers à soie ; lorsque la température moyenne est élevée, la septicémie évolue très rapidement et la mort survient en trois à quatre heures. La pathogénéité du Bacille est due principalement à la présence d'une toxine ; les accidents surviennent en effet avant que les Bacilles pullulent dans la cavité générale. On observe que les cadavres noircissent très rapidement peu après la mort et tombent en eau. Je n'ai pu réussir à infecter *per os* des Vers à soie, même en utilisant des Bacilles à virulence exaltée.

Pour distinguer le Bacille sporulé français du Bacille Sotto, je le désignerai sous le nom de Bacille Sotto var. française ; il est incontestable que tous deux appartiennent bien à la même espèce. Il est vraisemblable aussi que l'espèce sporulée de Macchiati doit être rangée dans cette espèce.

EPIDEMIOLOGIE
DE LA GATTINE ET DE LA FLACHERIE VRAIE

La gattine simple ou compliquée d'infections secondaires étant une maladie de nature essentiellement parasitaire, sa propagation est liée à la présence du microbe qui en est la cause. Cependant la présence du Streptocoque n'est pas toujours suffisante pour engendrer l'épidémie ; celle-ci, comme toutes les épidémies en général, est conditionnée par un certain nombre de facteurs intrinsèques et extrinsèques qui constituent ce qu'on appelle les causes prédisposantes. Nous avons vu que, pour PASTEUR, l'action des parasites microbiens était prépondérante, tandis que pour VERSON et son école, elle était au contraire subordonnée à l'action des causes prédisposantes. De toutes les observations que j'ai pu faire jusqu'ici, il résulte que c'est avant tout à la présence du *Streptococcus bombycis* et des produits cytotoxiques élaborés au cours de la vie parasitaire du microbe, que sont dues la plupart des épidémies de têtes claires et de flacherie vraie, si fréquentes en certaines régions de grand élevage. J'ai déjà dit qu'il existait dans ces régions des localités ou des groupes de localités dans lesquelles ces maladies existent pour ainsi dire à l'état endémique ; on connait aussi dans ces localités, des magnaneries où les échecs sont presque constants. M. THIBON, de Grospierres, a constaté souvent le fait dans sa commune ; il a même pu faire cette constatation dans sa propre magnanerie, mais il en attribue la cause à la routine : c'est, dit-il, parce qu'on « pousse trop les vers » c'est-à-dire qu'on les élève à une température trop élevée pendant leur jeunesse, qu'ils contractent la maladie des têtes claires. L'observation ne manque pas de justesse ; nous verrons en effet que le chauffage excessif des magnaneries est une cause importante de prédisposition des vers à la maladie ; mais ce n'est pas la cause morbide de celle-ci.

L'influence du microbe dans la propagation des dysenteries microbiennes découle des faits d'observation suivants :

Le 26 mai 1926, je visite une importante éducation de Beaulieu (Ardèche), signalée comme très défectueuse ; la mortalité est en effet très importante et la maladie présente tous les caractères de la flacherie la plus typique. L'éducateur a employé des graines de deux origines différentes mais la mortalité est la même dans les deux lots ; la maladie ne saurait donc être attribuée à la mauvaise qualité de la graine. Celle-ci a été éclose dans une incubatrice ordinaire ; jusqu'à la troisième mue, les vers furent élevés dans un local où la température moyenne oscillait entre 15 et 17° R. (19 à 21° C.) ; ils reçurent quotidiennement cinq à six repas ; à partir de la troisième mue, les vers sont changés de local : une partie est élevée au rameau sur cavallonne ; l'autre à la feuille ordinaire, dans une vaste magnanerie bien aérée. L'emploi du système italien présente de grands avantages au point de vue hygiénique : il favorise l'aération et supprime l'inconvénient des litières. Et cependant l'échec par flacherie a été aussi complet dans cette magnanerie que dans l'autre. Ce n'est donc pas dans le manque d'hygiène que l'on doit chercher la cause des échecs enregistrés. J'avais d'ailleurs visité la même magnanerie en 1924 et j'avais été frappé de la belle tenue de l'éducation ; je transcris sans modification les notes prises au cours de ma visite du 30 mai

1924 : belle magnanerie, bien installée, avec larges claies suffisamment espacées les unes des autres ; ces claies sont constituées par un treillis métallique à larges mailles tendu sur un cadre de bois ; les cadres sont bien désinfectés avant l'éducation ; l'aération est très suffisante pour les quatre onces de graines mises en incubation ; elle est beaucoup plus parfaite que dans la plupart des éducations environnantes ; deux délitages depuis la quatrième mue ; vers suffisamment espacés, en très bon état, réguliers et alertes ; très peu de vers gras ; pas de flacherie. La récolte fut excellente et le rendement, nettement supérieur à la moyenne obtenue dans l'ensemble de la commune. L'année suivante l'éducateur a constaté une certaine proportion de vers flats et le rendement a été sensiblement moins bon que l'année précédente. En 1926 et 1927, l'échec fut à peu près complet. Tous les vers malades prélevés au cours de ces deux dernières éducations, présentaient les lésions caractéristiques de la gattine (destruction élective du noyau des cellules épithéliales du tiers postérieur de l'intestin moyen) ; la plupart étaient en outre infestés par le *Bacillus bombycis*. On peut conclure de ces différents faits d'observation :

1°. — Que la maladie ayant anéanti l'élevage de Vers à soie en 1926 et 1927 ne peut être attribuée à la routine et à l'emploi de méthodes d'élevages défectueuses ;

2°. — Que la graine ne saurait être incriminée au moins pour les épidémies de ces deux dernières années ;

3°. — Que la cause réelle des épidémies successives doit être cherchée dans les germes microbiens et produits toxiques résultant de l'épidémie initiale de 1925. La cause de l'épidémie initiale n'a pu être déterminée avec certitude ; elle peut être attribuée soit à la mauvaise qualité d'une partie de la graine ; soit à une contamination d'origine extérieure ; soit à des fautes d'éducation au cours des premiers âges. Il y a tout lieu de supposer néanmoins que la première des causes envisagées est celle qui a joué le rôle principal.

Déjà PASTEUR avait constaté l'influence prépondérante des poussières de magnaneries dans la propagation de la flacherie de génération à génération ; les résultats des nombreuses expériences qu'il a faites ne laissent aucun doute à cet égard et son argumentation, quoi qu'en disent ses contradicteurs, n'a rien perdu de sa valeur. Cependant quelques réserves sont à faire sur les conclusions qu'il en a tirées. « La flacherie, a-t-il dit, peut être communiquée aux vers, soit au moyen du vibrion ayant pris naissance dans le canal intestinal des vers, dans la feuille de mûrier broyée en fermentation, dans les poussières de magnaneries infectées ; soit au moyen du ferment en chapelets de grains prélevé dans des vers ou dans des feuilles en fermentation ; soit enfin par le contact de vers qui meurent de la flacherie. Les infusions de poussières de magnaneries infectées et dans lesquelles se sont développés des vibrions ont également un pouvoir contagionnant très marqué ». Or il résulte de mes observations et expériences que le Streptocoque est bien la seule cause possible de gattine ou de flacherie vraie ; le vibrion ou *Bacillus bombycis* est incapable à lui seul d'infecter les Vers à soie. Cette réserve faite, on peut souscrire aux conclusions de PASTEUR.

Peut-on déduire de la présence du Bacille sporulé dans les poussières de la magnanerie infectée, à une contagiosité plus grande de celles-ci ? Rien jusqu'ici ne permet de l'affirmer. On sait d'ailleurs que les épidémies de gattine pure se transmettent aussi facilement d'une année à l'autre, par l'intermédiaire des poussières, que la flacherie vraie.

C'est à la présence du *Streptococcus bombycis* et vraisemblablement aussi à celle des produits cytotoxiques élaborés au cours de sa vie parasitaire, que doit être rapportée la très violente épidémie de flacherie vraie qui s'est propagée dans un petit élevage de laboratoire en 1926. Les vers de cet élevage m'avaient été donnés par le Directeur de l'Office séricicole de Valence et avaient été rapportés à la sortie de la troisième mue. Ils furent répartis en plusieurs lots et élevés séparément sur planchettes désinfectées au préalable par trempage dans des solutions désinfectantes diverses (formol, sublimé, acide sulfurique, permanganate de potasse, chlorure de chaux, eau de Javel, lysol). A partir de la quatrième mue, je constatais sur toutes les planchettes la présence de vers plus petits que les autres et tous en état de diarrhée. L'étude de frottis de contenu intestinal colorés par la méthode de Gram a permis de mettre en évidence, chez la plupart des vers, le *Streptococcus bombycis* accompagné très souvent du *Bacillus bombycis*. Il s'agissait donc d'une épidémie typique de flacherie vraie. L'origine de cette épidémie, la première observée au laboratoire de St-Genis-Laval, ne pouvait avoir pour origine la mauvaise qualité de la graine puisque les vers de même origine élevés à l'Office séricicole n'ont présenté aucun cas de flacherie. La cause doit être cherchée dans les germes apportés avec des vers malades prélevés le 28 mai, à mon retour de l'Ardèche, dans l'élevage de Beaulieu décimé par la flacherie ; les cadavres n'avaient cependant pas été en contact direct avec les vers de l'élevage de laboratoire ; la transmission a été assurée soit par mon intermédiaire, soit plutôt par l'intermédiaire des poussières. Ce fait d'observation donne une idée de la contagiosité de la flacherie lorsque les produits de contage émanent directement d'élevages en état d'épidémie. Toutefois, il est juste de faire observer que les vers ainsi contaminés pouvaient être en état de moindre résistance : ils avaient été en effet rapportés à la sortie de la troisième mue, c'est-à-dire à une époque assez critique de la vie larvaire ; nous verrons, en étudiant les dysenteries amicrobiennes, que le changement brusque des conditions d'élevages à la sortie des premières mues, de la troisième principalement, peut être la cause d'accidents de nature physiologique, accidents assez graves parfois pour entraîner la mort. Dans le cas qui nous occupe, il est incontestable cependant que la cause directe de l'épidémie est le Streptocoque à virulence exaltée originaire de l'Ardèche.

Au début de l'épidémie, j'ai rencontré parfois à l'état de pureté, dans le contenu intestinal diarrhéique de certains vers, le *Bacillus bombycis*. Les lésions du tube intestinal étant celles de la maladie des têtes claires, c'est au Streptocoque ou plutôt aux produits toxiques dont il est l'origine, que doit être reportée l'origine de l'affection. Au fur et à mesure que l'épidémie de flacherie se propageait, j'ai pu constater que la flore microbienne intestinale s'enrichissait d'autres espèces que le Streptocoque et le Bacille sporulé, de telle sorte que la recherche de ces deux dernières espèces devenait de plus en plus difficile. Si l'on se reporte à ce qui se passe dans la nature, on comprend combien l'étude seule de la flore microbienne intestinale est sujette à caution pour la détermination de la cause des épidémies. Remarquons cependant que ces cas de flacherie complexe paraissent moins fréquents que les cas de gattine ou de flacherie à Bacille sporulé. En principe, l'étude des lésions histopathologiques permettra toujours de préciser la nature exacte de la maladie; même dans les cas les plus compliqués, il sera toujours facile, en effet, de reconnaître les altérations nucléaires si caractéristiques dues au *Streptococcus bombycis*.

Parmi les causes favorisantes ou prédisposantes qui jouent un rôle actif à l'origine des épidémies de gattine et de flacherie vraie, une place importante doit être faite aux causes dites héréditaires. PASTEUR a montré que les œufs pondus par des papillons provenant d'élevages décimés par la flacherie, donnaient naissance à des vers prédisposés à la flacherie ; mais il a bien précisé qu'il n'y avait pas transmission effective des germes. Son argumentation conserve aujourd'hui toute sa valeur ; cependant étant données les conditions de production de la graine, on peut affirmer aujourd'hui que les cas de flacherie héréditaire sont extrêmement rares ; c'est un hommage à rendre à nos graineurs et au service de contrôle qui assure la surveillance des établissements de grainage.

Plus importante, à mon avis, est la cause prédisposante qui résulte des mauvaises conditions d'élevage pendant les premiers âges : les meilleurs observateurs séricicoles ont tous attiré l'attention des éducateurs sur l'importance des soins à cette époque si critique de la vie de l'Insecte, comme d'ailleurs de la vie de tout être vivant. Boissier de Sauvages, en particulier, avait déjà constaté que l'insuffisance de la nourriture par rapport à la température ambiante, était souvent la cause réelle d'échecs constatés en fin d'éducation. Cette cause existe toujours et il est vraiment étonnant, de constater encore autant de routine dans nos campagnes séricicoles à une époque où cependant les conseils ne manquent pas et sont largement diffusés, même dans les pays les plus isolés : magnaneries hermétiquement closes et profondément obscures, chauffage au charbon de terre avec dégagement abondant de fumées dans la magnanerie ; chauffage au moyen de chaufferettes portatives remplies de charbon de bois ; vers entassés les uns sur les autres, surtout pendant les premiers âges ; rien ne manque au tableau si souvent dépeint par les anciens auteurs ; je pourrais transcrire sans modification des passages entiers des Mémoires de B. de Sauvages : ils relateraient très exactement ce que j'ai observé moi-même dans un certain nombre de magnaneries de l'Ardèche ; or c'est précisément dans les localités où les pratiques routinières sont encore en usage, que les cas de gattine et de flacherie sont les plus nombreux ; n'est-ce pas là la preuve qu'elles jouent un rôle dans la propagation de ces épidémies ? Nous verrons d'ailleurs, en étudiant l'étiologie des dysenteries amicrobiennes, que certaines de ces causes favorisantes peuvent être la cause de véritables lésions organiques assez étendues et assez graves parfois pour entraîner la mort du ver.

Dans beaucoup de régions séricicoles, on constate, par contre, que les épidémies de gattine ou de flacherie sont exceptionnelles ; dans le département du Var, par exemple, je n'ai pu observer un seul cas de maladie des têtes claires pendant les trois années où j'ai fait des observations dans cette région, alors que dans l'Ardèche, ces cas ne sont pas rares. Il est juste de faire observer que dans le premier département, les petites éducations sont les plus nombreuses et que beaucoup sont placées sous la surveillance des graineurs et du service de contrôle ; on applique donc assez bien les règles de l'éducation rationnelle. Dans le Gard et l'Ardèche, au contraire, on ne fait guère que l'éducation industrielle du Ver à soie ; la surveillance des magnaneries est pour ainsi dire inexistante ; d'autre part, la graine n'est jamais aussi bonne que celle distribuée dans les éducations de reproduction du Var. L'action la plus salutaire est exercée dans les régions à grande production, par certains sériciculteurs éclairés et dévoués dont les conseils judicieux finissent par s'imposer ; mais il reste encore beaucoup à faire pour vaincre la routine et déraciner les mauvaises habitudes si profondément ancrées en certains milieux. Signalons aussi l'heureuse influence des visites effectuées chaque année, dans certains départements, par les commissions séricicoles chargées de récompenser les éducateurs dont les magnaneries sont les mieux tenues. J'ai eu la bonne fortune, en 1927, d'accompagner la commission séricicole de l'Ardèche présidée par M. RICHARD, le très dévoué et distingué Directeur des services agricoles, au cours d'une tournée effectuée dans la région des Vans ; j'ai pu me rendre compte ainsi de l'œuvre accomplie par cette commission et j'ai compris toute l'importance des visites de magnaneries au point de vue de l'amélioration générale des méthodes d'éducation. Mais, en écoutant les critiques et les conseils donnés par les membres si compétents de la commission, je ne pouvais m'empêcher de regretter que ces visites fussent si peu fréquentes et que trop d'éducateurs ne pussent bénéficier de cet enseignement à domicile. Ne pourrait-on, s'inspirant des méthodes de travail des commissions, organiser véritablement cet enseignement et charger de cet office, des conseillers techniques connaissant bien la mentalité particulière à chaque région, sachant inspirer confiance aux éducateurs et ayant assez d'influence sur eux pour les amener progressivement à modifier leurs méthodes de travail ? C'est là une œuvre de longue haleine exigeant plus de tact et de doigté que de science ; mais on ne contestera pas que son importance soit énorme au point de vue de l'avenir de notre production séricicole. A cet égard, l'école joue déjà un rôle de premier plan, mais elle peut faire beaucoup plus encore, non seulement en formant des générations moins esclaves de la routine, mais aussi en agissant indirectement sur les parents par l'intermédiaire des enfants. C'est parce que j'ai constaté moi-même l'influence exercée dans cette voie par certains maîtres d'élite que je me suis permis d'exalter le rôle possible de l'école dans l'amélioration des méthodes d'élevage.

Comment enfin passer sous silence l'œuvre accomplie par l'Office séricicole de Valence dont la création est due à l'initiative de la Fédération de la soie : organisme de propagande au premier chef, c'est en outre l'intermédiaire indispensable entre les établissements scientifiques de recherches et les éducateurs ; sous la direction active de M. JOUVEL d'abord, puis de M. MESSIER, l'Office séricicole a su acquérir une influence remarquable dans les milieux séricicoles ; je ne doute pas que cette influence augmentera encore et que l'initiative de la Fédération de la soie atteindra le but qu'elle s'est proposée : régénération de la sériciculture en France.

CHAPITRE III

LES

DYSENTERIES AMICROBIENNES

Les dysenteries microbiennes sont de beaucoup les plus importantes des maladies intestinales. En dehors de ces affections, il existe un certain nombre d'entités morbides caractérisées par des lésions très différentes mais dont les symptômes externes présentent les plus grandes analogies avec ceux de la gattine ou de la flacherie vraie. Trois cas ont été étudiés jusqu'ici dont aucun ne paraît avoir pour cause la multiplication anormale de Bactéries dans le contenu intestinal. La première de ces formes de dysenterie amicrobienne a pour cause un poison organique accompagnant les produits normaux de sécrétion et d'excrétion du Ver à soie ; je la désignerai sous le nom de *dysenterie des filatures* pour rappeler qu'elle a été observée pour la première fois dans une filature où l'on faisait l'élevage industriel du Ver à soie. La deuxième forme étudiée peut être considérée comme une conséquence directe de fautes d'éducation, déterminant par exemple des modifications brusques dans les conditions d'élevage du Ver à soie à des périodes critiques de sa vie larvaire (mue ou sortie de mue en particulier) ; elle sera étudiée sous le nom de *dysenterie flacci-diforme*. La troisième forme de dysenterie amicrobienne rappelle, par ses symptômes et ses caractères évolutifs, cette forme de flacherie foudroyante considérée par beaucoup d'auteurs comme une flacherie typique. Bien que le contenu intestinal des vers malades soit toujours très riche en microbes, ceux-ci ne paraissent jouer aucun rôle étiologique dans la maladie ; elle sera étudiée sous le nom de *fausse-flacherie*, étant entendu que ce terme n'est pas synonyme de « pseudo-flacherie » adopté par Acqua pour désigner une forme de flacherie ne correspondant nullement à celle à laquelle j'ai eu affaire.

Article I

LA DYSENTERIE DES FILATURES

Si l'on se place au point de vue strictement économique, on doit reconnaître que cette affection ne joue qu'un rôle insignifiant. En effet, le nombre des filatures est assez réduit et bien peu, parmi elles, s'occupent d'élevage du Ver à soie. Mais la cause qui détermine la maladie peut agir en dehors des filatures, sans déterminer, toutefois, d'accidents aussi graves que dans ce milieu.

ÉTIOLOGIE DE LA MALADIE

Le premier cas de dysenterie des filatures a été observé dans une grande filature des Vans où, depuis quelques années, on faisait l'élevage industriel du Ver à soie dans une magnanerie voisine de la salle de manipulation des cocons. Bien qu'on observât scrupuleusement toutes les règles de l'éducation la plus rationnelle et qu'on utilisât de la graine dite de reproduction, c'est-à-dire de la graine dont la qualité est toujours garantie, les échecs étaient presque constants. D'après les renseignements recueillis auprès de M. MERINDOL, le Directeur de la filature, les vers sont élevés en général jusqu'à la troisième mue dans un local situé au-dessus de la salle de triage des cocons ; dans cette salle, les cocons sont dé-barrassés de la bourre soyeuse qui les entoure par passage dans une machine spéciale : la « déblazeuse » ; cette opération a pour effet de provoquer la formation de poussières très ténues, riches en fragments de *bourre* ou *blaze* (1), qui peuvent rester longtemps en suspension dans l'air et se déplacent au moindre courant d'air : dans ces conditions, on peut admettre que l'atmosphère de la ma-gnanerie, où sont élevés les vers jusqu'à la troisième mue, est tou-jours plus ou moins saturée de produits de déchets du Ver à soie.

A partir de la troisième mue, les vers sont transportés dans un autre local voisin de l'entrepôt des cocons ; c'est une grande salle très propre et bien aérée dont le matériel, ainsi que les parois, sont soigneusement désinfectés par lavage avec une solution de sulfate de cuivre, puis par fumigation aux vapeurs de gaz sulfureux. Cette dernière opération avait été faite avec un soin tout particulier en 1925, année où la mortalité a été particulièrement élevée ; même la quantité de soufre brûlée était supérieure à celle qui est ordinai-rement recommandée pour le cube d'air correspondant à celui du local à désinfecter ; la température ambiante a toujours été modé-rée, mais régulière, et le nombre des repas quotidiens, très large-ment suffisant pour cette température ; les délitages sont fréquents et les soins hygiéniques ne laissent rien à désirer ; une partie des vers a été nourrie avec feuilles détachées, et l'autre, avec rameaux coupés ; la mortalité est la même dans les deux lots.

____

(1) On appelle ainsi les fils ténus constitués par une substance analogue à la soie, mais de composition et de qualité différentes, qui entourent les cocons.

Les conditions générales de l'éducation sont telles que la mortalité exceptionnellement élevée semble *a priori* tout à fait incompréhensible. Si cependant on veut bien se rappeler que les vers, au cours des premiers âges, ont été en contact pour ainsi dire permanent avec des poussières plus ou moins riches en débris de bourre soyeuse, on comprendra sans peine qu'il y a là des raisons amplement suffisantes pour expliquer la cause première de la mortalité. Considérons aussi que la seule année où la récolte fut à peu près normale, est celle pendant laquelle les vers furent soustraits, dès l'éclosion, à l'action des poussières et furent élevés, dès le plus jeune âge, dans une magnanerie éloignée de la salle de triage et de nettoyage des cocons ; fait digne de remarque, cette magnanerie n'était certainement pas mieux conditionnée que l'autre, ni plus propre et mieux désinfectée. Tout permet donc de supposer que les poussières ont joué un rôle capital dans les différentes épidémies qui se sont manifestées depuis plusieurs années dans la première magnanerie.

Quel est le mécanisme de l'action morbide exercée par les poussières ? L'étude histopathologique des vers malades prélevés au cours du cinquième âge montre que le tube intestinal moyen est le siège d'altérations très étendues à peu près identiques à celles qui caractérisent la gattine ; il semblerait donc, d'après ce que nous savons de l'étiologie de cette affection, que c'est à la présence du *Streptococcus bombycis* ou à celle des produits cytotoxiques résultant de sa vie parasitaire, que la poussière doit d'être dangereuse pour les vers. *A priori*, cette explication apparaît assez vraisemblable, car, dans la masse des cocons qui entrent dans la filature, il existe toujours une proportion plus ou moins importante de lots provenant d'éducations décimées par la gattine ou la flacherie vraie. Cependant, le passage obligatoire des cocons dans l'étouffoir à vapeur doit certainement avoir pour effet de les stériliser au moins partiellement et de détruire le plus grand nombre des germes adhérents aux fils de soie. D'ailleurs, la présence seule du Streptocoque ne suffirait pas pour expliquer l'action nuisible des poussières.

L'étude expérimentale de leur action sur l'organisme du Ver à soie, et plus particulièrement sur l'épithélium intestinal, nous permettra de comprendre le véritable mécanisme de l'action morbide dont elles sont la cause ; elle montrera en particulier que la multiplication anormale du *Streptococcus bombycis*, contrairement à ce qu'on observe dans beaucoup de magnaneries décimées par la gattine ou la flacherie vraie, est ici conditionnée par l'action d'une autre cause morbide essentiellement différente.

ÉTUDE EXPÉRIMENTALE DE L'ACTION
DES POUSSIÈRES DE FILATURE SUR LE VER A SOIE

Si l'on fait ingérer à des Vers à soie normaux de la feuille de mûrier souillée avec de la poussière prélevée dans la filature même où a été constatée l'existence de la dysenterie, on leur communique une maladie caractérisée par des lésions cellulaires très différentes de celles causées par le *Streptococcus bombycis* ou les produits cytotoxiques qui sont élaborés au cours de sa vie parasitaire.

Expérience I. — Une première expérience a été faite le 19 juin 1925 sur huit vers sortant de la quatrième mue ; ces vers reçoivent le matin un repas de feuilles saupoudrées avec la poussière prélevée neuf jours auparavant sur la déblazeuse des Vans ; les vers éprouvent une répulsion très vive pour cette nourriture et n'en absorbent qu'une très faible quantité. Cependant, dès le lendemain, quatre d'entre eux présentent des symptômes de diarrhée très accusée. Le 21 juin, les vers mangent mal la feuille fraîche et sont tous plus ou moins anormaux. Dans le contenu intestinal diarrhéique de l'un deux, on reconnaît la présence de Coccobacilles en nombre assez grand ; le tube digestif est extrait et fixé en entier au formol salé.

Sur coupes longitudinales colorées par la méthode de Kull et examinées à un faible grossissement, on constate l'existence de lésions particulièrement nettes au niveau du mésointestin, principalement dans la région moyenne ; on remarque en particulier la présence d'énormes vacuoles qui donnent à l'ensemble de la paroi épithéliale un aspect beaucoup plus clair que chez le ver normal ; la bordure externe, limitée normalement par un plateau continu et plus ou moins homogène, apparaît déchiquetée ; en certains points la membrane péritrophique est très épaissie (Microphotophie 60, Pl. XXII). Si l'on examine à un fort grossissement la partie la plus altérée de la paroi épithéliale, on fait les constatations suivantes :

1° — Un certain nombre de vacuoles ciliées des cellules caliciformes sont en voie de destruction : la bordure ciliée se condense et se fond en une masse plus ou moins homogène très fuchsinophile ; on remarque deux de ces masses dans la figure 61 qui représente une portion de l'épithélium de la région moyenne postérieure de l'intestin moyenne ; les noyaux ne présentent pas de lésion bien accusée ;

2° — Le chondriome est le siège d'altérations très étendues et très accusées ; il se présente le plus souvent sous forme de grains de grosseur variable ; parfois, il forme de véritables blocs arrondis très fuchsinophiles ; sa répartition dans la cellule devient également très irrégulière : souvent, il est accumulé en certains points de la couche protoplasmique, particulièrement dans la partie distale de la cellue ;

3° — La bordure en plateau qui limite la couche cellulaire du

côté de la lumière intestinale est à peu près complètement disparue et le bord de l'épithélium est très déchiqueté ;

4° — Outre ces lésions cellulaires, on observe une destruction
très active des cellules de la paroi qui tombent dans l'intervalle
compris entre la péritrophique et la paroi épithéliale ; elles con-
tribuent ainsi à renforcer l'épaisseur de la première membrane. On
peut se rendre compte, d'après la microphotographie 60, de l'ensemble des phénomènes qui se déroulent au niveau de l'intestin
moyen. Si l'on compare les figures et microphotographies représentant les lésions intestinales causées par l'ingestion de poussières
de filature avec celles qui représentent les lésions de gattine ou
de flacherie vraie, on doit convenir qu'il n'existe aucune analogie
entre ces deux types de lésions. Les maladies auxquelles elles
correspondent sont donc elles aussi très différentes et doivent être
considérées comme deux entités morbides bien déterminées.

Expérience II. — Une deuxième expérience a été faite le 20 juin
sur huit vers sortis récemment de la quatrième mue. Ces vers
reçoivent à 17 heures un seul repas de feuilles souillées avec la
même poussière utilisée pour l'expérience précédente. Comme
les premiers vers, ceux-ci manifestent une très vive répulsion pour
cette nourriture ; vingt-quatre heures après, la moitié d'entre eux
présentent des signes plus ou moins accusés de diarrhée. L'étude
histopathologique du tube intestinal moyen, après fixation par les
méthodes mitochondriales et coloration par la méthode de KULL,
montre que les lésions cellulaires sont exactement superposables
à celles décrites plus haut. Le lendemain et le surlendemain, les
vers restants reçoivent à 14 heures un nouveau repas de feuilles
souillées. Le 24 juin, tous les vers, sauf un, sont en état de diarrhée bien caractérisée ; le contenu intestinal plus ou moins coloré
en brun, est franchement liquide ; sur frottis colorés par la méthode de Gram, on peut faire les observations suivantes :

PLANCHE XXII

Fig. 60. — Coupe longitudinale dans la partie postérieure du méso-intestin moyen d'un ver à soie ayant ingéré vingt-quatre heures auparavant de la feuille de mûrier souillée avec poussière de filature. L'épithélium apparaît déchiqueté dans la partie qui est en bordure de la lumière intestinale. On remarque la présence d'énormes vacuoles dans les cellules épithéliales ; beaucoup de ces cellules se détachent de la paroi et sont encore visibles entre celle-ci et la membrane péritrophique qui apparaît très épaissie ; l'épaississement est déterminé par les apports de substance cellulaire.

Fig. 61. — Coupe longitudinale dans la paroi du mésointestin moyen d'un ver à soie ayant ingéré de la feuille de mûrier souillée avec poussière de filature ; on remarque les altérations cellulaires suivantes : destruction du chrondriome dont les filaments se transforment en grains de grosseur variable accumulés en certains points de la cellule ; destruction de la bordure ciliée des cellules caliciformes et formation de masses intracellulaires fuchsinophiles qui sont expulsées de la paroi ; destruction du plateau cellulaire qui borde l'épithélium du côté de la lumière.

Fixation au formol salé ; coloration de Kull.

Fig 60

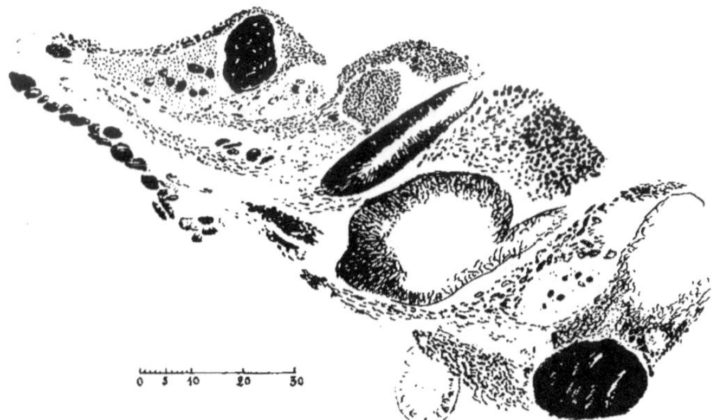

Fig. 61

A. Paillot, *dél.*

Service photographique de l'Université, Lyon, *édit.*

Deux vers avec nombreux *Streptococcus bombycis* ;

Un ver avec nombreux Streptocoques, Coccobacilles gram négatif et gros Bacilles gram positif ;

Un ver avec Streptocoques et gros Bacille gram positif ;

Un ver avec gros Bacille gram positif seul ;

Deux vers sans microbes.

A la date du 30 juin, deux vers seulement sont encore vivants.

Expérience III. — Quatre Vers à soie du cinquième âge reçoivent à 14 heures un repas de feuilles souillées avec poussières de filature. Le soir, les vers mangent normalement la feuille fraîche qui leur est donnée au repas du soir et ne présentent rien d'anormal. A huit heures, le lendemain, trois d'entre eux sont en état de diarrhée ; le contenu intestinal d'aspect plus ou moins muqueux, ne présente aucune trace d'infection microbienne. Les trois vers sont fixés en entier, l'un au bichromate-formol de Regaud, l'autre, au formol salé. Chez tous, on constate l'existence de lésions plus ou moins accentuées au niveau de la partie moyenne du mésointestin; elles sont particulièrement graves chez l'un d'eux ainsi qu'on peut s'en rendre compte d'après la fig. 62 (Pl. XXIII) qui représente une portion de l'épithélium intestinal dans la région qui est contiguë à la partie postérieure de l'intestin moyen. Les vacuoles sont énormes et la destruction cellulaire, très active ; le chondriome est très altéré, mais le noyau conserve sa structure normale.

Expériences IV et V. — Le 21 juin, huit vers sortis la veille de la quatrième mue, reçoivent un repas de feuilles souillées avec poussières de foin et huit autres de même origine, un repas de feuilles souillées avec poussières prélevées dans le laboratoire. Les vers mangent assez mal cette nourriture, mais contrairement à ce qui se passe lorsque la poussière est riche en produits de déchet du Ver à soie, les vers restent tous normaux et ne présentent aucun signe de diarrhée par la suite.

De ces différentes expériences, on peut tirer les conclusions suivantes :

1° — L'ingestion de poussières de filatures détermine chez le Ver à soie des troubles graves de la fonction digestive, troubles consécutifs à une altération profonde de la paroi épithéliale ;

2° — L'action des poussières de filature n'est pas d'ordre mécanique puisque les poussières d'autre origine ne déterminent aucun trouble de la fonction intestinale ; elle est liée à la présence d'un ou de plusieurs produits cytotoxiques agissant spécifiquement sur les cellules épithéliales de la région moyenne du méso-intestin ;

3° — Les lésions cellulaires dues à l'action de ce ou de ces produits cytotoxiques apparaissent très tôt et se différencient très nettement de celles causées par les produits cytotoxiques résultant de la vie parasitaire du *Streptococcus bombycis ;* elles entraînent une modification profonde de la sécrétion intestinale ; la diarrhée constitue le seul symptôme externe de la maladie ;

4° — Les altérations morphologiques de la paroi épithéliale intestinale et les troubles physiologiques qui en résultent, ont le plus souvent pour conséquence une multiplication anormale des Bactéries intestinales, en particulier, du *Streptococcus bombycis* ; cette multiplication modifie l'aspect des premières lésions ; s'il s'agit du Streptocoque, les lésions de gattine se superposent aux premières ; il semble alors que le microbe seul est en jeu.

Cette dernière constatation est importante : elle montre que la cause première de la mortalité anormale constatée dans la magnanerie de la filature des Vans, est due avant tout à l'action toxique des poussières en suspension dans l'air ambiant ; la multiplication anormale du Streptocoque est postérieure à cette action.

PLANCHE XXIII

Dysenterie des filatures

Fig. 62. — Coupe longitudinale dans la paroi épithéliale du méso-intestin moyen d'un ver à soie ayant ingéré depuis dix-huit heures de la feuille de mûrier souillée avec poussière de filature. Le contenu intestinal est diarrhéique mais non en état d'infection microbienne.

Les lésions de la paroi épithéliale sont marquées principalement dans la partie du mésointestin moyen qui est contiguë au mésointestin postérieur. Il y a destruction générale du chondriome et perte de substance cytoplasmique ; les vacuoles ciliées des cellules caliciformes sont énormes et les cellules cylindriques sont réduites à de minces éléments serrés entre les vacuoles ; les noyaux conservent leur aspect normal. La bordure en plateau des cellules épithéliales est très déchiquetée.

Fixation au formol salé ; coloration de Kull.

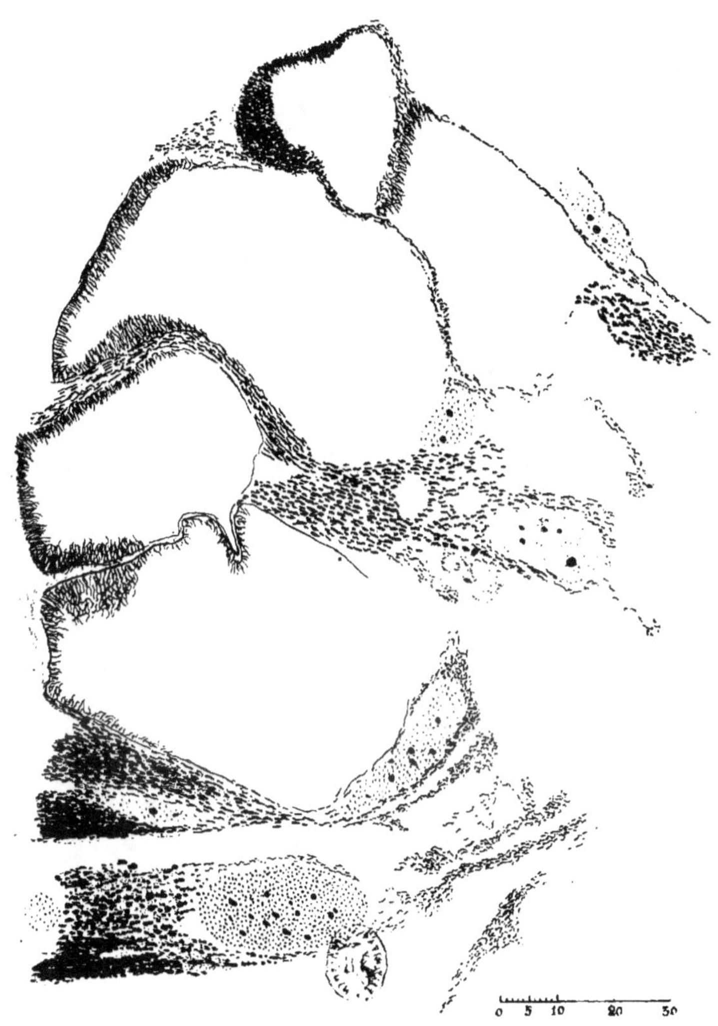

Fig. 62

ÉTUDE DU MÉCANISME DE L'ACTION TOXIQUE
DES POUSSIÈRES DE FILATURE.

L'étude expérimentale de l'action toxique des poussières de filature nous a montré que cette action différait essentiellement de celle exercée par les produits cytotoxiques résultant de la vie parasitaire du *Streptococcus bombycis* ; ce n'est donc pas à la présence de ces produits que les poussières doivent leur toxicité.

Si l'on prend de la bourre provenant de cocons normaux, qu'on en fasse de la poussière artificielle en coupant en menus fragments les fils soyeux qui la constituent, qu'on souille de la feuille fraîche avec cette poussière et qu'on la donne ensuite à des Vers à soie normaux, on constatera d'abord que ceux-ci éprouveront pour cette nourriture la même répulsion que s'il s'agissait de feuilles souillées avec poussière naturelle ; on constatera aussi, après une période latente relativement courte, qu'ils présenteront les mêmes symptômes de maladie que ceux des expériences précédentes.

L'expérience a été faite le 5 juillet 1926, sur deux vers seulement : l'un au troisième jour du cinquième âge, l'autre, un peu plus avancé ; bien que la quantité de feuille ingérée fût minime, les deux vers présentent des symptômes très nets de diarrhée vingt-quatre heures après le début de l'expérience ; tous deux sont fixés au mélange de Regaud, le 7 juillet. Sur coupes colorées suivant la méthode de Kull, on constate l'existence de lésions intestinales analogues à celles décrites précédemment ; on peut donc en conclure que l'action toxique des poussières de filature est due à la présence de produits toxiques existant normalement dans la bourre soyeuse qui entoure les cocons.

Dans une autre expérience faite le 5 juillet, six vers du cinquième âge, répartis en deux lots égaux, sont placés sur feuilles de mûriers recouvertes, les unes de bourre traitée à l'étuve à vide, les autres de bourre épuisée à la vapeur d'eau bouillante. Les uns comme les autres restent normaux et ne présentent par la suite aucun signe de diarrhée ; ce fait semble démontrer que le poison existant dans la bourre est plus ou moins volatil et thermolabile.

Lorsqu'on épuise la bourre par l'éther, on obtient, après évaporation du solvant, un résidu brun de consistance cireuse dont l'odeur est très caractéristique : c'est le « goût de soie » bien connu de ceux qui élèvent le Ver à soie ou qui manipulent les cocons. Lorsque les Vers à soie sont élevés dans le voisinage immédiat de cette matière cireuse, ils éprouvent pour la nourriture une répulsion très nette et peuvent présenter par la suite des symptômes de diarrhée ; cependant, l'action n'est pas aussi nette qu'après ingestion de produits riches en débris de bourre.

Beaucoup de sériciculteurs ont observé que le « gout de soie » est préjudiciable aux vers et que des accidents sont à craindre lorsque ceux-ci sont élevés dans le voisinage immédiat de vers montant à la bruyère. D'après ce que nous avons vu, les accidents sont uniquement dus à la présence du ou des poisons accompagnant les déchets normaux du Ver à soie; en particulier la bave qu'il sécrète avant de tisser son cocon ; comme ce poison est plus ou moins volatil, il peut agir à distance ; son action est d'autant plus efficace qu'elle est plus prolongée.

Dans la pratique, il est rare qu'on ait à constater l'existence de la dysenterie des filatures telle qu'elle a été caractérisée histopathologiquement ; des accidents comme ceux qui ont été observés dans la filature des Vans, sont également exceptionnels. Mais la cause morbide qui les produit doit agir également, bien qu'à un moindre degré, dans les magnaneries ordinaires ; les poussières de magnaneries sont en effet plus ou moins riches en produits de déchet du Ver à soie ; leur action morbide, pour n'être pas aussi frappante que celle des poussières de filature, n'en est pas moins réelle ; elle se manifeste par des troubles généraux, non appréciables morphologiquement, mais qui déterminent vraisemblablement une diminution de la vitalité du ver et le prédisposent à d'autres affections, par exemple à la gattine ou à la flacherie vraie.

Article II

DYSENTERIE FLACCIDIFORME

Le premier cas, le plus typique de tous ceux que j'ai étudiés jusqu'ici, a été observé dans une magnanerie de la commune des Vans dans la Basse-Ardèche. La mortalité est devenue assez brusquement très importante à partir de la quatrième mue. Les vers mouraient en grand nombre en présentant tous les symptômes de la flacherie vraie ; les cadavres, qui jonchaient les litières, noircissaient assez rapidement ; cependant, il ne se dégageait pas de ces litières l'odeur désagréable si caractéristique qui permet de reconnaître immédiatement l'épidémie de flacherie vraie à *Bacillus bombycis*.

Contrairement à ce qu'on aurait pu supposer tout d'abord, l'examen du contenu intestinal diarrhéique des vers malades a montré que la flore microbienne était remarquablement pauvre ; aucune espèce, parmi celles qui furent isolées, ne peut être considérée comme jouant un rôle actif dans l'épidémie ; dans beaucoup de cas, les tubes de gélose inclinée ensemencés avec contenu intestinal non dilué, sont restés stériles. Même le *Streptococcus bombycis*, si répandu cependant dans la plupart des magnaneries, surtout celles de la Basse-Ardèche, s'est montré extrêmement rare

Aucun des vers malades prélevés pour recherches d'histopathologie n'a d'ailleurs présenté de lésion de gattine. La dysenterie à laquelle on a affaire ici, diffère donc nettement de toutes celles étudiées jusqu'ici.

ETUDE DES LÉSIONS HISTO- ET CYTOPATHOLOGIQUES

Si l'on fixe des vers malades par le mélange de Dubosq-Brasil et qu'on colore les coupes par l'hématoxyline ferrique, l'hématéine-éosine ou le trichromique de Ramon y Cajal, on ne remarque aucune altération morphologique nette de la paroi épithéliale de l'intestin moyen ; les cellules cylindriques et caliciformes des régions antérieure, moyenne et postérieure, ne présentent pas de différence appréciable avec les cellules correspondantes de l'épithélium normal. L'emploi des méthodes ordinaires de fixation et de coloration ne permet donc pas de préciser la nature des processus morbides qui caractérisent la maladie.

Si, au contraire, on emploie les méthodes mitochondriales, on met en évidence, dans la plupart des cellules épithéliales du méso-intestin, des altérations très nettes, dont les principales ont pour siège le protoplasme.

Mes observations histo- et cytopathologiques ont porté sur une dizaine de vers présentant tous, à un degré plus ou moins marqué, les symptômes de diarrhée.

Ver N° 1. — Les cellules épithéliales antérieures de l'intestin moyen diffèrent peu des cellules normales correspondantes (fig. 63, Pl. XXIV : le chondriome apparaît très abondant, intensément coloré par la fuchsine acide ; il est assez régulièrement distribué dans toute l'aire protoplasmique. Les chondriocontes, longs et flexueux

PLANCHE XXIV

Dysenterie flaccidiforme

Fig. 63. — Coupe longitudinale dans le mésointestin antérieur d'u
ver à soie atteint de dysenterie flaccidiforme (épidémie observée dans u
élevage de la Basse Ardèche). Les lésions sont surtout bien marquées a
niveau du chondriome : quelques filaments sont renflés dans la parti
centrale et se présentent sous l'aspect de fuseaux plus ou moins renflé
La structure du protoplasme est alvéolaire. Les nucléoles des noyaux son
rares et peu ou pas fuchsinophiles ; un certain nombre d'entre eux son
en forme de couronnes colorées en bleu par la thionine phéniquée.

Fixation au formol salé ; coloration de Kull.

Fig. 64. — Coupe longitudinale dans le mésointestin moyen d'u
ver à soie atteint de dysenterie flaccidiforme (épidémie de la Basse Ardè
che). Le contenu intestinal est diarrhéique, mais très pauvre en microbe
Les lésions les plus caractéristiques ont pour siège le chondriome dont le
filaments se fragmentent en grande partie, donnant ainsi naissance à de
grains de grosseur variable ; certains d'entre eux atteignent même de
dimensions considérables et se présentent sous l'aspect de véritable
inclusions fuchsinophiles ; ces grains volumineux sont abondants princi
palement dans la partie distale des cellules. La structure du noyau diffèr
de la structure normale par l'absence de nucléoles fuchsinophiles.

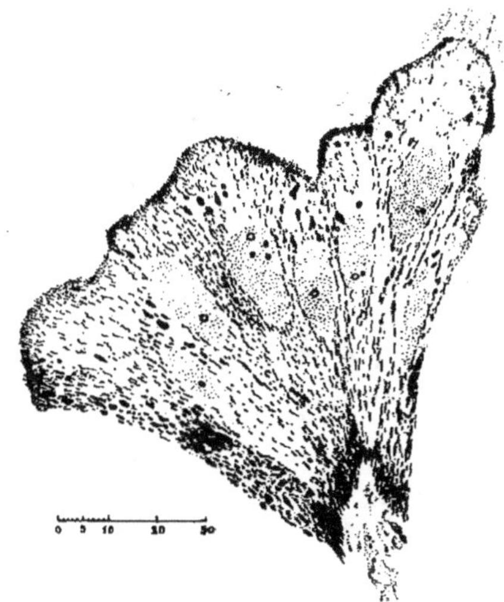

Fig. 63

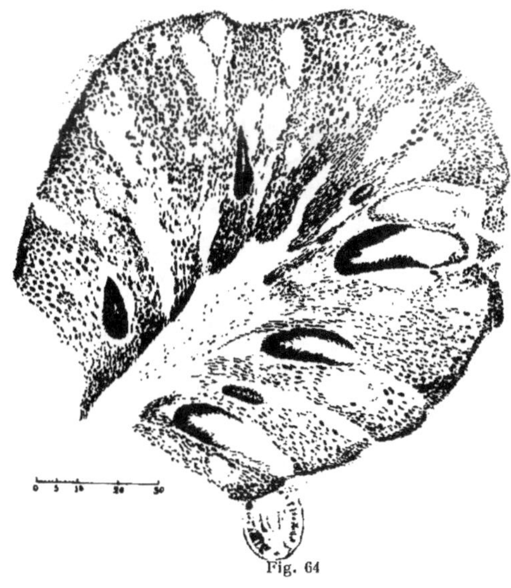

Fig. 64

A. Paillot, *dél.*   Service photographique de l'Université, Lyon, *édit.*

pour la plupart, sont en général d'un calibre supérieur, semble-t-il, à celui des chondriocontes de cellules normales. Beaucoup sont renflés dans la partie médiane et se présentent ainsi sous forme de fuseau allongé à extrémités plus ou moins amincies ; il existe aussi des formes en massue ou en goutte d'eau. Dans quelques cellules, il y a fragmentation des chondriocontes et formation de grains mitochondriaux de grosseur variable. On observe aussi, comme dans les cellules normales, une sorte de condensation chondriosomique à la base du plateau cellulaire. Celui-ci n'est pas homogène et continu comme chez les vers normaux en état de repos fonctionnel ; mais il apparaît plus ou moins déchiqueté suivant le point de la coupe où on l'observe. Le noyau diffère peu du noyau normal ; mais si les mottes chromatiniennes sont toujours aussi fines, aussi nombreuses, nettement détachées et bien colorées par la thionine, les nucléoles, par contre, subissent des modifications morphologiques et tinctoriales assez importantes. D'une manière générale, on constate une diminution très nette de leur fuchsinophilie ; beaucoup même deviennent franchement basophiles. Leur nombre semble diminuer considérablement et dans beaucoup de cellules on distingue avec peine un ou deux nucléoles seulement ne différant des mottes chromatiniennes qui les entoure que par leur taille plus volumineuse.

Dans la partie moyenne du mésointestin (Fig. 64, Pl. XXIV), les altérations cellulaires sont plus avancées et plus étendues que dans partie antérieure ; le chondriome paraît plus abondant dans toutes les cellules, aussi bien dans les cellules cylindriques que dans les caliciformes ; ce n'est là qu'une apparence, dont la cause doit être cherchée dans l'augmentation du calibre moyen des chondriosomes. Les chondriocontes filamenteux sont de plus en plus rares et ne se rencontrent guère que dans la partie basale des cellules ; dans la partie distale, on ne rencontre que des grains arrondis de grosseur très variable, des fuseaux courts et très renflés et quelques blocs fuchsinophiles de taille relativement considérable. L'aire nucléaire se présente, comme dans les cellules normales, sous l'aspect d'un semis très régulier de fines mottes chromatiniennes parmi lesquelles on distingue, mais souvent assez difficiment, quelques masses plus volumineuses, également teintées en bleu pâle par la thionine ; ces masses correspondent, ainsi que nous l'avons vu, aux nucléoles ordinaires ; certains d'entre eux se présentent comme des couronnes intensément colorées en bleu par la thionine. Les lésions cellulaires deviennent de plus en plus accusées à mesure qu'on se rapproche de la partie postérieure de l'intestin moyen ; dans la région contiguë à cette partie, la portion distale des cellules apparaît moins riche en chondriosomes ; le cytoplasme indifférent est plus ou moins vacuolaire et ne présente pas de structure définie : il apparaît uniformément coloré en bleu par la thionine ou le bleu de toluidine.

Dans la région postérieure du mésointestin, le cytoplasme est très vacuolaire ; dans la partie distale d'un grand nombre de cellules épithéliales, on aperçoit de véritables amas de blocs fuchsinophiles plus ou moins volumineux dont l'origine mitochondriale est démontrée par l'existence de formes de passage. Les chondriocontes filamenteux sont rares et ne se rencontrent que dans la portion distale des cellules. La structure du noyau est à peu près identique à celle du noyau des cellules de la région intestinale moyenne.

La sécrétion est active dans toutes les zones du mésointestin, mais le mécanisme diffère sensiblement de celui que j'ai fait connaître en étudiant l'histophysiologie de l'intestin normal. Contrairement à ce qui se passe dans la cellule cylindrique normale, le noyau et le chondriome ne semblent pas participer activement à la sécrétion : sur coupes colorées par la méthode de Kull, on observe simplement une expulsion de cytoplasme indifférent dans la lumière intestinale ; en général, la goutte de sécrétion n'affecte pas, comme dans l'intestin normal, une forme régulièrement arrondie, mais se présente avec des contours très irréguliers ; la grosseur des gouttelettes est également très irrégulière. La sécrétion est accompagnée de destruction cellulaire plus ou moins active suivant les régions considérées.

L'intestin postérieur ne présente aucune différence cytologique avec celui des vers normaux ; de même on ne constate l'existence d'aucune lésion caractéristique au niveau des cellules autres que celles de l'épithélium intestinal moyen.

Ver N° 2. — Dans les cellules de la région moyenne du mésointestin, le chondriome apparaît très abondant ; il est moins altéré que dans la zone correspondante du ver précédemment étudié ; on observe quelques filaments renflés dans la partie médiane ou à une extrémité (formes en goutte d'eau ou en massue) quelques grains et blocs fuchsinophiles dans la portion distale des cellules principalement. L'altération nucléaire est également peu marquée; en particulier, les nucléoles sont plus apparents et un certain nombre d'entre eux sont encore légèrement fuchsinophiles. La sécrétion est assez active partout.

On observe quelques amas de grains et blocs fuchsinophiles dans la partie distale de certaines cellules de la région postérieure du mésointestin, mais dans beaucoup d'autres éléments cellulaires de la même zone, le chondriome est à peu près normal. Les nucléoles sont en général assez bien colorés et plus ou moins fuchsinophiles.

Ver N° 3. — Comme chez le Ver N° 2, le chondriome des cellules épithéliales de la région moyenne du mésointestin est relativement peu altéré: on observe beaucoup de filaments fusiformes plus ou moins courts et renflés au centre. Les nucléoles sont en général peu visibles et non fuchsinophiles.

Dans la plupart des cellules de la région intestinale postérieure, on constate la présence de grains et blocs fuchsinophiles accumulés dans le voisinage de la lumière intestinale. Le plateau cellulaire est déchiqueté et vacuolaire; de nombreuses goutelettes de sécrétion de forme et de grosseur très irrégulières, sont visibles dans l'épaisseur du plateau et dans l'intervalle compris entre celui-ci et la péritrophique.

Ver N° 4. — Dans les cellules de l'anneau imaginal antérieur, les chondriosomes sont constitués par des chondriocontes filamenteux plus ou moins allongés non fragmentés et non renflés dans leur partie médiane ou à leur extrémité. Les nucléoles du noyau sont bien visibles et plus ou moins fuchsinophiles.

Dans les cellules cylindriques voisines, le cytoplasme indifférent forme une couche non homogène qui se présente sous forme de travées anastomosées assez intensément colorées en bleu par la thionine et délimitant des espaces clairs plus ou moins arrondis. L'aspect général rappelle assez bien celui qu'on observe dans les cellules séricigènes en état de fonctionnement actif. Les filaments chondriosomiques sont allongés dans les travées (voir fig. 63) ; quelques-uns sont fragmentés en grains arrondis; ces grains mitochondriaux sont assez abondants en certaines cellules. Le noyau, placé le plus souvent dans la région moyenne de la cellule, ne diffère du noyau normal que par l'absence de nucléoles fuchsinophiles; ceux qu'on observe sont faiblement teintés en bleu par la thionine; parfois, ils se présentent sous forme de couronnes. La sécrétion est très active, mais anormale; les boules de sécrétion, libres dans la lumière intestinale, sont assez fortement colorées en bleu par la thionine.

L'altération mitochondriale devient surtout bien caractérisée dans les cellules épithéliales de la région moyenne du mésointestin; les chondriosomes sont encore filamenteux dans la partie basale des cellules, mais ailleurs, les chondriocontes sont fragmentés, donnant ainsi naissance à des grains mitochondriaux, ou sont transformés en fuseaux courts et renflés au centre; on observe également des blocs fuchsinophiles assez volumineux dans la partie distale des cellules. Le plateau cellulaire est très vacuolaire et plus ou moins déchiqueté; les seuls nucléoles visibles sont colorés en bleu pâle par la thionine.

A mesure qu'on approche de la zone postérieure du mésointestin, l'altération cellulaire devient de plus en plus accentuée et la sécrétion, de plus en plus active; les gouttes de sécrétion, encore engagées dans le plateau cellulaire ou libres dans la lumière intestinale, sont très nombreuses et de forme et de grosseur très irrégulières.

Dans la zone postérieure du mésointestin, on observe partout la présence d'amas de blocs fuchsinophiles occupant une situation distale dans la cellule. Comme dans la zone moyenne, la sécrétion est des plus active sur toute l'étendue de l'épithélium.

Il semble que les cellules terminales soient moins altérées que les autres; on y observe la présence de chondriocontes filamenteux presque normaux.

L'intestin postérieur est normal. Les autres organes ne présentent aucun signe d'altération morphologique.

Ver N° 5. — Les cellules de l'épithélium intestinal antérieur sont peu altérées; les chondriocontes filamenteux sont généralement de calibre uniforme sur toute leur longueur; dans quelques cellules cependant, on observe des grains mitochondriaux pouvant résulter de la fragmentation des chondriocontes; mais on ne rencontre pas de fuseaux courts et renflés; les nucléoles sont en général peu colorés.

L'altération est plus nette dans les cellules de la région moyenne du mésointestin, mais elle est très irrégulière ; à côté de cellules à chondriocontes normaux disposés en files rectilignes dans la couche protoplasmique, on en trouve d'autres dont le chondriome est à un stade d'altération déjà avancé : il se présente sous forme de massues, de fuseaux courts et renflés, de grains arrondis dont quelques-uns sont déjà volumineux ; l'altération se généralise à mesure qu'on approche de la région postérieure; les formes en massues et en fuseaux, les grains et les blocs fuchsinophiles se rencontrent alors dans presque toutes les cellules ; les chondriocontes filamenteux sont concentrés dans la partie basale des cellules. La sécrétion est active sur toute l'étendue de la zone intestinale moyenne ; elle est accompagnée en certains points de destruction cellulaire ; les grains mitochondriaux provenant de ces cellules détachées de la paroi, se retrouvent en plus ou moins grand nombre dans la membrane péritrophique épaissie.

L'altération n'est pas généralisée sur l'ensemble de la zone épithéliale postérieure de l'intestin moyen ; on n'observe même qu'une proportion assez faible de cellules renfermant des grains et des blocs fuchsinophiles dans la partie distale. La sécrétion est relativement peu active. L'aspect du noyau est le même dans toutes les cellules; les nucléoles sont généralement peu visibles et ont perdu leur fuchsinophilie.

Ver N° 6. — La majorité des cellules antérieures de l'intestin moyen sont en état d'altération plus ou moins avancée ; leur chondriome se présente généralement sous la forme de fuseaux plus ou moins courts, de grains de grosseur variable ou de masses accumulées surtout dans la partie distale de la cellule ou dans le voisinage du noyau, dont les nucléoles sont rares et colorées comme les grains de chromatine. La sécrétion est active et est accompagnée de destruction cellulaire.

Dans la partie moyenne du mésointestin, les lésions cellulaires, sont à un stade déjà très avancé ; toutes les cellules sont plus ou moins remplies de grains de grosseur assez irrégulière : les chondriocontes filamenteux ne se rencontrent que dans la partie basale. La sécrétion est très active surtout dans la zone contiguë à la région postérieure. La péritrophique est très épaissie et mouchetée de grains d'origine mitochondriale résultant de la destruction cellulaire de la paroi épithéliale.

Toutes les cellules de la région postérieure de l'intestin moyen renferment des amas de grains et de blocs fuchsinophiles dans la partie distale ; les cellules terminales et celles de l'anneau imaginal postérieur sont moins altérées que les précédentes.

Ver N° 7. — Les altérations de la paroi épithéliale sont assez différentes de celles décrites jusqu'ici : le chondriome apparaît relativement peu altéré et dans les noyaux, on distingue nettement les nucléoles plus ou moins fuchsinophiles. Il y a destruction partielle de la paroi épithéliale comme on l'observe chez les vers intoxiqués par les poussières de filature, mais ici, la destruction atteint une zone plus antérieure.

On n'observe pas, dans la région postérieure de l'intestin moyen, les altérations cytoplasmiques si caractéristiques décrites plus haut.

Contrairement aussi à ce qu'on observe chez les autres vers de même provenance, il y a multiplication très active de Micrococques dans le contenu intestinal ; ceux-ci sont particulièrement nombreux dans la péritrophique ; il ne s'agit nullement, comme on pourrait le croire, d'une infection à *Streptococcus bombycis*, car les noyaux des cellules postérieures de l'intestin moyen ne présentent aucune des lésions caractéristiques de la gattine. En somme, on a affaire à une infection intestinale banale sans rapport avec la maladie qui atteint la très grande majorité des autres vers.

Ver N° 8. — Les altérations cellulaires de la paroi épithéliale de l'intestin moyen sont identiques, dans l'ensemble, à celles qui ont été observées chez les vers N°ˢ 2 et 3.

Vers N°ˢ 9 et 10. — Les cellules épithéliales sont à un stade plus avancé d'altération ; elles sont comparables à celles observées chez les Vers N°ˢ 4 et 6.

Si l'on étudie la flore microbienne intestinale des vers en état de diarrhée bien caractérisée, on constate chez la plupart d'entre eux, mais non chez tous, une multiplication anormale de certaines espèces bactériennes, en particulier, de deux Microcoques différents par la taille (le plus petit se rapproche morphologiquement du *Streptococcus bombycis*), d'un Bacille sporulé colorable par la méthode de Gram et différent, par ce caractère, du *Bacillus bombycis*. Il n'y a aucun rapport entre la nature et l'étendue des lésions, et la présence de l'une ou l'autre de ces espèces microbiennes. L'infection intestinale est certainement postérieure à l'altération cellulaire et aux troubles digestifs qui en résultent ; c'est un épiphénomène semblable à celui que l'on observe chez les vers intoxiqués artificiellement par la poussière de filature.

Si l'on excepte le ver N° 7, on constate chez tous les autres vers l'existence des mêmes lésions histo- et cytopathologique. On peut donc affirmer que la cause morbide qui les produit est la même pour tous ; autrement dit, ces lésions caractérisent une véritable entité morbide essentiellement différente de celles que j'ai étudiées jusqu'ici.

Les lésions morphologiques sont limitées à l'épithélium de l'intestin moyen ; elles sont surtout apparentes et bien caractérisées dans le protoplasme, spécialement au niveau du chondriome : on observe d'abord une augmentation du calibre des chondriocontes qui paraissent occuper une place plus grande dans la cellule ; certains filaments se fragmentent donnant ainsi naissance à des files de grains arrondis ; le plus grand nombre se renflent dans la partie médiane, et s'amincissent vers les extrémités pour former des fuseaux plus ou moins trapus ; le terme de l'altération morphologique mitochondriale est représenté par les blocs fuchsinophiles concentrés généralement dans la partie distale des cellules ; ces blocs peuvent disparaître à leur tour de la couche protoplasmique, mais par un processus que je n'ai pu caractériser morphologiquement ; les cellules apparaissent alors dépourvues de chondriome dans toute la région qui avoisine la lumière intestinale ; le cytoplasme indifférent se présente dans cette partie sous l'aspect d'une masse relativement homogène, uniformément colorée en bleu par la thionine.

D'une manière générale, le noyau conserve à peu près sa structure morphologique normale ; seuls les nucléoles paraissent être le siège d'altérations assez profondes qui se manifestent par un changement d'affinité pour les substances colorantes : au lieu d'être franchement fuchsinophiles, ils tendent à devenir plus ou moins basophiles ; on constate aussi la disparition d'un certain nombre d'entre eux ; mais il n'a pas été possible de mettre en évidence morphologiquement les processus qui aboutissent à la destruction de la substance nucléoplasmique.

Toutes les cellules épithéliales du mésointestin, à l'exception toutefois des cellules terminales antérieures et postérieures, sont lé siège d'altération protoplasmique et nucléoplasmique ; les cellules du tiers postérieur sont les premières dans lesquelles on observe les lésions du chondriome ; d'une manière générale, l'altération débute dans cette région et se propage vers l'avant. Les lésions cellulaires sont accompagnées de destruction cellulaire plus ou moins active ; il en résulte un épaississement de la membrane péritrophique qui apparaît mouchetée de granulations d'origine mitochondriale. La sécrétion est active sur toute l'étendue de la paroi épithéliale, mais le processus sécrétoire diffère du processus normal : on ne constate, en effet, aucune participation effective du chondriome et du noyau ; la substance sécrétée paraît constituée par des fragments de cytoplasme indifférent qui se séparent simplement de la cellule ; les gouttes de sécrétion n'affectent pas, comme chez les vers normaux, la forme de boules arrondies, peu différentes les unes des autres par les dimensions : ce sont, au contraire, des masses à contours très irréguliers et dont la taille est des plus variables ; elles se colorent assez intensément par la thionine et beaucoup peuvent être observées en place dans l'épaisseur du plateau cellulaire qui borde l'épithélium du côté de la lumière intestinale.

ETIOLOGIE DE LA DYSENTERIE FLACCIDIFORME

Nous avons vu que la multiplication anormale des Bactéries dans le contenu intestinal devait être considérée comme la conséquence et non comme la cause de la maladie. D'autre part, on ne peut déduire des résultats de l'étude histo- et cytopathologique des vers malades la nature de la cause morbide à laquelle doivent être attribuées les lésions qui se manifestent au niveau des cellules du mésointestin et les troubles physiologiques qui en sont la conséquence. L'étude minutieuse des conditions particulières de l'éducation m'a permis de mettre en évidence un certain nombre de

faits desquels on peut déduire, semble-t-il, la véritable cause de
la maladie.

La magnanerie, où cette maladie a été observée, ne laisse rien
à désirer au point de vue hygiénique ; comme beaucoup de magnaneries des Cévennes, elle est installée dans une maison isolée,
au-dessus d'un cellier voûté ; elle occupe ainsi la plus grande partie du premier étage et s'élève jusqu'au toit couvert de tuiles laissant passer librement l'air entre elles. Des fenêtres, suffisamment
nombreuses et larges, sont percées sur trois des faces ; dans trois
des coins de la chambre sont disposées de petites cheminées à
grilles dans lesquelles on fait brûler du charbon de terre que l'on
extrait dans la région. L'aération et la lumière sont donc très suffisantes ; les vers ne sont pas entassés les uns sur les autres et
ils sont tenus suffisamment propres ; étant donné la température
moyenne et le nombre des repas quotidiens, on peut considérer
que les vers ne sont pas en état de sous-alimentation.

Jusqu'à la troisième mue, les vers ont été élevés dans une cuisine
pourvue d'une grande cheminée sous laquelle on brûle du bois.
Dès que les vers sont bien sortis de mue, le plus grand nombre
d'entre eux ont été transportés dans la grande magnanerie ; les
autres furent maintenus dans la cuisine. Peu de jours après le
transfert, quelques vers de la grande magnanerie paraissaient
déjà anormaux alors que ceux de la cuisine avaient la plus belle
apparence. A partir de la sortie de la quatrième mue, la mortalité
est devenue rapidement très importante et la récolte a été presque
nulle ; les vers élevés à la cuisine sont restés parfaitement sains
et ont monté normalement à la bruyère, donnant ainsi une bonne
récolte moyenne. Cependant les uns et les autres ont reçu la même
feuille, ont été nourris aux mêmes heures et délités à la même
époque. D'autre part, il n'y a pas eu de faute grave d'éducation
(manque d'aération déterminant une asphyxie partielle des vers,

entassement de ceux-ci, insuffisance des repas). La seule cause qui paraît avoir déterminé les troubles graves décrits précédemment, c'est le changement des conditions générales de milieu à une époque assez critique de la vie larvaire. Il est incontestable, en effet, que l'atmosphère de la grande magnanerie chauffée au charbon de terre diffère sensiblement de celle de la cuisine ; en particulier, la chaleur y est plus étouffante et la température moins régulière. On peut rapprocher ce fait d'une observation de M. CHALMETON concernant l'élevage en plein air : ayant placé sur des mûriers des Vers à soie sortant de la troisième mue, M. CHALMETON a constaté que la plupart d'entre eux mouraient avant la fin de la vie larvaire ; si l'élevage est fait, au contraire, à partir de l'éclosion, l'élevage réussit beaucoup mieux. D'autre part, en étudiant les causes diverses qui avaient pu jouer un rôle dans l'épidémie de flacherie vraie qui s'est manifestée en 1926 dans un petit élevage de laboratoire, j'ai montré que le changement des conditions d'élevage à la sortie de la troisième mue pouvait avoir joué un rôle prédisposant de premier plan (les vers atteints par la maladie avaient été apportés de Valence à St-Genis-Laval aussitôt après la sortie de la troisième mue).

AUTRES FORMES DE DYSENTERIE FLACCIDIFORME

Le type morbide étudié dans la magnanerie des Vans peut être considéré comme celui qui résume avec le plus de précision les caractères généraux de la dysenterie flaccidiforme. D'autres cas du même genre ont été étudiés depuis ; malheureusement, il n'a pas été possible de déterminer avec autant de certitude que dans le premier cas étudié, les facteurs qui ont agi comme cause morbide.

Les premiers symptômes de la maladie se sont manifestés au moment où les vers allaient entrer en quatrième mue. A ma première visite, les vers étaient déjà sortis de mue ; à ce moment, les cadavres jonchaient les litières qui étaient humides et plus ou moins couvertes de moisissure ; beaucoup étaient noirs et présentaient les caractères de « vers flats » ; cependant l'odeur désagréable qui se dégage avec tant d'intensité de tous les élevages décimés par la flacherie vraie, n'était pas perceptible. L'étude histo- et cytopathologique des vers malades a montré que les lésions du tube intestinal moyen présentaient les plus grandes analogies avec celles qui caractérisent la dysenterie flaccidiforme. En général, l'altération mitochondriale est la plus caractéristique et la plus apparente : les chondriosomes se présentent, chez les vers les plus atteints, sous forme de grains ou de blocs fuchsinophiles particulièrement abondants dans la partie distale des cellules épithéliales.

L'étude de la flore microbienne intestinale a montré qu'il n'existe aucun rapport entre les espèces qui se multiplient anormalement et les lésions qui se produisent au niveau de la paroi épithéliale. D'ailleurs le contenu intestinal est le plus souvent pauvre en microbes et ceux qui s'y multiplient appartiennent aux espèces les plus variées. L'infection intestinale, comme dans le cas de la magnanerie des Vans, est une conséquence des troubles de la fonction intestinale, troubles déterminés vraisemblablement par les modifications brusques des conditions d'élevage au cours des périodes de mue pendant les premiers âges.

Ayant prélevé dans l'élevage une cinquantaine de vers d'apparence saine, j'ai constaté que plus de la moitié d'entre eux, élevés dans des conditions normales, restaient sains et tissaient normalement leur cocon. S'il se fût agi de gattine ou de flacherie vraie, pas un seul des vers prélevés à la sortie de la quatrième mue ne serait parvenu au stade nymphal.

Un troisième cas très curieux et non tout à fait identique aux deux autres, a été observé et étudié dans une magnanerie de la région lyonnaise en 1927. Contrairement à ce que j'avais constaté dans les magnaneries de l'Ardèche, une partie seulement des vers de l'éducation a été atteinte par la maladie ; celle-ci s'est manifestée dès le quatrième âge. A ma première visite, le 7 juin, on pouvait apercevoir, sur certaines claies, une proportion assez importante de vers présentant tous les symptômes de la maladie des têtes claires : gonflement de la partie antérieure du corps qui est translucide, diarrhée et répulsion manifeste pour la nourriture.

Cependant l'examen de frottis de contenu intestinal diarrhéique ne permet pas de reconnaître la présence du *Streptococcus bombycis* ; d'une manière générale, le contenu intestinal des vers malades est aussi pauvre en microbes que celui des vers normaux. L'examen histopathologique du tube intestinal après fixation par le mélange de Duboscq-Brasil, montre également que la partie postérieure de l'intestin moyen ne présente aucune des lésions caractéristiques de la gattine. Le noyau, seule partie des cellules bien mise en évidence par le fixateur employé, est normal dans toutes les cellules de la paroi épithéliale du mésointestin. Après fixation par les méthodes mitochondriales et coloration des coupes suivant la méthode de Kull, on met en évidence des lésions cellulaires très étendues et très profondes qui ont surtout pour siège le chondriome. Ces altérations ne sont d'ailleurs pas limitées au chondriome des cellules de l'intestin moyen, mais elles s'étendent à celui de presque toutes les cellules de l'organisme. Les caractères histo- et cytopathologiques de la maladie étudiée dans la région lyonnaise diffèrent donc sensiblement de ceux des maladies similaires observées dans la Basse-Ardèche. L'étude détaillée des lésions cellulaires et tissulaires chez un ver à un stade avancé de la maladie, nous permettra de juger mieux de cette différence.

PLANCHE XXV

Dysenterie flaccidiforme

Fɪɢ. 65. — Coupe longitudinale dans le mésointestin antérieur d'un ver à soie atteint de dysenterie flaccidiforme (épidémie observée dans un élevage de la région lyonnaise). L'altération du chondriome est très marquée ; on observe dans quelques cellules épithéliales des masses arrondies très fuchsinophiles accumulées surtout dans la partie distale. Les nucléoles sont encore relativement nombreux et généralement bien colorés par la fuchsine.

Contenu intestinal diarrhéique mais non microbien.

Fɪɢ. 66. — Coupe longitudinale dans le mésointestin moyen (partie antérieure) d'un ver à soie atteint de dysenterie flaccidiforme (épidémie de la région lyonnaise). L'altération du chondriome est beaucoup plus avancée que dans la partie antérieure ; il n'existe presque plus de chondriocontes filamenteux ; on ne rencontre dans le protoplasme, dans la partie basale comme dans la partie distale, que des masses plus ou moins volumineuses arrondies très fuchsinophiles ou des fuseaux courts et renflés. Les nucléoles sont rares et peu ou pas fuchsinophiles ; le plateau cellulaire apparaît très déchiqueté ; la destruction cellulaire est intense.

Fixation au formol salé ; coloration de Kᴜʟʟ.

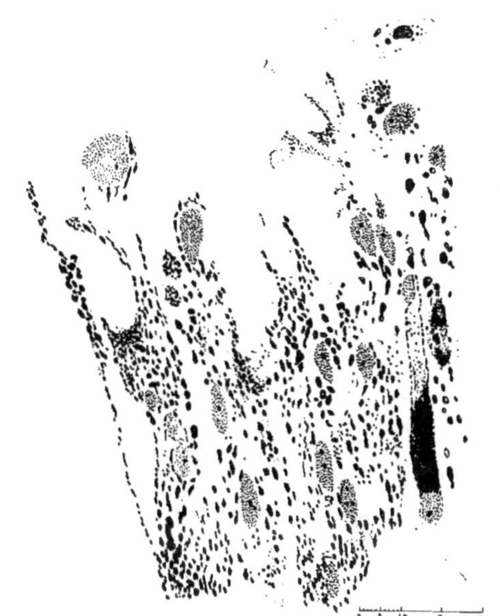

Fig. 66

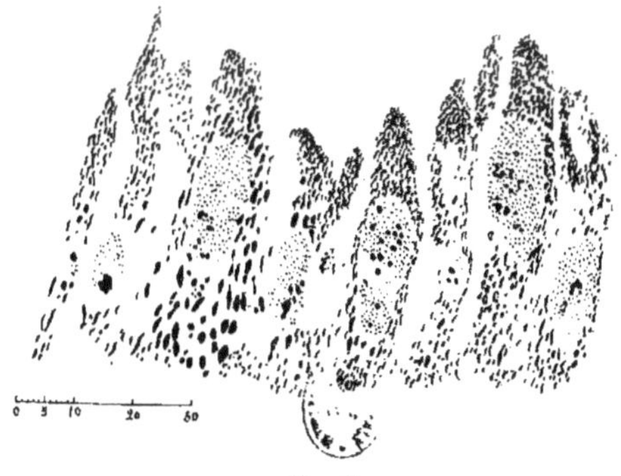

Fig. 65

A. Paillot, *dél.*

Service photographique de l'Université, Lyon, *édit.*

Tube digestif. — Dans la paroi épithéliale du pharynx et de l'œsophage, les chondriocontes très fins sont fragmentés pour la plupart, donnant ainsi naissance à des grains minuscules qui sont répartis assez régulièrement dans toute l'aire protoplasmique ; la structure du noyau est à peu près normale, seuls les nucléoles apparaissent moins fuchsinophiles, certains même sont nettement colorés en bleu par la thionine.

Les cellules terminales antérieures de l'intestin moyen sont les seules où l'on puisse distinguer encore la présence de chondriocontes filamenteux normaux, mais on rencontre à côté d'eux, en nombre plus ou moins grand, des fuseaux courts et renflés, des formes en goutte d'eau et quelques granules (Fig. 65, Pl. XXV). Les nucléoles sont faiblement fuchsinophiles ou légèrement teintés en bleu par la thionine.

A la suite de ces cellules peu altérées qui occupent la partie la plus terminale du mésointestin, on observe d'autres cellules cylindriques dont le chondriome est entièrement transformé en filaments courts, en fuseaux courts très renflés dans la partie médiane, en blocs fuchsinophiles assez volumineux, arrondis ou ovales (Fig. 66, Pl. XXV). On constate aussi l'existence d'énormes vacuoles dans la couche protoplasmique. La chromatine du noyau ne paraît pas altérée mais les nucléoles sont détruits pour la plupart et ceux qui sont encore visibles ont perdu leur fuchsinophilie. La sécrétion est active mais anormale : on observe, comme dans les vers de la magnanerie des Vans, des boules de toutes grosseurs et de forme plus ou moins irrégulière, en liberté dans la lumière intestinale ou encastrées dans le plateau cellulaire qui apparaît très déchiqueté.

Dans la partie moyenne du mésointestin, l'aspect des cellules est identique à celui qui vient d'être décrit ; l'altération mitochondriale est à un stade très avancé et on ne distingue pour ainsi dire plus de chondriocontes filamenteux même dans la partie basale des cellules (Fig. 67, Pl. XXVI).

L'altération paraît moins avancée dans la région postérieure de l'intestin moyen : les cellules très vacuolaires, aussi bien dans la partie basale que dans la partie distale, sont remplies de grains de grosseur variable et de blocs fuchsinophiles relativement volumineux. L'altération s'étend jusqu'aux cellules de l'anneau imaginal. Comme dans la région moyenne, la sécrétion est très active et est accompagnée de destruction cellulaire.

Dans les cellules de la valvule rectale, le chondriome se présente sous forme de petits granules résultant de la fragmentation des chondriocontes ; les cellules épithéliales qui font suite présentent les mêmes altérations.

La région absorbante de l'intestin postérieur est relativement peu modifiée ; on remarque cependant une diminution du nombre des chondriosomes dans la partie basale des cellules ; ceux-ci sont constitués principalement par des grains de grosseur variable ; les rangées de chondriocontes disposées sous la couche cuticulaire et perpendiculairement à celle-ci, sont toujours bien visibles ; on remarque cependant la présence de quelques grains mitochondriaux dans l'intervalle des filaments ; le cytoplasme est homogène et peu vacuolaire. On n'observe pas de nucléole dans le noyau.

Glandes de Filippi. Le chondriome apparaît très abondant, il est formé de grains minuscules qui remplissent toute la cellule ; ces grains résultent de la fragmentation des chondriocontes filamenteux. Le noyau est bien coloré ; les grains de chromatine sont fortement teintés en bleu par la thionine, mais les nucléoles sont en général peu visibles ; même dans beaucoup de cellules, il est impossible de les mettre en évidence ; étant donné que la structure

PLANCHE XXVI

Dysenterie flaccidiforme

Fig. 67. — Coupe longitudinale dans la partie moyenne de l'intestin moyen d'un ver à soie atteint de dysenterie flaccidiforme (épidémie observée dans la région lyonnaise). Dans la plupart des cellules, il y a accumulation de grosses inclusions fuchsinophiles d'origine mitochondriale, vers la partie distale. On observe encore quelques chondriocontes filamenteux dans la partie basale des cellules. La structure nucléaire est peu modifiée ; les nucléoles, en particulier, conservent généralement leur fuchsinophilie.

Fixation au formol salé ; coloration de KULL.

Fig. 67

nucléaire est très bien mise en évidence sur les coupes que j'ai examinées, on peut admettre qu'il y a eu destruction effective des nucléoles.

Glandes séricigènes. — Les filaments chondriosomiques si longs et si abondants dans la couche protoplasmique des cellules normales, sont ici beaucoup moins nombreux et fragmentés pour la plupart (Fig. 68, Pl. XXVII). Le cytoplasme, dans la portion excrétrice du tube, apparaît rempli de fines granulations assez régulièrement réparties dans l'épaisseur de la couche; dans la portion sécrétrice, l'épaisseur de la paroi est très réduite ; les chondriosomes apparaissent concentrés dans la région moyenne des cellules ; celles-ci sont très vacuolaires ; on observe dans le noyau quelques nucléoles arrondis nettement fuchsinophiles.

Tubes de Malpighi. — La portion des tubes qui longe en avant le tube intestinal moyen (segment montant), est formée de cellules dont la couche protoplasmique apparaît remplie de grosses inclusions arrondies très fuchsinophiles ; il y a évacuation de grains mitochondriaux dans la lumière du tube ; ces grains, de taille réduite, apparaissent très nombreux entre les cils de la bordure interne et dans la lumière ; on observe également entre les cils et dans la lumière, de nombreux cristaux d'acide urique. A mesure qu'on se rapproche de l'extrémité du tube (segment terminal), les inclusions fuchsinophiles diminuent de grosseur et deviennent moins nombreuses ; bientôt on ne rencontre plus, dans l'épaisseur de la paroi, que des grains mitochondriaux. Des grains semblables, quoique plus petits, se rencontrent en grand nombre entre les cils. Dans la partie terminale, le cytoplasme est très pauvre en grains mitochondriaux ; par contre, ceux-ci sont très nombreux entre les cils de la bordure interne et dans la lumière du tube.

Corps adipeux. — Le corps adipeux apparaît formé de bandelettes extrêmement minces, réduites le plus souvent à une seule couche de cellules plus petites que les cellules normales et dont la structure diffère notablement de celle de ces dernières : la couche protoplasmique se colore uniformément et ne présente aucune structure morphologique particulière ; on n'y rencontre point ces géodes si nombreuses dans les cellules normales et qui représentent le logement des globules de graisse. Le chondriome n'existe plus sous la forme de filaments plus ou moins longs et flexueux; il est uniquement constitué par de grosses inclusions très fuchsinophiles, de forme assez régulièrement arrondie ; j'ai représenté dans les figures 69 et 70 (Pl. XXVII) différents stades de l'évolution chondriosomique, depuis le chondrioconte filamenteux jusqu'aux blocs fuchsinophiles arrondis.

Tissu musculaire. Sur coupe longitudinale, on observe de longues files de grains fuchsinophiles arrondis, de taille relativement volumineuse, qui résultent de la fragmentation des chondriocontes allongés normalement entre les rangées de fibres (Microph. 71 et 72, Pl. XXVII. Tous les muscles présentent les mêmes altérations. Comme dans les autres cellules, le noyau est très pauvre en nucléoles et ceux-ci sont peu fuchsinophiles. L'altération mitochondriale a pour conséquence l'arrêt de la fonction musculaire ; les fibres perdent plus ou moins leur tonicité et se relâchent ; le Ver à soie prend alors un aspect assez caractéristique : il est mou au toucher et réagit mal aux excitations.

Hypoderme et glandes sous-hypodermiques. L'altération est surtout manifeste au niveau du chondriome qui se présente partout sous forme de petits granules fuchsinophiles répartis assez régulièrement dans toute l'aire protoplasmique ; le cytoplasme est

PLANCHE XXVII

Dysenterie flaccidiforme

Fig. 68. — Coupe longitudinale dans la partie sécrétrice d'une des glandes séricigènes d'un ver à soie atteint de dysenterie flaccidiforme (épidémie de la région lyonnaise). Le protoplasme est très vacuolaire ; les noyaux sont très pauvres en nucléoles ; le chondriome est à peu près entièrement transformé en grains.

Fig. 69. — Cellules adipeuses d'un ver à soie atteint de dysenterie flaccidiforme. La structure de ces cellules diffère essentiellement de celle des éléments normaux : la couche cytoplasmique, très homogène, ne renferme pas d'inclusions de graisse ; le chondriome est en voie d'altération plus ou moins avancée : les chondriocontes filamenteux se gonflent ou se fragmentent ; ils ne sont pas également répartis dans l'aire protoplasmique, mais sont accumulés en certains points.

Fig. 70. — Cellules adipeuses à un stade d'altération plus avancé : le chondriome est complètement transformé en masses arrondies volumineuses. Le noyau est dépourvu de nucléoles fuchsinophiles.

Fixation au formol salé ; coloration de Kull.

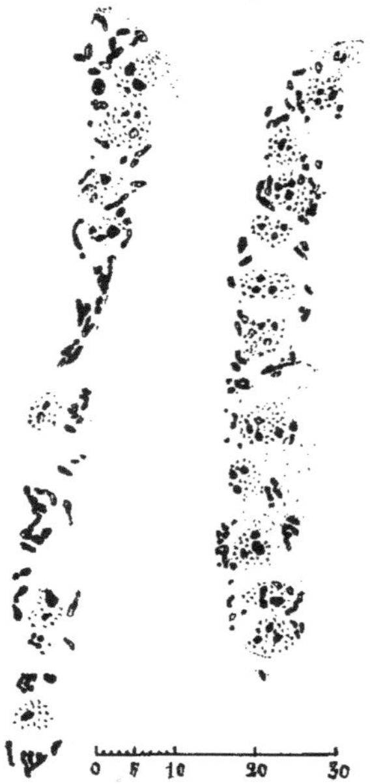

Fig. 69

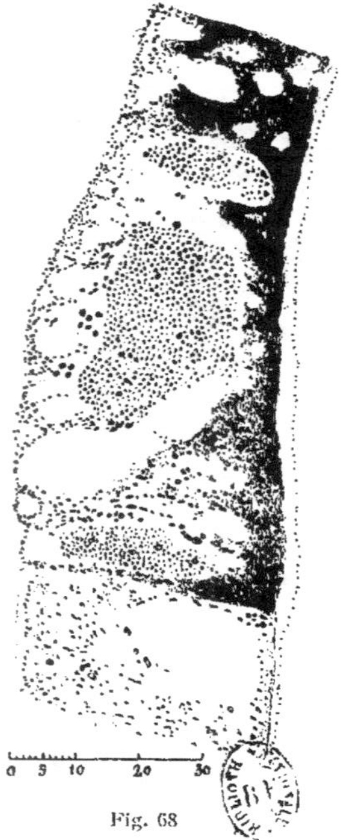

Fig. 68

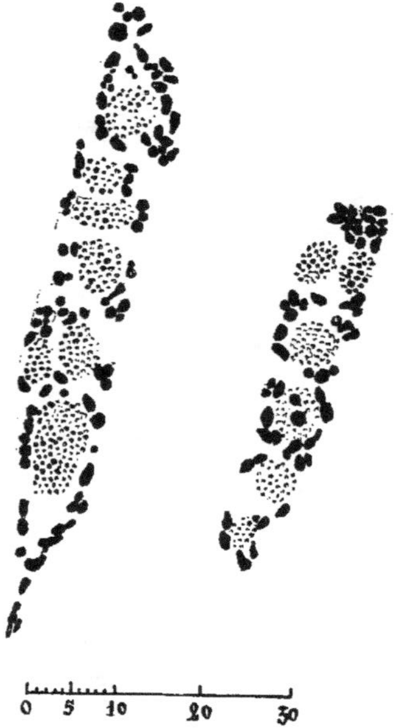

Fig. 70

A. Paillot, *dél.*

Service photographique de l'Université, Lyon, *édit.*

PLANCHE XXVIII

Dysenterie flaccidiforme

Fig. 71. — Coupe longitudinale dans un faisceau musculaire de ver à soie atteint de dysenterie flaccidiforme (épidémie de la région lyonnaire) ; dans le faisceau de gauche, chondriome en files de grains d'inégale grosseur ; dans le faisceau de droite, quelques filaments normaux ; les grains mitochondriaux résultent de la fragmentation des chondriocontes. A côté du premier faisceau musculaire, bande de tissu adipeux ; ce point de la coupe étant situé dans un plan différent, les contours sont flous ; on distingue assez nettement, dans la partie inférieure de la bande de tissu adipeux, les inclusions fuchsinophiles arrondies d'origine mitochondriale. A droite de la figure, portion d'un tube de Malpighi coupé en travers : on distingue nettement la bordure ciliée interne et les inclusions fuchsinophiles protoplasmiques.

Fig. 72. — Coupe longitudinale à travers une nappe musculaire ; le chondriome apparaît complètement transformé en grains de grosseur très inégale ; les files de grains mitochondriaux séparent les fibres musculaires longitudinales.

Fixation au formol salé ; coloration de Kull.

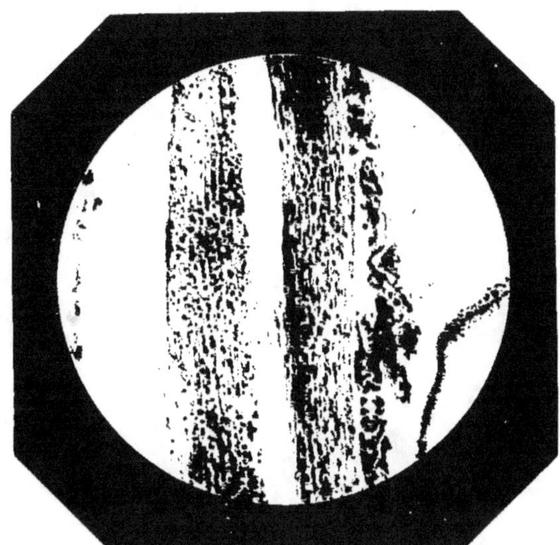

Fig. 71

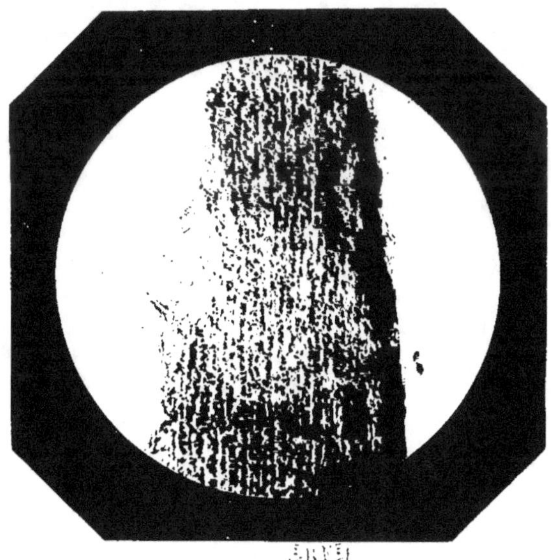

Fig. 72

très faiblement coloré ; dans les glandes sous-hypodermiques, les grains mitochondriaux sont très nombreux et remplissent toute la cellule.

Cellules sanguines. Les chondriosomes ont tendance à se grouper en amas dans le protoplasme ; ils se présentent sous forme de grains, de filaments courts ; on observe quelques formes en raquette et des grains à coque. D'une manière générale, les cellules sanguines sont groupées en certains points du corps où la circulation sanguine est moins active, par exemple, à l'extrémité antérieure du corps.

Vaisseau dorsal. Il y a accumulation de grains mitochondriaux de taille uniforme vers les deux bords de la paroi du vaisseau dorsal ; on observe quelques rares chondriocontes courts.

Les altérations cellulaires et tissulaires qui viennent d'être décrites correspondent à un stade déjà très avancé de l'évolution de la maladie ; lorsque la maladie est à un stade d'évolution moins avancé, l'altération mitochondriale paraît limitée aux cellules épithéliales de l'intestin moyen. Les processus morbides qui se déroulent au niveau de ces cellules, débutent par une transformation progressive des chondriocontes qui donne naissance à des formes modifiées présentant quelques analogies avec celles qu'on observe dans les cellules adipeuses, par exemple, pendant la mue ou la nymphose.

Si l'on compare les lésions histo- et cytopathologiques qui caractérisent la dysenterie flaccidiforme observée dans la région lyonnaise avec celles qui ont été observées au cours de l'évolution de la même maladie dans la Basse-Ardèche, on constate des différences assez importantes qui pourraient faire croire à l'existence de deux entités morbides. En réalité, il s'agit bien d'une seule maladie ; les différences constatées dans la forme des lésions ont vraisemblablement pour cause l'intervention de facteurs secondaires résultant des conditions particulières qui caractérisent chaque éducation. Celle de la région lyonnaise a présenté les particularités suivantes :

1° Eclosion naturelle de la graine; l'éclosion s'est poursuivie pendant cinq jours au moins alors qu'elle ne dure guère plus de trois jours lorsqu'elle a lieu dans une incubatrice ;

2° Variations brusques et importantes de la température ambiante pendant les premiers âges;

3° Alimentation irrégulière au cours de certaines périodes de la vie larvaire.

L'intervention de ces facteurs divers a déterminé, très vraisemblablement, des troubles métaboliques dont la gravité et la répercussion sur l'organisme dépendent de l'état de développement de la larve. On sait que lorsque les conditions ambiantes deviennent défavorables pendant les périodes critiques de la vie larvaire (à l'époque des mues en particulier), les troubles métaboliques et les lésions cellulaires et tissulaires qui en sont la conséquence directe, présentent des caractères de gravité très accusés. Dans le cas particulier qui nous occupe, du fait de l'irrégularité qui a caractérisé l'éclosion et dont les conséquences se sont prolongées pendant tout le cours de l'éducation, les vers n'ont pas subi à un égal degré l'influence des causes morbides; le plus grand nombre sont restés normaux, mais ceux qui ont subi l'action des causes morbides à une période critique de leur vie larvaire, n'ont pas tardé à présenter les symptômes de la dysenterie flaccidiforme et à succomber à cette affection.

L'étude de la flore microbienne du contenu intestinal des vers malades montre que dans la plupart des cas, la **maladie n'est** pas accompagnée d'une multiplication anormale des Bactéries intestinales. En tout cas, il ne semble pas que celles-ci jouent un rôle dans la forme et l'étendue des lésions qui caractérisent la maladie. Les espèces les plus diverses peuvent être rencontrées ; ainsi j'ai pu noter la présence simultanée de Levures, de Coccobacilles et de Coccis colorables par la méthode de Gram, dans le contenu intestinal diarrhéique d'un ver présentant les lésions décrites plus haut ; par contre, je n'ai rencontré aucune de ces espèces dans le contenu intestinal également diarrhéique d'un autre ver présentant les mêmes lésions.

Ces observations, comme celles qui ont été faites dans la Basse-Ardèche, démontrent que la multiplication anormale des Bactéries intestinales ou des autres germes microbiens, est la conséquence d'un état morbide dont la cause est d'ordre physiologique. C'est une confirmation de la thèse italienne, mais dans un cas très particulier.

Dans la nature, les troubles métaboliques qui résultent des modifications survenues brusquement dans les conditions ambiantes, à certaines périodes de la vie larvaire, n'engendrent pas toujours des lésions cellulaires comparables à celles que j'ai décrites précédemment. Dans beaucoup de cas, on peut admettre que ces troubles ne déterminent que des modifications cellulaires non appréciables sur coupes colorées, mais suffisantes, néanmoins, pour diminuer la résistance de l'insecte aux autres causes morbides qui peuvent intervenir pendant tout le cours de la vie larvaire. La cause morbide d'ordre physiologique qui est à l'origine des maladies ainsi provoquées, ne serait en somme qu'une cause prédisposante; elle devrait être rangée à côté des autres causes similaires citées par de nombreux auteurs : élévation de la température au moment des mues ; disproportion entre la température ambiante et le nombre de repas quotidiens, influence des poussières de magnaneries, insuffisance de l'aération, etc.

Article III

PSEUDO-FLACHERIE

J'ai désigné sous ce nom une forme de dysenterie amicrobienne caractérisée par la rapidité de son évolution, par ses symptômes qui rappellent beaucoup ceux de la flacherie ordinaire des anciens auteurs et auteurs modernes. Elle paraît assez rare en France et les dégâts qu'elle cause sont insignifiants comparativement à ceux causés par la gattine ou la flacherie vraie. Depuis le début de mes recherches, c'est-à-dire depuis l'année 1924, je n'ai pu en étudier que deux cas dont l'un s'est manifesté dans un petit élevage de laboratoire.

ÉTIOLOGIE DE LA MALADIE

C'est le 26 mai 1924, que j'ai eu l'occasion d'étudier, dans une chambrée de Bédarrides, en Vaucluse, le premier cas bien caractérisé de pseudo-flacherie ; c'est d'ailleurs le seul que j'aie rencontré jusqu'ici dans les pays de grand élevage. Au moment de ma visite, les vers étaient déjà à un stade assez avancé de la vie larvaire (quatrième à cinquième jour du cinquième âge). De nombreux cadavres recouvraient toutes les claies ; les cadavres se distinguaient à peine des vers normaux ; les malades se reconnaissaient à la diarrhée dont ils étaient atteints et à leur immobilité presque complète ; ils répondaient mal aux excitations et paraissaient atteints de paralysie plus ou moins avancée. En ouvrant longitudinalement le corps des vers malades et l'étalant sur lame de liège, on est tout de suite frappé par l'aspect anormal du tube digestif qui apparaît distendu et souvent dépourvu de mouvements de contraction. Sa couleur, vert bouteille chez les vers normaux, est ici plus ou moins vert-sale ; la réaction du contenu intestinal est généralement nettement plus acide que chez les vers normaux. Le volume du sang est considérablement réduit et son aspect diffère notablement de celui du sang normal: il est plus visqueux et donne naissance à un coagulum dense dès qu'il est au contact de l'air. Les symptômes généraux de la pseudo-flacherie correspondent assez exactement à ceux de la maladie étudiée par C. Acqua, sous le nom de *flacherie typique :* on retrouve aussi dans ces symptômes certains des caractères mentionnés par beaucoup d'auteurs, en particulier par Pasteur. Dans la lettre qu'il adressait à Dumas, le 21 mai 1867, et dont le texte est publié intégralement dans ses « Etudes sur la maladie des Vers à soie », il a fait notamment une description de la maladie dite des *morts-flats* ou *morts-blancs* qui rappelle singulièrement celle de la maladie observée à Bédarrides : « la litière, écrit Pasteur, (la bruyère également, si l'éducation en est là) est couverte de vers ayant tous la grosseur qui convient à leur âge : mais, chose étrange ! ces vers sont morts ou mourants. Ils sont si languissants, que leurs mouvements sont à peine sensibles, et pourtant leur aspect extérieur est si satisfaisant, qu'il faut toucher les morts et les manier pour s'assurer qu'ils ne sont plus vivants. Si déjà quelques-uns sont montés sur la bruyère, ils s'allongent sur les brindilles et y restent sans mouvement jusqu'à leur mort, ou bien ils tombent pendus et retenus seulement par quelques-unes de leurs fausses pattes, comme le montre la figure de la page suivante. Dans ces positions, ils deviennent mous en un temps plus ou moins long, qui est quelquefois très court, puis ils pourrissent en prenant une couleur noire dans l'intervalle de vingt-quatre à quarante-huit heures. Leur corps n'est plus alors qu'une sanie brun-noirâtre remplie de vibrions dont les premiers ont apparu dans les matières dont le canal intestinal, au moment de la mort, était gonflé et comme obstrué à quelque distance de son extrémité postérieure ».

Si l'on examine à l'état frais le sang d'un ver à un stade avancé de la maladie, on constate très souvent que les cellules sanguines sont en état d'altération plus ou moins avancée, la couche protoplasmique est vacuolaire dans la plupart des cas et on observe souvent la présence d'inclusions réfringentes ; dans certains cas, j'ai pu constater, après coloration de frottis par la méthode de Giemsa, que les cellules avaient complètement perdu les caractères de cellules vivantes.

L'étude minutieuse des conditions de l'élevage n'a pas permis de déterminer avec certitude la véritable cause de la maladie. La magnanerie est bien installée dans le voisinage immédiat d'un grenier à foin, mais rien ne permet de supposer que les poussières de foin, qui peuvent souiller parfois l'atmosphère de la magnanerie, ont pu jouer un rôle actif dans le déclanchement des processus morbides.

La graine ne peut être incriminée puisque celle-ci était de deux origines différentes et que la mortalité a été la même dans les deux lots de Vers à soie; signalons aussi que les graines de même origine distribuées dans la commune n'ont donné lieu à aucune plainte.

Les litières sont enlevées aussitôt après la sortie de mue ; on ne fait pas d'autre délitage dans l'intervalle de deux mues.

Bien que la température moyenne ait atteint un niveau relativement élevé pendant la période où la maladie s'est manifestée avec le plus d'intensité, on ne peut attribuer celle-ci aux conditions ambiantes défavorables ; si, en effet, la température était élevée, l'état hygrométrique par contre était faible et la pression barométrique assez élevée ; or, ce sont là des conditions essentiellement favorables à la bonne marche de l'éducation ; elles ont d'ailleurs contribué pour beaucoup à l'accroissement de la récolte moyenne de cocons.

Malgré la sécheresse de l'air, les litières étaient cependant humides et recouvertes par endroits de moisissures ; on peut alors supposer que l'humidité excessive dans laquelle vivaient les vers, humidité qui entravait plus ou moins la transpiration très active pendant le cinquième âge, a pu déterminer des lésions organiques assez graves pour entraîner la mort. La plupart des auteurs ont admis en effet que l'arrêt de la transpiration pouvait être fatal pour le Ver à soie, mais sans fournir la preuve expérimentale qui doit entraîner la conviction. Si l'on enferme des vers dans des boîtes en verre bien closes, l'atmosphère de chaque récipient est rapidement saturée de vapeur d'eau, surtout lorsque les vers reçoivent dans la boîte même leurs repas de feuilles fraîches de mûrier ; dans ces conditions, on peut admettre que la transpiration est au moins aussi entravée que sur les litières humides de la magnanerie ; cependant les vers ne présentent aucun des symptômes de la pseudo-flacherie, même après un séjour prolongé dans les boîtes. L'humidité excessive du milieu ne suffit donc pas pour déclancher les processus caractéristiques de la maladie.

L'éducateur m'a dit avoir donné peu de jours avant ma visite, un repas de feuilles ayant subi un commencement de fermentation, mais bien aérée ensuite : ce ne peut être là la cause déterminante de la pseudo-flacherie: j'ai pu nourrir en effet des Vers à soie au laboratoire avec de la feuille fermentée sans qu'il en résultât pour eux de graves inconvénients. La feuille avait été enfermée et pressée fortement dans un sac de toile fine ; quelques heures après, l'échauffement à l'intérieur du tas de feuilles était déjà très sensible au toucher ; au bout d'un jour, la sensation de chaleur était beaucoup plus forte. Aucun des vers nourris avec cette feuille n'a présenté de troubles comparables à ceux que j'avais observés chez les vers de la magnanerie décimée par la pseudo-flacherie.

Le deuxième cas de pseudo-flacherie a été observé en 1925, dans un élevage de laboratoire, comprenant à peine trente vers du cinquième âge. On ne peut invoquer ici le manque d'aération pour expliquer la mortalité qui s'est manifestée parmi ces vers : ils étaient seuls, en effet, dans une grande salle bien aérée ; on ne peut invoquer de même la mauvaise qualité de la graine puisque, dans l'éducation où ils ont été prélevés quelques jours auparavant (élevage de propagande du Palais de la Foire de Lyon), il n'y a pas eu un seul cas de pseudo-flacherie. Les litières n'avaient pas été changées depuis le début de l'élevage ; elles étaient humides au toucher ; les conditions étaient donc sensiblement les mêmes que dans la magnanerie de Bédarrides. J'ai cependant constaté assez souvent que les litières, dans certaines chambrées mal tenues, étaient plus ou moins recouvertes de moisissure sans que, pour cela, les vers parussent en souffrir. Il faut donc admettre l'intervention d'autres facteurs que l'humidité excessive dans le déclanchement des processus morbides caractéristiques de la pseudo-flacherie. La rapidité d'évolution de la maladie fait penser bien plus à une intoxication ou à un accident de nature physique (asphyxie par exemple) qu'à une maladie microbienne ou de nature physiologique. Dans l'impossibilité où l'on est de reproduire expérimentalement la pseudo-flacherie, la cause morbide reste hypothétique.

C. Acqua avait constaté que la « flacherie typique » était surtout fréquente chez les vers parvenus au cinquième ou au sixième jour du cinquième âge; c'est précisément à ce moment que la fonction malpighienne devient brusquement très active ainsi qu'il résulte des travaux d'un auteur japonais, E. Hiratsuka.

« Les tubes de Malpighi, écrit Acqua, se trouvant à ce moment
en état de fonctionnement très actif, on comprend que dans une
larve déjà affaiblie et prédisposée à la maladie, ils représentent
pour l'organisme un point de moindre résistance. Suivant cette
manière de voir, le processus pathologique prendrait son origine
dans les tubes de Malpighi ; l'insuffisance de la fonction malpighienne peut se manifester, non seulement dans la diminution de
la quantité de matières minérales éliminées, mais aussi dans l'élimination des substancse toxiques qui sont produites normalement
dans le métabolisme vital. Par suite, la larve subirait un processus d'intoxication rapide, qui se manifesterait par l'arrêt des processus vitaux les plus importants, en particulier, de la digestion ».

L'hypothèse émise par Acqua est ingénieuse, mais dans le cas
qui nous occupe, elle ne saurait être considérée comme une explication rationnelle des phénomènes qui caractérisent la pseudo-
flacherie. D'abord, à Bédarrides, la mortalité la plus importante
n'a pas coïncidé avec l'époque du changement d'activité de la
fonction malpighienne; d'autre part, les tubes de Malpighi ne sont
pas le siège des lésions les plus précoces et les plus graves ; nous
verrons même que ces lésions apparaissent plus tardivement que
dans la plupart des autres tissus ; enfin, l'évolution morbide n'est
pas à un stade plus avancé dans la partie postérieure du corps
que dans la partie antérieure ; nous verrons même que certains
tissus sont plus altérés dans la région céphalothoracique que dans
la région abdominale. Pour toutes ces raisons, on peut considérer
que la « flacherie typique » étudiée par G. Acqua, n'a rien de commun avec la dysenterie que j'étudie sous le nom de pseudo-flacherie, bien que les caractères généraux de ces deux affections soient
à peu près identiques. On peut se demander, dans ces conditions,
à quelle forme de maladie intestinale correspond exactement cette
« flacherie typique ».

ÉTUDE DES LÉSIONS HISTO et CYTOPATHOLOGIQUES.

I. Epidémie de Bédarrides. — Sur coupes colorées provenant de vers malades fixés au mélange de Duboscq-Brasil, on ne peut mettre en évidence d'autres lésions que la destruction plus ou moins complète des cellules caliciformes de l'épithélium intestinal. Ces lésions ont été observées et décrites par A. Foa, ce qui laisse supposer que cet auteur a eu affaire à une forme de maladie intestinale identique à celle que j'ai étudiée moi-même ou très voisine de celle-ci.

Après fixation par les méthodes mitochondriales et coloration suivant la méthode de Kull, on met en évidence, dans un certain nombre de tissus autres que l'épithélium intestinal, des lésions cellulaires très profondes et très caractéristiques. On peut ainsi se faire une idée plus exacte de la pathogénie de la pseudo-flacherie qu'en employant les méthodes histologiques ordinaires ; c'est un exemple, après beaucoup d'autres, de la supériorité des méthodes mitochondriales sur ces dernières.

Tube digestif. — Si l'on examine la partie antérieure de l'intestin moyen d'un ver fixé peu avant la mort, on constate que l'altération est surtout manifeste au niveau de la couche protoplasmique ; le chondriome se présente le plus souvent sous la forme de grains arrondis de grosseur variable, aussi nombreux dans la partie basale de la cellule que dans la partie distale ; quelquefois même, contrairement à ce qui se passe dans la plupart des autres maladies intestinales, l'altération mitochondriale est à un stade plus avancé dans la partie basale et moyenne de la cellule que dans l'autre partie. On ne rencontre pas de gros blocs fuchsinophiles comme dans les cellules intestinales des vers atteints de dysenterie flaccidiforme ; les formes en fuseaux courts et renflés sont aussi beaucoup plus rares ; par contre, on observe en plus grand nombre, les files de grains mitochondriaux qui résultent de la fragmentation des chondriocontes. Nous verrons que cette fragmentation des chondriocontes constitue très souvent, dans la pseudo-flacherie, le mode le plus fréquent de destruction du chondriome. Comme on peut s'en rendre compte dans la fig. 73 (Pl. XXIX) qui représente une portion de l'épithélium de la région antérieure du mésointestin, il y a accumulation de granules mitochondriaux et de filaments courts et ténus sous le plateau de la cellule. Le cytoplasme est en général vacuolaire ; il se colore assez mal par la thionine et conserve même, après différenciation par l'aurentia, une teinte plus ou moins rosée qui lui est communiquée par la fuchsine.

La structure du noyau est peu modifiée ; on retrouve en général les mottes chromatiniennes assez bien colorées et régulièrement dispersées dans toute l'aire nucléaire ; dans quelques noyaux cependant, ceux en particulier où l'altération mitochondriale est à un stade plus avancé, la disposition générale de la chromatine est beaucoup moins régulière. Les nucléoles ont sensiblement le même aspect qu'à l'état normal ; là encore, on constate une différence fondamentale avec les lésions nucléaires qui caractérisent la dysenterie flaccidiforme.

La sécrétion, dans cette partie de l'intestin moyen, est loin d'être aussi active que chez les vers en état de gattine. Le contenu intestinal apparaît farci de microbes ; ceux-ci sont particulièrement nombreux dans la membrane péritrophique qui est très épaissie.

Dans la partie moyenne du mésointestin, l'altération est à un stade plus avancé que partout ailleurs ; le chondriome est transformé à peu près complètement en grains arrondis de grosseur variable ou en vésicules arrondies. se présentant sous forme de couronnes ; les vésicules représentent le stade ultime de l'altération mitochondriale ; on observe aussi la présence de quelques blocs fuchsinophiles de taille relativement volumineuse, mais ceux-ci sont beaucoup moins nombreux que dans les cellules correspondantes des vers atteints de dysenterie flaccidiforme. Le cytoplasme indifférent est très mal coloré ; sa teinte est plus nettement rosée que dans les cellules de la région antérieure ; il est très vacuolaire. Les vacuoles ciliées des cellules caliciformes ont à peu près complètement disparu de la paroi, mais il ne semble pas que cette disparition corresponde, comme le pense A. FOA, à une destruction effective des cellules caliciformes. On peut observer, dans l'intérieur même de la paroi épithéliale, de véritables nids de microbes ; ceux-ci sont, en général, intercallés entre les cellules épithéliales, mais il en existe aussi à l'intérieur des cellules. La pénétration des microbes intestinaux dans l'intérieur des cellules n'est pas constante ; elle n'a lieu que lorsque celles-ci ont perdu les caractères de cellules vivantes ; c'est donc une véritable infection *post-mortem*. Les amas microbiens intra-épithéliaux sont assez bien visibles dans la microphotographie 74 (Pl. XXIX) qui représente une portion de l'épithélium du deuxième tiers de l'intestin moyen d'un ver parvenu à un stade très avancé de la maladie.

Il existe une différence très nette dans la marche des processus morbides entre le tiers postérieur de l'intestin moyen et les deux-tiers antérieurs : alors que, dans cette dernière partie, la presque totalité des vacuoles ciliées sont détruites, dans l'autre, au contraire, elles sont encore très nombreuses ; on constate aussi que les microbes intestinaux sont beaucoup moins abondants dans cette région que dans l'autre. La destruction des vacuoles ciliées n'a pas toujours lieu suivant le même processus : ou bien la bordure ciliée se transforme en une couronne de grains fuchsinophiles

PLANCHE XXIX

Pseudo-flacherie

Fɪɢ. 73. — Coupe longitudinale dans le mésointestin antérieur d'un ver à soie atteint de pseudo-flacherie. Les cellules sont en état d'altération très avancée : le chondriome est complètement transformé en grains ou en fuseaux trapus ; on observe, dans quelques cellules, des vésicules mitochondriales (terme de l'altération mitochondriale). Il y a accumulation de grains mitochondriaux sous le plateau cellulaire qui borde la paroi épithéliale ; le protoplasme est vacuolaire ; il prend une teinte légèrement rosée après coloration par la fuchsine acide. Les noyaux sont très altérés.

Fɪɢ. 74. — Coupe longitudinale dans le mésointestin moyen d'un ver à soie atteint de pseudo-flacherie (épidémie de Bédarrides). A remarquer la disparition des vacuoles ciliées de l'épithélium ; on observe, dans l'épaisseur de la paroi, de véritables nids microbiens (ils forment des taches sombres sur la photographie).

Fixation au formol salé ; coloration de Kull.

Fig. 74

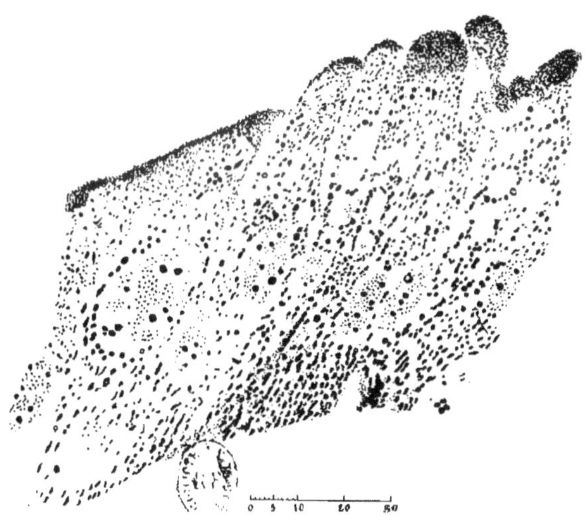

Fig. 73

A. Paillot, *dél.*

Service photographique de l'Université, Lyon, *édit*

arrondis qui est expulsée ensuite de la paroi après résorption
plus ou moins complète de la vacuole ; ou bien les cils s'aggluti-

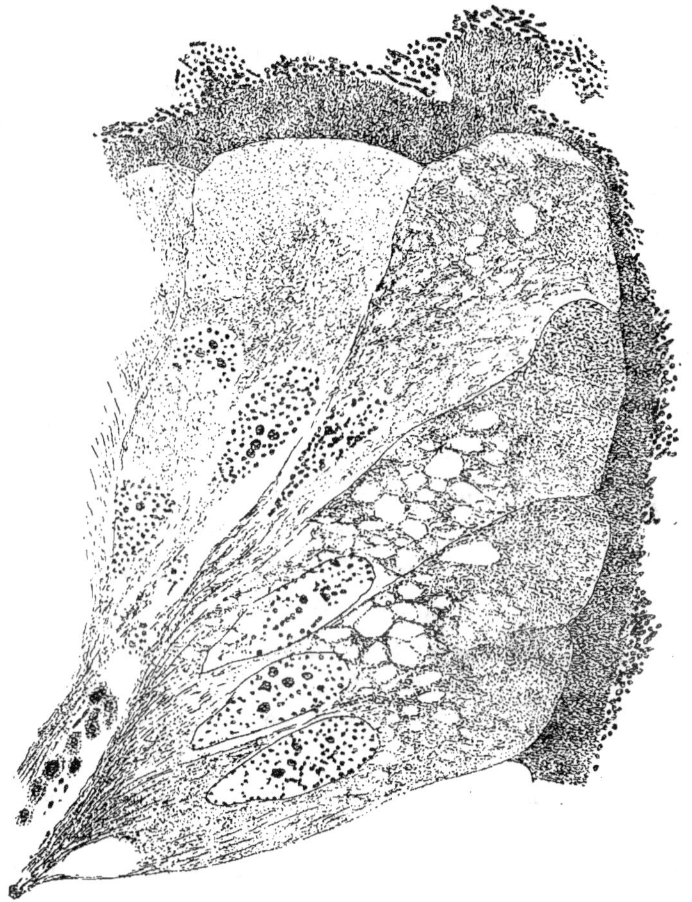

FIG. 75 — Cellules épithéliales de l'intestin moyen d'un Ver à soie
atteint de pseudo-flacherie. Fixation au Duboscq-Brasil ; coloration à l'hématoxyline ferrique.

nent les uns aux autres en formant une couronne plus ou moins
homogène qui semble se détacher en bloc du bord de la vacuole

et qui est expulsée ensuite dans la lumière intestinale ; on retrouve ces couronnes, ou les masses fuchsinophiles qui en dérivent, en liberté entre la paroi épithéliale et la membrane péritrophique ou déjà encastrées dans l'épaisseur de celle-ci. Rien ne prouve donc que les cellules caliciformes sont effectivement détruites.

Le cytoplasme est très vacuolaire ; les chondriosomes sont relativement rares et se présentent le plus souvent sous forme de grains de grosseur très variable. La structure du noyau diffère peu de celle du noyau normal ; seuls les nucléoles apparaissent moins fuchsinophiles ; quelques-uns se colorent seulement sur le pourtour, ce qui les fait apparaître sous forme de couronnes.

Lorsqu'on examine une coupe de ver malade fixé par le Duboscq-Brasil, il est à peu près impossible de déterminer la nature exacte des processus morbides qui se déroulent au niveau des cellules intestinales ; j'ai représenté, dans la figure 75, une portion de l'épithélium intestinal d'un ver parvenu à un stade déjà très avancé de la maladie et traité suivant cette méthode ; on peut constater que, en dehors de l'absence des vacuoles ciliées, les autres lésions cellulaires ne sont pas mises en évidence ; toutefois, la structure de quelques noyaux apparaît plus ou moins modifiée à la suite de la destruction partielle de la chromatine.

La région absorbante de l'intestin postérieur est relativement très altérée : les chondriocontes disposés normalement en palissades perpendiculaires à la surface libre de la cellule, sont en grande partie détruits et transformés en granules fuchsinophiles. Le cytoplasme est très vacuolaire. La structure nucléaire, par contre, est peu modifiée ; on constate la présence de nucléoles arrondis hypertrophiés dans quelques cellules.

Sang. — Comme je l'ai dit plus haut, le volume du sang est considérablement réduit et sa viscosité est plus grande qu'à l'état normal. Sur coupes colorées, les cellules sanguines apparaissent le plus souvent emprisonnées dans une sorte de magma constitué par le plasma coagulé ; elles sont en général à un stade d'altération plus avancé que les cellules intestinales.

Tissu musculaire. — Les chondriosomes se présentent sous forme de files de grains fuchsinophiles disposés entre les fibres longitudinales des faisceaux musculaires ; ces grains résultent de la fragmentation des chondriocontes ; ils se transforment ensuite en vésicules arrondies dont la paroi seule est colorable par la fuchsine. Une nappe musculaire est représentée dans la microphotog. 76 (Pl. XXX) à côté de tissu adipeux en voie d'altération ; quelques-unes de ces vésicules sont visibles à côté de files de grains arrondis. D'une manière générale, les grains mitochondriaux sont moins volumineux que dans les muscles de vers atteints de dysenterie flaccidiforme. La destruction du chondriome explique le relâchement des muscles et l'état de paralysie plus ou moins complète qui caractérise la maladie.

Glandes séricigènes. — Les cellules des glandes séricigènes apparaissent relativement peu altérées dans la portion sécrétrice. Au stade où les vers ont été examinés (quatrième jour à cinquième jour du cinquième âge), les noyaux sont abondamment pourvus de nucléoles très fuchsinophiles de taille variable, depuis celle du grain de chromatine jusqu'à celle du nucléole normal dont le diamètre est environ trois à quatre fois plus grand que celui du grain de chromatine. Dans le cytoplasme, dont la disposition en travées est caractéristique, les inclusions fuchsinophiles envacuolées sont assez nombreuses ; on sait que ces inclusions sont d'origine nucléolaire (j'ai montré avec R. Noël qu'elles correspondent à des nucléoles expulsés du noyau et participent directement à l'élaboration de la soie).

Le chondriome est beaucoup plus granuleux que dans les cellules normales.

. Dans la portion excrétrice des glandes séricigènes, on observe souvent, dans le voisinage de la lumière du canal excréteur, une bordure interne de grains et de blocs fuchsinophiles plus ou moins volumineux ; la plupart des chondriosomes sont transformés en grains ; le protoplasme est très vacuolaire. La structure du noyau peut être considérée comme normale.

Corps adipeux. — On constate une différence très nette dans le degré d'altération des cellules adipeuses, suivant qu'on examine la région abdominale ou la région céphalo-thoracique : alors que les chondriosomes des cellules de la région postérieure se présentent encore sous forme de longs chondriocontes flexueux, allongés dans les trabécules protoplasmiques, ceux des cellules antérieures sont transformés pour la plupart en grains ou blocs fuchsinophiles peu volumineux. Les noyaux, dans les cellules, sont plus ou moins hypertrophiés ; les grains de chromatine apparaissent très irrégulièrement colorés et distribués dans l'aire nucléaire ; les nucléoles, de forme régulièrement arrondie, conservent leurs affinités colorantes pour la fuchsine. A mesure que l'altération cellulaire progresse, on constate que la délimitation entre l'aire nucléaire et la couche protoplasmique devient de plus en plus imprécise.

Dans quelques cellules de la région postérieure du corps et surtout de la région moyenne, on peut observer facilement les différents stades de la transformation des chondriocontes en grains ou blocs fuchsinophiles : il y a fragmentation des filaments chondriosomiques (fragmentation démontrée par l'existence de files de granules reliés ou non entre eux), ou renflement vers les extrémités (formes en haltère, en goutte d'eau), ou dans la partie mé-

PLANCHE XXX

Pseudo-flacherie

Fig. 76. — Coupe longitudinale à travers un faisceau musculaire et une bande de tissu adipeux chez un ver à soie atteint de pseudo-flacherie (épidémie de Bédarrides). Le chondriome, dans le faisceau musculaire, est entièrement transformé en grains de grosseur variable ; quelques-uns de ces grains sont déjà vésiculeux et apparaissent sous forme de couronnes fuchsinophiles. Le chondriome des cellules adipeuses est également transformé en grains ; les noyaux se présentent sous leur aspect normal ; on distingue nettement les grains de chromatine et les nucléoles colorés comme dans les noyaux normaux.

Fig. 77. — Coupe longitudinale dans le mésointestin moyen d'un ver à soie atteint de pseudo-flacherie (épidémie de laboratoire). On constate une destruction active des vacuoles ciliées dont la bordure se détache et tombe dans la lumière intestinale. La paroi épithéliale apparaît très déchiquetée en bordure et la membrane péritrophique est très épaissie par apport de substance cellulaire résultant de la destruction de l'épithélium.

Fixation au formol salé ; coloration de Kull.

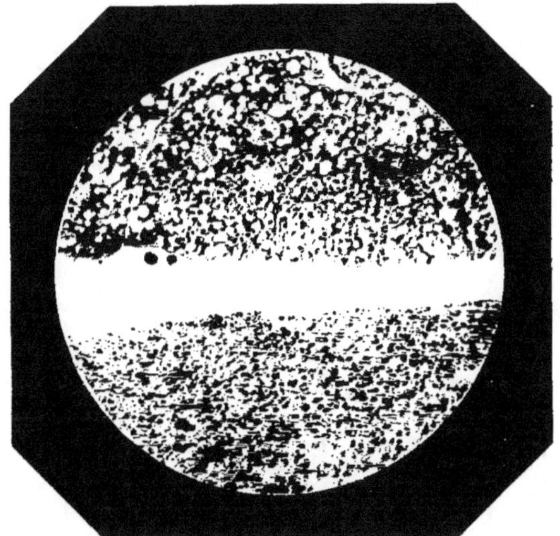

Fig. 76

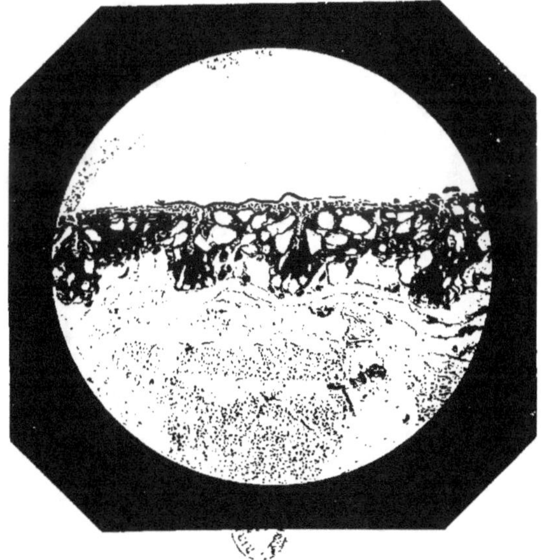

Fig. 79

Service photographique de l'Université, Lyon, *édit.*

diane (formes en fuseau) : on observe aussi la présence de quelques grains à coque qu'il ne faut pas confondre avec les vésicules qui représentent le dernier stade d'altération mitochondriale.

Cellules péricardiales. — On n'observe pas de chondriocontes dans la couche protoplasmique, mais seulement des grains et blocs fuchsinophiles de taille assez volumineuse accumulés principalement dans la région moyenne de la cellule, autour du noyau.

Les *tubes de Malpighi* ne présentent pas de lésion cellulaire caractéristique ; on ne saurait donc considérer la pseudo-flacherie comme une maladie d'origine malpighienne.

II. Epidémie de laboratoire. — L'étude histo- et cytopathologique des vers prélevés dans l'élevage de laboratoire atteint de pseudo-flacherie, a montré que les processus morbides qui se déroulent au niveau des cellules intestinales présentent de grandes analogies avec ceux qui ont été décrits plus haut. Sur l'un des vers fixé au formol salé et coloré suivant la méthode de Kull, j'ai reconnu les lésions caractéristiques de la gattine (destruction élective du noyau des cellules épithéliales du tiers postérieur de l'intestin moyen) ; mais, outre ces lésions, on met aussi en évidence les autres lésions les plus caractéristiques de la pseudo-flacherie, ce qui démontre bien l'indépendance relative des deux maladies.

Sur un tel objet, on constate que le chondriome des cellules de la région antérieure du mésointestin est entièrement transformé en fins granules ; mais la structure du noyau est normale comme d'ailleurs celle du noyau des cellules antérieures de la région moyenne. Au fur et à mesure qu'on se rapproche de la région postérieure, les lésions cellulaires deviennent de plus en plus accentuées : le protoplasme se vacuolise et la destruction des vacuoles ciliées se généralise de plus en plus pour atteindre son maximum vers la partie postérieure du deuxième tiers de l'intestin moyen. Comme dans le cas étudié plus haut, la bordure ciliée se détache en bloc et est expulsée de la cellule. La microphot. 77 (Pl. XXX) représente une partie de cette région intestinale; on remarque la présence des couronnes fuchsinophiles prêtes à être expulsées des cellules ; quelques-unes sont en liberté entre la paroi épithéliale et la membrane qui est plus ou moins épaissie.

Les modifications structurales du noyau rappellent beaucoup celles qu'on observe au niveau du noyau des cellules épithéliales de la région postérieure du mésointestin (voir fig. 78) : les nucléoles sont rejetés à la périphérie du noyau qui s'hypertrophie plus ou moins ; la chromatine a tendance à se grouper en amas denses et finement granuleux. Le chondriome forme des amas de granules ou de filaments courts et ténus qui semblent se localiser surtout dans la partie distale des cellules. Près de la région postérieure de l'intestin moyen, l'altération mitochondriale est à un stade très avancé : le chondriome est représenté par des grains de toutes tailles, et des fuseaux courts et renflés, plus nombreux dans la partie basale que dans la partie distale.

La partie postérieure du mésointestin présente les lésions caractéristiques de la gattine.

Corps adipeux. — Comme chez les vers malades provenant de l'éducation de Bédarrides, on constate une différence très nette dans la marche des processus morbides, entre les cellules adipeuses céphalo-thoraciques et les cellules abdominales ; dans ces dernières, le chondriome est encore à l'état de longs chondriocontes flexueux; dans les cellules de la région abdominale moyenne (fig. 79 et 80, Pl. XXXI et XXXII), les formes de passages sont nombreuses et rappellent beaucoup celles qu'on observe dans les mêmes cellules au début de la mue : formes en haltère, en goutte d'eau, en fuseau, etc... Dans les cellules de la région céphalo-thoracique, l'altération est à un stade très avancé (Fig. 81, Pl. XXXII) : les grains mitochondriaux, de grosseur très irrégulière, sont en général accumulés autour du noyau; le cytoplasme indifférent forme aussi autour du noyau une couche plus ou moins épaisse de masses arrondies, intensément colorées par la thionine ou le bleu de toluidine. Le noyau présente des signes très nets d'altération ; en particulier, les grains de chromatine apparaissent plus petits qu'à l'état normal et très faiblement colorés par la thionine ; la démarcation entre l'aire nucléaire et la couche protoplasmique devient de plus en plus floue.

Cellules péricardiales. — On observe encore la présence de quelques chondriocontes filamenteux dans la couche protoplasmique périphérique, mais aussi beaucoup de formes de passage, en particulier, des fuseaux courts et renflés ; les grains et blocs fuchsinophiles arrondis sont concentrés dans la partie médiane des cellules.

Sang. — Le volume du sang est très nettement réduit ; les amibocytes se présentent, sur coupes colorées, en amas plus ou moins volumineux concentrés en certaines régions du corps. La structure nucléaire de ces éléments est à peu près normale, mais le chondriome est complètement transformé en grains accumulés le plus souvent en divers points de la couche protoplasmique.

Muscles. — L'altération mitochondriale paraît moins avancée que chez les vers précédemment étudiés et prélevés à Bédarrides ; les grains mitochondriaux sont disposés en files rectilignes correspondant à l'intervalle qui sépare deux fibres voisines ; mais, nulle part, on ne rencontre de vésicules mitochondriales.

Aucun des autres vers de l'élevage de laboratoire n'a présenté de lésion de gattine ; chez tous, par contre, les lésions cellulaires étaient identiques à celles qui viennent d'être décrites.

La constance des lésions histo- et cytopathologiques d'un type déterminé, leur spécificité, comme celle des symptômes généraux, démontrent suffisamment que la pseudo-flacherie est une entité morbide au même titre que la gattine, la dysenterie des filatures ou la dysenterie flaccidiforme. Le fait que les altérations tissulaires semblent se propager de l'avant à l'arrière est une preuve que cette entité morbide n'a rien de commun avec la « flacherie typique » étudiée par C. Acqua ; en effet, écrit cet auteur, « on rencontre souvent des vers chez lesquels la flaccidité et l'altération des tissus est plus avancée dans la partie postérieure du corps et plus particulièrement à partir du neuvième anneau ». C'est d'ailleurs, pour lui, une preuve que la maladie est bien d'origine malpighienne.

LA PSEUDO-FLACHERIE N'EST PAS UNE MALADIE MICROBIENNE

L'examen histopathologique des vers malades nous a montré que les microbes se rencontrent en abondance dans le contenu intestinal. C'est là une constatation d'ordre très général et qui peut être faite en examinant bactériologiquement la goutte liquide trouble que l'on fait sourdre en pressant sur la partie abdominale postérieure du ver malade ; cependant, la multiplication anormale des Bactéries intestinales ne constitue, à proprement parler, qu'un épiphénomène.

D'abord, il n'existe pas d'espèce nettement prédominante parmi toutes celles que l'on peut isoler du contenu intestinal de vers pré-

PLANCHE XXXI

Pseudo-flacherie

Fig. 78. — Coupe longitudinale dans le mésointestin d'un ver à soie atteint à la fois de pseudo-flacherie et de gattine (épidémie de laboratoire). La bordure ciliée des vacuoles des cellules caliciformes est détruite en partie ; le chondriome est altéré mais non transformé complètement en grains. Les noyaux sont en voie d'altération : les grains de chromatine apparaissent plus nombreux et plus petits qu'à l'état normal ; les nucléoles sont rejetés à la périphérie.

Dans la partie postérieure de l'intestin moyen, les noyaux sont altérés comme chez les vers atteints de gattine simple.

En bas de la figure, membrane péritrophique épaissie à la suite d'apports de substance d'origine cellulaire ; le chondriome est encore visible sous forme de grains fuchsinophiles.

Fig. 79. — Modifications du chondriome dans une cellule adipeuse de ver à soie atteint de pseudo-flacherie (premier stade d'altération). Les formes modifiées rappellent par leur aspect celles qu'on observe dans les cellules adipeuses au début de la mue.

Formol salé ; coloration de Kull.

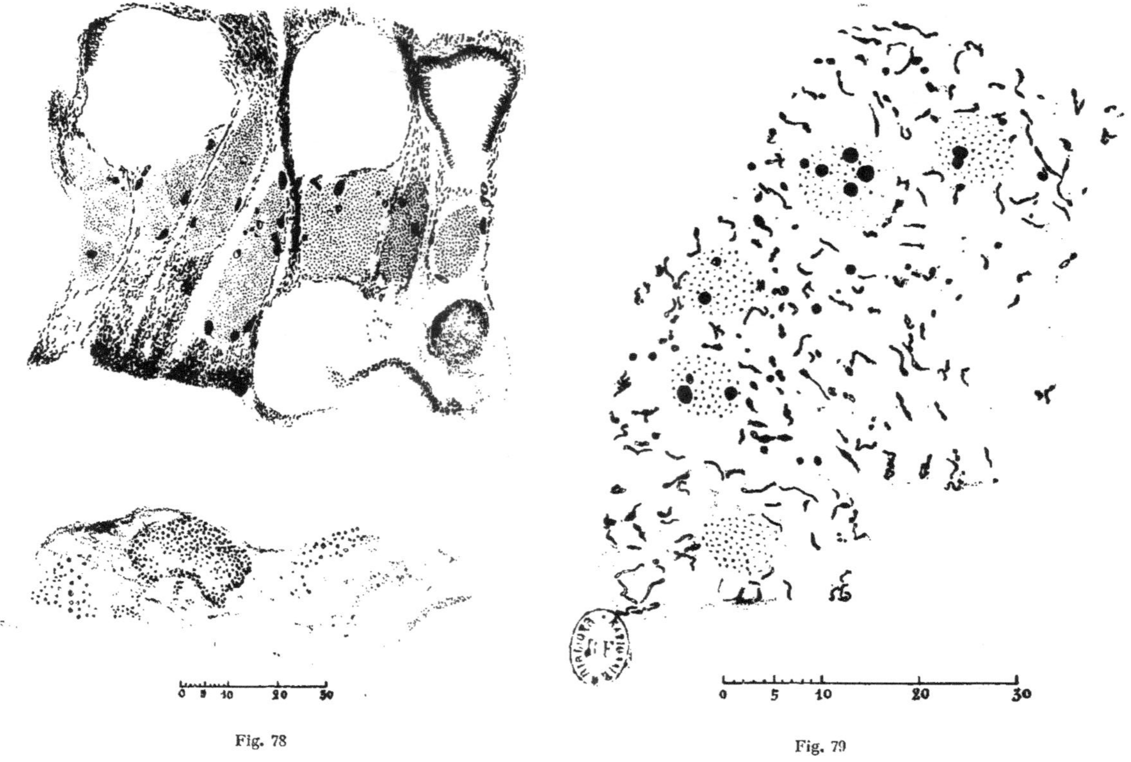

Fig. 78

Fig. 79

PLANCHE XXXII

Pseudo flacherie

Fig. 80. — Coupe à travers une bande de tissu adipeux dans la région moyenne d'un ver à soie atteint de pseudo-flacherie (épidémie de laboratoire). L'altération du chondriome est plus avancée que dans la région postérieure (comparer cette figure avec la figure 79 de la planche précédente).

Fig. 81. — Cellules adipeuses de la région céphalo-thoracique (la coupe ayant servi à dessiner cette figure est la même que celle sur laquelle ont été dessinées les deux figures précédentes). Le protoplasme apparaît beaucoup plus altéré que dans les cellules des régions moyennes et postérieures : il se présente sous forme de boules assez denses accumulées autour du noyau ; le chondriome est entièrement transformé en grains. Le noyau est très altéré et ne renferme pas de nucléoles.

Fixation au formol salé ; coloration de KULL.

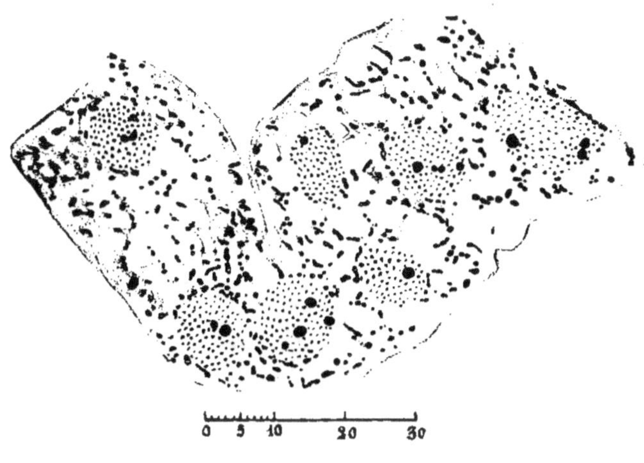

Fig. 80

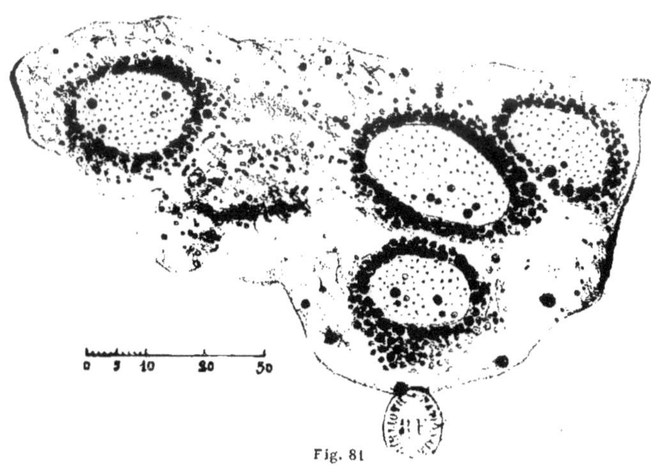

Fig. 81

levés en divers points de la chambrée ; chez les uns, les Coccobacilles dominent ; chez d'autres, ce sont les Bacilles plus ou moins allongés ; chez d'autres enfin, ce sont les Coccis. Le plus souvent, plusieurs espèces différentes se rencontrent chez le même ver. Dans le cas de la pseudo-flacherie de laboratoire, les Micrococques prédominent ; nous avons vu que, chez l'un des vers prélevés pour recherches d'histopathologie, le *Streptococcus bombycis* représentait l'espèce principale, mais, chez tous les autres, les Micrococques appartenaient à d'autres espèces toutes différentes.

L'injection, dans la cavité générale de Vers à soie normaux, d'une goutte de sang prélevé sur un ver malade, ne déclenche aucun des processus caractéristiques de la pseudo-flacherie. De même, l'ingestion de contenu intestinal diarrhéique riche en microbes ne détermine aucun accident grave au niveau de l'intestin moyen ; l'expérience a été faite le 1er juillet 1925, sur dix Vers à soie du cinquième âge ; tous ont tissé normalement leur cocon quelques jours après. Enfin le même jour, j'ai placé dix autres vers du cinquième âge, rapportés la veille du Palais de la Foire de Lyon, sur les litières mêmes du petit élevage de laboratoire décimé par la pseudo-flacherie. Les dix vers sont restés normaux et ont tissé normalement leur cocon ; les chrysalides examinées le 9 juillet étaient toutes parfaitement saines.

Comment expliquer que les microbes se multiplient plus rapidement dans le contenu inestinal des vers atteints de pseudo-flacherie que dans celui des vers atteints de dysenterie flaccidiforme ou intoxiqués par les poussières de magnanerie ? L'explication ne peut être cherchée que dans la différence de composition de la sécrétion intestinale ; le fait que, chez les vers atteints de pseudo-flacherie, les microbes se multiplient plus activement dans la partie antérieure et moyenne du mésointestin que dans la partie postérieure, est une preuve à l'appui de cette hypothèse.

Malgré l'importance de la multiplication microbienne, il ne semble pas qu'elle soit la cause de modifications importantes dans les
lésions et les troubles généraux qui caractérisent la maladie.

CHAPITRE IV

PROPHYLAXIE
DES MALADIES INTESTINALES

VUE D'ENSEMBLE
SUR LES AFFECTIONS DU TUBE DIGESTIF DU VER à SOIE

Mes recherches sur la pathologie du tube digestif du Ver à soie ont mis en évidence un certain nombre de faits qui éclairent d'un jour nouveau cette question encore si obscure et si controversée. PASTEUR croyait à l'existence d'une maladie unique : la flacherie, causée par la multiplication anormale de Bactéries intestinales. J'ai montré que c'était là une conception inexacte ; la flacherie n'existe pas en tant qu'entité morbide déterminée : c'est un ensemble d'affections intestinales dont les symptômes externes peuvent présenter entre eux de grandes analogies, mais dont les lésions cellulaires et tissulaires sont nettement différentes. Les unes ont pour cause un microbe spécifique ; les autres résultent de l'action de facteurs divers non animés.

La gattine est de beaucoup, en France tout au moins, la maladie intestinale qui cause les dégâts les plus importants ; c'est une entité morbide bien définie dont la cause unique est le *Strepto-coccus bombycis* ou ferment en chapelets de grains de PASTEUR. Lorsque l'infection principale à Streptocoques est compliquée d'infections secondaires, on a affaire à la flacherie vraie ou flache-rie de PASTEUR. Parmi les microbes d'infection secondaire que l'on rencontre ordinairement dans les régions de grand élevage, on doit citer en premier lieu un gros Bacille sporulé qui semble de-voir être identifié au « Vibrion à noyau » de PASTEUR. La flacherie vraie n'est pas à proprement parler une entité morbide définie, puisque sa cause morbide première est la même que celle de la gattine. Le *Bacillus bombycis* ne se multiplie anormalement que si le tube intestinal est déjà en état de fonctionnement anormal. Sa présence se manifeste par une odeur assez caractéristique très désagréable.

En dehors des dysenteries microbiennes, il existe un certain nombre d'affections dont la cause morbide n'est pas de nature parasitaire ; ces dysenteries sont caractérisées par des lésions tissulaires et cellulaires assez différentes les unes des autres pour qu'on soit en droit de les considérer comme des entités morbides au même titre que la gattine. L'une a pour cause l'action toxique exercée sur le tube intestinal moyen par les poussières de filature riches en produits de déchets normaux du Ver à soie : c'est la *dysenterie des filatures*. L'action toxique des poussières se réduit, en dernière analyse, à celle d'un poison lié aux produits d'excré-tion et de sécrétion normaux, en particulier, à la bave dont la sécrétion précède celle de la soie et qui forme la « bourre » ou « blaze » qui entoure les cocons. Une deuxième forme de dysen-terie amicrobienne résulte de modifications brusques survenues dans les conditions d'élevages pendant une période critique de la vie larvaire (mue ou sortie de mue) : c'est la *dysenterie flacci-*

diforme. La troisième forme, étudiée sous le nom de *pseudo-flacherie*, rappelle par ses caractères la « *flacherie typique* » de C. Acqua, mais elle ne paraît avoir rien de commun avec cette dernière maladie ; elle correspond vraisemblablement à cette forme de flacherie accidentelle que Pasteur attribue à l'action de certaines causes prédisposantes dont « les funestes effets s'accusent dans l'intervalle de vingt-quatre heures ». La cause morbide n'a pu être déterminée avec certitude ; elle ne cause d'ailleurs, actuellement tout au moins, que peu de dégâts en France.

Les causes morbides qui déclanchent les processus morbides caractéristiques de chacune de ces dysenteries amicrobiennes, peuvent agir sur l'organisme du Ver à soie sans provoquer d'altérations morphologiques définies ; leur action se manifeste alors par un affaiblissement général du ver et par une sensibilisation de l'organisme à l'action des parasites microbiens intestinaux ; elles agissent alors comme causes prédisposantes. Ainsi les modifications brusques des conditions d'élevage pendant les périodes critiques de la vie larvaire au moment ou à la sortie des premières mues, peuvent prédisposer les vers à l'infection streptococcique ; en fait, dans la pratique, elles jouent un rôle assez important dans la génèse des épidémies de gattine et de flacherie vraie ; de même, l'action prolongée des poussières de magnanerie, si elle ne se manifeste pas par des lésions cellulaires et tissulaires bien caractérisées, doit se traduire vraisemblablement par une diminution de l'immunité naturelle du Ver à soie contre les infections microbiennes intestinales en général. Les méthodes d'investigation actuelles ne permettent pas encore de déterminer la nature exacte et le mécanisme de l'action exercée par ces différentes causes morbides, pas plus d'ailleurs qu'elles ne renseignent sur les modifications organiques correspondant à la prédisposition héréditaire ou à l'immunité naturelle.

La thèse, dont je viens d'exposer les grandes lignes, s'oppose moins à l'ancienne conception de PASTEUR qu'à celle de l'Ecole italienne dont elle infirme certaines conclusions importantes, ou à celle de l'Ecole japonaise qui réduit beaucoup trop l'importance du rôle joué par les parasites microbiens, en particulier par le *Streptococcus bombycis*. La conception de PASTEUR est évidemment trop absolue, mais on doit reconnaître que, dans un grand nombre de cas, elle est parfaitement justifiée, puisqu'il est démontré aujourd'hui que l'infection streptococcique est à l'origine des maladies intestinales qu'on rencontre le plus fréquemment dans les élevages de Vers à soie. On me reprochera, peut-être, d'avoir compliqué la question de la pathologie générale du tube digestif du Ver à soie en revenant à la conception ancienne de la pluralité des types morbides ; on sait, en effet, que les auteurs modernes, PASTEUR en particulier, ont cru simplifier cette question en ramenant toutes les affections intestinales à une seule maladie. Pour admettre semblable thèse aujourd'hui, il faut ignorer complètement l'importance relative des causes morbides et leur rôle étiologique et pathogénique. C'est un reproche qu'on peut adresser en effet à beaucoup d'auteurs modernes ; il ne semble pas, d'ailleurs, qu'on se soit préoccupé de justifier cette conception en démontrant que la flacherie est effectivement une entité morbide au même titre que la grasserie, la pébrine ou la muscardine.

Une entité morbide est caractérisée d'abord par la cause qui la produit (cause morbide ou morbifique), par les lésions tissulaires et cellulaires qui résultent de l'action de cette cause, enfin par les troubles physiologiques qui sont la conséquence des lésions organiques. Si l'on est maître de la cause morbide, si l'on a affaire, par exemple, à une Bactérie ou à un poison organique, on pourra reproduire expérimentalement la maladie avec tous ses caractères ; mais dans le cas où la maladie est causée par un ou par des facteurs externes, on ne pourra la reproduire avec tous ses caractères que si l'on fait agir ce ou ces facteurs dans des conditions bien déterminées de milieu.

L'étude des lésions tissulaires et cellulaires est très importante pour la définition même de l'entité morbide ; elle a été négligée jusqu'ici et c'est une des principales raisons pour lesquelles la question des maladies intestinales est restée si longtemps confuse et obscure. Les troubles généraux, qui constituent les symptômes externes de la maladie, manquent de spécificité. J'ai donné suffisamment d'exemples de ce manque de spécificité au cours de cette étude pour qu'il n'y ait pas lieu d'en citer à nouveau ; il est facile de comprendre qu'une étude de pathologie basée sur l'étude de ces caractères est sujette à caution et qu'une maladie, qui est définie seulement par les symptômes externes, ne peut être considérée comme une véritable entité morbide. C'est pourquoi je me suis efforcé, dans mes recherches, de tenir compte à la fois de l'influence de la cause morbide, des lésions histo- et cytopathologiques et des troubles physiologiques qui en sont la conséquence. L'emploi d'une telle méthode devait aboutir à des résultats très différents de ceux qui ont été obtenus jusqu'ici. Je n'oserais affirmer que ces résultats sont définitifs, puisque la méthode n'a été appliquée jusqu'ici que dans un cas très particulier. Mais, dans le domaine des sciences biologiques, plus encore qu'en tout autre domaine, il n'y a rien de définitif, sinon les faits eux-mêmes lorsqu'ils sont bien observés, et les théories qui paraissent les mieux assises peuvent toujours être bouleversées à la suite de découvertes nouvelles.

HYGIÈNE DES MAGNANERIES

La gattine et la flacherie étant les plus importantes des maladies intestinales du Ver à soie, c'est contre elles qu'il convient de lutter en premier lieu. Il n'existe malheureusement pas de méthode curative efficace permettant d'enrayer ces maladies lorsqu'elles apparaissent en cours d'éducation ; mais on peut les prévenir par des mesures préventives ou prophylactiques simples, à la portée de tous les éducateurs ; nous verrons que ces mesures sont également efficaces contre les dysenteries amicrobiennes.

HYGIÈNE DES ÉDUCATIONS. — En étudiant la gattine et la flacherie vraie, j'ai montré que l'épidémiologie de ces affections était conditionnée, non seulement par le *Streptococcus bombycis* et les produits cytotoxiques qui sont élaborés au cours de sa vie parasitaire, mais aussi par un certain nombre de facteurs intrinsèques et extrinsèques. Les facteurs intrinsèques jouent un rôle important dans la génèse des épidémies de gattine ; leur rôle consiste à sensibiliser les vers à l'action microbienne, autrement dit, à les prédisposer à l'infection ; cette prédisposition héréditaire est du même ordre que celle qui se manifeste par exemple chez l'homme dans le cas de la tuberculose. Lorsque les reproducteurs sont sains et proviennent d'élevages non atteints par la gattine ou la flacherie vraie, les descendants ne sont pas prédisposés à la maladie. C'est au graineur à s'assurer que les lots de cocons utilisés pour le grainage proviennent bien d'éducations saines ; en fait, on peut admettre que les facteurs intrinsèques jouent un rôle beaucoup moins important qu'autrefois dans la propagation des maladies intestinales.

Les facteurs extrinsèques sont sous le contrôle direct de l'éducateur. J'ai montré que certains d'entre ces facteurs jouaient un rôle de premier plan ; ainsi les modifications brusques des conditions d'élevage (température et nourriture), pendant les périodes critiques de la vie larvaire, mettent souvent les vers en état de réceptivité vis à vis du *Streptococcus bombycis*. On écartera cette éventualité, tout d'abord, en régularisant la température moyenne pendant les premiers âges et en veillant à ce que l'écart entre les maxima et minima soit aussi réduit que possible ; puis en choisissant avec un soin particulier la feuille, de manière à ce que les vers ne soient pas exposés à recevoir à intervalles plus ou moins irréguliers des repas de feuilles alternativement sèches ou aqueuses.

La disproportion entre la température ambiante et le nombre des repas quotidiens est aussi une cause importante d'affaiblissement des vers. La plupart des auteurs conseillent de maintenir dans les magnaneries une température de 24° C pendant le premier âge, de 23° C pendant le deuxième âge et de 22° C pendant le troisième âge ; mais alors il est indispensable de donner au moins six repas par jour pendant les trois premiers âges. Combien d'éducateurs, dans les pays de grand élevage (Gard et Ardèche notamment) sont en mesure de le faire ? Le plus souvent, on ne donne que trois repas par jour, alors que la température monte souvent à 22° C ; les vers sont ainsi en état de sous-alimentation ; les troubles métaboliques qui en résultent déterminent un affaiblissement de l'organisme qui se traduit par une diminution de la résistance naturelle aux infections microbiennes ; ajoutons aussi que les vers sont généralement tenus beaucoup trop serrés et qu'ils ne peuvent s'alimenter comme s'ils étaient suffisamment espacés. Puisque, dans la plupart des cas, l'éducateur ne peut donner plus de trois à quatre repas par jour, il faut donc qu'il réduise la température moyenne des magnaneries et la maintienne entre 18 et 19° C au maximum. La durée de l'éducation sera allongée de quelques jours, mais les vers resteront robustes et donneront une bonne récolte de cocons. Un autre avantage de cette méthode d'éducation, c'est de réduire les dégâts causés par la grasserie.

Les poussières de magnaneries plus ou moins riches en produits de déchet du Ver à soie, sont nocives pour celui-ci : il est donc indispensable de détruire avec soin toutes traces d'une éducation avant d'en commencer une nouvelle. Ces soins de propreté font d'ailleurs partie des mesures phophylactiques, dont le but est la destruction même de la cause morbide.

PRATIQUE DE LA DÉSINFECTION. — Le *Streptococcus bombycis* se rencontre, peut-on dire, partout où l'on élève le Ver à soie. Bien qu'il ne forme pas de spores, sa vitalité est remarquable et, lorsqu'il se multiplie anormalement dans un élevage (au cours des épidémies de gattine ou de flacherie varie), il est capable, à lui seul, d'engendrer l'année suivante de nouvelles épidémies. Aussi doit-on prendre des mesures très sévères pour le détruire partout où il constitue un danger immédiat pour l'éducation. C'est le but de la désinfection. La désinfection des magnaneries est une opération beaucoup plus délicate et compliquée qu'on ne se l'imagine ordinairement ; de la manière dont elle est pratiquée dépend pour une bonne part le succès de l'éducation. Or la désinfection, telle qu'on la pratique habituellement dans la plupart des pays séricicoles, est tout à fait insuffisante pour obtenir les résultats qu'on doit attendre d'une telle opération.

Le but que l'on doit poursuivre en désinfectant la magnanerie, c'est d'abord la destruction des germes microbiens partout où ils sont déposés, c'est-à-dire, non seulement à la surface des parois latérales, sur le plancher et le plafond, mais aussi dans tous les interstices, les cavités où s'accumulent la poussière et où les microbes pénètrent avec elle. Quand on sait comment sont installées les magnaneries dans les pays séricicoles de grand élevage, on ne s'étonnera pas qu'une simple pulvérisation de solution de sulfate de cuivre soit impuissante le plus souvent à écarter les dangers d'infection.

Dans toute opération de désinfection quelle qu'elle soit, les résultats dépendent de l'action microbicide du désinfectant et de la manière dont celui-ci est employé.

Principaux agents microbicides. — *La chaleur sèche ou humide* est le meilleur agent physique de destruction des microbes ; la matière vivante est, en effet, détruite à une température peu élevée ; il suffit de soumettre les objets à désinfecter pendant un temps plus ou moins long à l'action de la chaleur pour détruire la totalité des germes qui les souillent. Mais on ne peut songer à utiliser cette action dans les magnaneries, même lorsqu'il s'agit de désinfecter le matériel d'élevage ; elle nécessite en effet l'emploi d'un matériel coûteux et d'un maniement assez délicat.

Parmi les autres agents physiques, la *lumière solaire* joue un rôle très important dans la destruction des germes microbiens ; un objet souillé par des microbes peut être désinfecté complètement par une exposition prolongée à la lumière solaire. L'expérience suivante, imaginée par Büchner et rapportée par A. Besson et G. Ehringer, donne une idée précise de l'intensité de cette action : « on coule dans un boîte de Pétri de la gélose liquéfiée, abondamment ensemencée avec une culture charbonneuse ; après solidification, on colle sur le fond de la boîte un disque de papier noir dans lequel on a découpé des lettres ou des dessins, puis on insole la boîte, le fond étant dirigé vers la lumière ; après insolation prolongée, on porte la boîte à l'étuve, le développement ne se fait que dans les parties protégées et la culture reproduit les dessins découpés dans le papier ». Comment utiliser pratiquement l'action stérilisante de la lumière solaire. D'abord en favorisant la pénétration de cette lumière dans les magnaneries, sinon au cours de l'éducation, au moins pendant la longue période qui s'écoule entre deux éducations successives ; puis, surtout, en exposant le plus longtemps possible au soleil, immédiatement après la récolte des cocons, le matériel d'élevage préalablement lavé à l'eau de cristaux (carbonate de soude), puis à grande eau. C'est là une opération peu coûteuse et qui est à la portée de tous les éducateurs ; si ceux-ci pouvaient se rendre compte de l'importance du rôle joué par le soleil dans la destruction naturelle des germes microbiens, ils ne perdraient aucune occasion d'utiliser cette action à leur profit. C'est dans les lieux confinés, soustraits à l'action du soleil, que les germes pathogènes trouvent les meilleurs conditions pour se développer ; et je ne parle pas seulement de ceux qui s'attaquent au Ver à soie, mais aussi de tous ceux qui s'attaquent à l'homme et sont la cause de maladies infectieuses plus ou moins redoutables. Là où le soleil règne en maître, il n'y a pas de place pour les microbes.

Les produits chimiques employés pour la désinfection des locaux humains sont très nombreux ; les plus actifs sont ceux qui agissent à l'état de vapeurs ; mais il n'est pas toujours possible de les utiliser dans les magnaneries. Pour obtenir une action microbicide suffisante, il est indispensable en effet de prolonger cette action pendant plusieurs heures ; on y arrive en lutant toutes les ouvertures par lesquelles les gaz peuvent s'échapper. Beaucoup de magnaneries ayant pour plafond le toit, dont les tuiles laissent passer librement l'air entre leurs joints, ne peuvent être désinfectées par ce procédé ; mais partout où il sera possible de l'employer, on devra le préférer à tout autre mode de désinfection.

D'après Besson et Ehringer, « l'emploi de la formaldéhyde est le seul procédé actuellement recommandable pour la désinfection en surface des locaux d'habitation ; malheureusement les vapeurs ont un pouvoir de pénétration limité et, si leur action est bonne en surface, elle est très insuffisante en profondeur ». Pour obtenir une bonne désinfection de la magnanerie et du matériel d'élevage, il ne suffit donc pas de faire évaporer dans la pièce une certaine quantité de formol ; d'autres conditions sont nécessaires ; Besson et Ehringer, dans leur traité sur la pratique de la désinfection, mentionnent les suivantes : d'abord, il faut employer environ 4 grammes de formaldéhyde par mètre cube qui sont produits soit par 4 grammes de trioxyméthylène, soit par 10 grammes de solution commerciale à 40 % de formol ; plus la température de la chambre est élevée, plus l'action de la formaldéhyde est rapide et parfaite ; aussi doit-on chauffer les locaux avant de faire agir le désinfectant ; enfin, on a constaté que l'humidité favorisait considérablement l'action microbicide de la formaldéhyde ; en conséquence, pour obtenir le maximum d'effet utile, il est nécessaire de faire dégager ses vapeurs en même temps que de la vapeur d'eau. Il existe dans le commerce des appareils qui permettent de remplir cette condition : en Allemagne, par exemple, on emploie depuis plusieurs années, pour la désinfection des ruchers infestés de loque, un mélange dit « autane » composé de paraformaldéhyde et de peroxyde de baryum non carbonaté et non hydraté ; en présence de l'eau, le mélange entre en ébullition et il se dégage d'abondantes vapeurs de formaldéhyde et d'eau ; il faut 39 grammes de poudre par mètre cube pour obtenir une désinfection suffisante. Dans le procédé Carteret (Aldogène Carteret), le mélange est formé par la paraformaldéhyde et l'hypochlorite de chaux sec ; on ajoute de l'eau et on mélange intimement ; le mélange entre en ébullition et il se dégage des vapeurs de formaldéhyde et d'eau. D'après Besson et Ehringer, la composition de l'aldogène Carteret est telle que par mètre cube on doit employer :

> Paraformaldéhyde sèche .... 6 gr. 25
> Hypochlorite de chaux sec .... 12 gr. 50
> Eau .... 20 gr. environ

La durée de contact nécessaire doit être de sept heures en moyenne. Pratiquement, l'aldogène se présente en boites métalliques renfermant dans deux sacs de papier paraffiné la paraformaldéhyde et l'hypochlorite. Pour l'usage, on vide dans la boite le contenu des deux sacs en commençant par le chlorure de chaux ; on mélange bien avec une baguette de bois, on ajoute de l'eau en quantité suffisante pour remplir presque complètement la boite et on continue l'agitation pour déclancher la réaction. Il existe des boites pour 15 et 20 mètres cubes. Le procédé serait assez coûteux; d'après les deux auteurs précités, la désinfection de 100 mètres cubes revient à 15 francs.

A défaut de ces procédés, on peut se contenter de faire évaporer à chaud la solution de formol du commerce ; on peut employer soit un récipient chauffé par une lampe à alcool, soit un des nombreux appareils que l'on trouve dans le commerce. Comme il a été dit précédemment, il faut employer environ 10 centimètres cubes de solution de formol ordinaire par mètre cube.

Le *gaz sulfureux*, produit par combustion du soufre à l'air, est d'un usage très répandu dans tous les pays séricicoles ; mais, à la dose où on l'emploie ordinairement, son action microbicide peut être considérée comme nulle. L'action de l'anhydride sulfureux est surtout marquée sur les germes humides : au contact de l'eau qui imbibe le germe, le gaz sulfureux donne naissance en effet à de l'acide sulfureux dont l'action microbicide est assez énergique. D'après Thoinot, cité par Besson et Ehringer, il faut brûler environ 60 grammes de soufre par mètre cube et laisser pendant vingt-quatre heures au moins le gaz en contact avec des cultures microbiennes séchées pour tuer sûrement les Bacilles de la tuberculose, de la fièvre typhoïde, de la diphtérie ; mais le Vibrion septique et le Charbon bactéridien résistent. Dans ces conditions, on peut se demander s'il n'y aurait pas lieu d'abandonner complètement le soufre pour la désinfection des magnaneries et de le remplacer par d'autres désinfectants beaucoup plus énergiques, comme la formaldéhyde par exemple.

Dans la plupart des magnaneries, seul l'emploi de solutions désinfectantes est réellement pratique ; mais on ne doit pas oublier que, pour obtenir de bons résultats, il est indispensable d'imprégner de liquide toutes les parties de la magnanerie où peuvent se déposer les poussières (parois latérales, plancher, plafond, encoignures diverses, corniches, poutres, etc...).

Pratique de la désinfection. — Je suppose que le matériel d'élevage a été nettoyé aussitôt après la récolte des cocons et a subi une première désinfection par exposition prolongée à l'action des rayons solaires ; il ne sera donc pas nécessaire de lui faire subir une désinfection spéciale.

Quel que soit le produit utilisé, on devra se conformer aux prescriptions suivantes :

1°) Enlever d'abord avec soin toutes les poussières, non seulement sur le plancher, mais partout où elles peuvent se déposer ; employer de préférence, pour faire ce nettoyage, une serpillière humide qui sera fréquemment rincée dans une solution désinfectante (crésylol par exemple);

2°) Badigeonner ou pulvériser la solution, chauffée au préalable, sur toutes les parois du local, de même que sur les montants et claies. Le badigeonnage est effectué au moyen d'éponges ou de brosses de platrier. Pour la pulvérisation, on emploie les appareils ordinaires à dos d'homme, en usage pour le traitement de la vigne ou des arbres fruitiers ; pour obtenir de bons résultats par ce procédé, il est nécessaire de faire ruisseler le liquide sur les parois en approchant l'extrémité du bec de lance aussi près que possible de la surface à traiter ; on favorise ainsi la pénétration du liquide dans les anfractuosités où s'accumule la poussière. Pour la désinfection des maisons d'habitation, on emploie généralement le formol ou le sublimé ; le formol de commerce ne doit pas être dilué à plus de 5 % ; le sublimé est employé en solution à 1 gramme par litre d'eau additionnée de 10 grammes de sel ordinaire ou de 1 gramme d'acide chlorhydrique. La solution formolée dégage des vapeurs qui agissent désagréablement sur les muqueuses de l'opérateur ; d'autre part, les gouttelettes, en pénétrant dans les yeux, peuvent aussi déterminer, sinon des accidents, tout au moins un larmoiement très incommodant ; l'emploi de lunettes assurera une protection suffisante de la vue.

Courmont et Rochaix, dans leur nouveau précis d'hygiène, admettent que le *crésylol sodique* peut suffire à lui seul à remplacer tous les autres désinfectants. Il se prépare en mélangeant à parties égales du crésylol officinal et de la soude caustique ; on l'emploie sous forme de solution forte à 4 p. 100 ou de solution faible à 2 p. 100.

Le *chlorure de chaux* est très employé comme désinfectant et désodorisant. On l'utilise de la manière suivante (procédé indiqué par Besson et Ehringer) : « délayer peu à peu 100 grammes de chlorure de chaux dans 1000 grammes d'eau ; étendre la bouillie blanche ainsi obtenue de dix fois son volume d'eau (solution à 1 p. 100 environ). Cette dilution se fera dans des vases non métalliques et autant que possible avec de l'eau à 40 ou 50° C., la chaleur augmentant considérablement le pouvoir microbicide du désinfectant. Cette solution est immédiatement employée en lavages ou en pulvérisation ».

L'*eau de Javel*, bien connue de toutes les ménagères, peut être employée avec avantage ; c'est en effet un très bon désinfectant ; la dilution dépend du degré chlorométrique qui est toujours indiqué sur les bouteilles livrées par le commerce ; la solution à employer en lavages ou en pulvérisation doit titrer un peu plus de 1° chlorométrique; ainsi avec une solution commerciale titrant 12° chlorométriques, il sera nécessaire de diluer le contenu d'une bouteille d'un litre dans 10 litres d'eau environ.

Le badigeonnage des murs à la *chaux* est une opération des plus recommandables dans les magnaneries, mais à condition que la chaux employée soit aussi fraîche que possible ; on utilisera donc la chaux en pierre que l'on éteindra au moment de l'emploi. Le lait de chaux doit être assez épais (2 kilogs de chaux pour 5 litres d'eau) ; après décantation, on mélange avec parties égales d'une solution de colle pour badigeon (250 grammes de colle pour 5 litres d'eau bouillante). On badigeonne les murs avec cette mixture ou on la pulvérise au moyen d'appareils ordinaires munis d'un agitateur.

Bien que le pouvoir microbicide du *sulfate de cuivre* soit inférieur à celui de la plupart des autres désinfectants, on peut admettre que la solution à 5 p. 100, telle qu'on l'emploie habituellement dans les magnaneries, peut donner de bons résultats ; la pulvérisation doit être fait selon les prescriptions mentionnées plus haut et après nettoyage minutieux du local. Il y a avantage à acidifier la solution de sulfate en lui ajoutant de l'acide sulfurique (3 à 5 litres par 100 litres).

La désinfection des magnaneries est une opération d'une importance telle qu'on devrait, sinon la rendre obligatoire, tout au moins favoriser par tous les moyens possibles sa vulgarisation dans les pays de grand élevage. Il serait indispensable, en particulier, de multiplier les expériences de démonstration, surtout dans les régions où la gattine et la flacherie vraie existent, pour ainsi dire, à l'état endémique.

CHAPITRE V

CONCLUSIONS GENERALES

Je résumerai brièvement les principaux résultats de mes recherches sur la pathologie du tube digestif en énumérant successivement les faits les plus saillants qui ont été mis en évidence.

1° La gattine, ou maladie des têtes claires, est la plus importante de toutes les maladies intestinales du Ver à soie, car elle est à l'origine de beaucoup de maladies dont les symptômes généraux sont ceux de la flacherie (*sensu lato*) ;

2° La gattine est une maladie de nature infectieuse, dont la cause morbide est le *Streptococcus bombycis* Flügge ou « ferment en chapelets de grains » de Pasteur. Cette conception est démontrée par les faits suivants :

a) Le *Streptococcus bombycis* se rencontre presque toujours, et le plus souvent à l'exclusion de toute autre espèce), dans le contenu intestinal clair des vers atteints de gattine ;

b) L'injection du Streptocoque de culture pure dans la cavité générale de Vers à soie normaux, déclanche dans tous les cas les processus caractéristiques de la gattine ;

3° La gattine est caractérisée, au point de vue histo- et cyto-pathologique, par la destruction élective du noyau des cellules épithéliales du tiers postérieur de l'intestin moyen ; il y a aussi altération profonde du chondriome dans ces mêmes cellules ainsi que dans les cellules des régions antérieures et moyennes ;

4° Au point de vue physiopathologique, la gattine est caractérisée par une hypersécrétion de la région antérieure de l'intestin moyen accompagnée de destruction cellulaire ; cette hypersécrétion anormale change les propriétés de la sécrétion, en particulier le pH qui devient sensiblement plus élevé que chez le Ver à soie normal; elle a pour conséquence l'accumulation de sucs digestifs impropres à la digestion dans la partie antérieure du tube intestinal moyen qui se gonfle et devient translucide ; la diarrhée qui résulte de l'hypersécrétion constitue un symptôme non spécifique de la maladie ;

5° L'étude du mécanisme des processus morbides qui se déroulent dans l'organisme du Ver à soie, après injection de Streptocoques de culture dans la cavité générale, permet de déterminer le mécanisme de l'infection streptococcique :

a) Il y a d'abord phagocytose des microbes par les micronucléocytes, puis agglutination au contact de certaines cellules fixes (cellules péricardiales, trachéales, musculaires, paroi du vaisseau dorsal) et pénétration des amas microbiens dans l'intérieur de ces cellules où ils sont digérés ;

c) Si la quantité de microbes injectés est suffisante, il y a agglutination au contact des fibres musculaires longitudinales de la tunique externe de l'intestin moyen, pénétration des masses microbiennes dans cette tunique, puis dans la tunique moyenne, et cheminement à travers la paroi épithéliale jusque dans la lumière intestinale où les masses se désagrègent;

d) A ce moment, les Streptocoques se multiplient activement et aussitôt se déclanchent les processus morbides qui ont pour siège le noyau des cellules épithéliales postérieures de l'intestin moyen;

e) Le chondriome des cellules antérieures et moyennes du méso-intestin est le siège d'altérations plus ou moins profondes ; la sécrétion devient très active dans la région antérieure ; il en résulte une sorte de liquéfaction du contenu intestinal et le gonflement de la partie antérieure du corps ; le phénomène d'hypersécrétion précède l'altération nucléaire des cellules postérieures et peut se manifester même en dehors de cette réaction morbide ; il y a donc indépendance relative des deux phénomènes.

6° L'action morbide du *Streptococcus bombycis* résulte, semble-t-il, de celle de produits cytotoxiques actifs : les uns, sur les cellules antérieures et moyennes du mésointestin ; les autres, sur les cellules postérieures. Une autre hypothèse peut expliquer cette double action : celle d'une modification physico-chimique de la sécrétion intestinale sous l'influence du microbe ou de produits bactériens.

7° L'existence de produits cytotoxiques ou celle de propriétés cytotoxiques acquises par la sécrétion intestinale, est prouvée par la production, en temps d'épidémie, de lésions de gattine sans intervention directe du microbe ; on trouve, en effet, parmi les vers malades, des individus dont le contenu intestinal ne renferme pas de Streptocoque.

8° L'action cytotoxique du contenu intestinal des Vers malades augmente la virulence du Streptocoque ; ainsi s'éclaire d'un jour nouveau la notion de virulence dans le cas particulier de cette espèce microbienne.

9° Lorsque la gattine est compliquée d'infections secondaires, on a affaire à la flacherie vraie ou flacherie de PASTEUR; parmi les microbes d'infections secondaires, qui se rencontrent le plus fréquemment dans la nature, on peut citer en premier lieu un Bacille sporulé non colorable par la méthode de Gram et non cultivable sur les milieux employés ordinairement en Bactériologie ; il se différencie, par ces caractères, de toutes les autres espèces sporulées signalées jusqu'ici comme pathogènes pour le Ver à soie ; il y a de fortes présomptions en faveur de l'identification de cette espèce avec le Vibrion à noyau de PASTEUR, nommé *Bacillus bombycis* par MACCHIATI ;

10° La présence du *Bacillus bombycis* a pour effet de modifier, en les accentuant et les généralisant, les lésions tissulaires et cellulaires qui caractérisent la gattine; elle a également pour effet de précipiter la marche des processus morbides et d'en accélérer le dénouement.

11° L'infection mixte Streptocoque-Bacille est caractérisée extérieurement par l'odeur désagréable *sui generis* qui se dégage des vers malades et des litières.

12° On rencontre assez fréquemment, dans le contenu intestinal des Vers à soie atteints de flacherie vraie, un Bacille sporulé très voisin du Bacille « Sotto » d'ISHIWATA ; la présence de ce Bacille se traduit par le noircissement rapide des cadavres peu après la mort. Bien qu'il soit très pathogène pour le Ver à soie, son rôle dans la propagation de la flacherie peut être considéré comme nul.

13° L'épidémiologie de la gattine et de la flacherie vraie apparaît conditionnée :

a) par la présence d'un microbe spécifique très ubiquiste, le *Streptococcus bombycis* ;

b) par celle de produits cytotoxiques (ou de propriétés cytotoxiques acquises par le contenu intestinal) résultant de la vie parasitaire du Streptocoque et dont l'action précède souvent la multiplication de celui-ci ;

c) par un certain nombre de facteurs intrinsèques et extrinsèques qui constituent les causes prédisposantes proprement dites et qui jouent un rôle particulièrement important à l'origine des épidémies. Parmi les derniers facteurs, on peut mentionner: l'insuffisance de la nourriture par rapport à la température ambiante pendant les premiers âges; le changement brusque des conditions d'élevage immédiatement après la sortie des mues ; le manque d'espacement des vers, etc...

14° Trois formes différentes de dysenterie amicrobienne représentant trois entités morbides bien caractérisées ont été étudiées jusqu'ici': la dysenterie des filatures, la dysenterie flaccidiforme et la pseudo-flacherie.

15° La dysenterie des filatures a pour cause l'action d'un poison organique entrant dans la composition des produits de déchets du Ver à soie, en particulier, dans celle de la bave sécrétée par le ver avant le tissage du cocon.

16° Les expériences ont montré que la bourre ou blaze qui entoure les cocons, perd ses propriétés cytotoxiques après épuisement par le vide ou par la vapeur d'eau bouillante ; on peut en conclure que le poison est plus ou moins volatil et thermolabile.

17° L'action du poison se manifeste principalement sur les cellules épithéliales de la région moyenne du mésointestin ; ces cellules sont détruites en partie ; en général, l'action cytotoxique est suivie d'infection microbienne intestinale.

18° La dysenterie flaccidiforme a pour cause le changement brusque des conditions d'élevage (température et nourriture principalement) pendant les périodes critiques de la vie larvaire (sortie de mue).

19° La maladie est caractérisée, au point de vue histo- et cytopathologique, par la destruction du chondriome des cellules épithéliales de l'intestin moyen et sa transformation en grains ou en blocs relativement volumineux.

20° Dans certains cas de dysenterie flaccidiforme, l'altération mitochondriale peut s'étendre aux autres cellules de l'organisme; cette modification dans les lésions histopathologiques est vraisemblablement la conséquence d'autres facteurs.

21° La cause morbide de la pseudo-flacherie est encore hypothétique : c'est un accident d'éducation comparable, dans une certaine mesure, à l'asphyxie ou à l'intoxication ; la multiplication anormale des Bactéries, dans le contenu intestinal, constitue une épiphénomène.

22° La pseudo-flacherie est caractérisée, au point de vue histo- et cytopathologique, par la destruction du chondriome des cellules épithéliales du mésointestin et celle des vacuoles ciliées des cellules caliciformes ; l'altération mitochondriale se généralise aux autres cellules de l'organisme mais surtout aux cellules adipeuses et sanguines.

23° Les causes morbides des dysenteries amicrobiennes peuvent agir comme causes prédisposantes dans les épidémies de gattine et de flacherie vraie.

24° Il n'existe pas de méthode curative de traitement des maladies intestinales, mais on peut prévenir ces maladies par des mesures prophylactiques relativement simples. Ces mesures s'adressent d'abord au graineur qui, par sélection des reproducteurs, est à même d'obtenir de la graine dont les vers ne seront pas prédisposés à la gattine ; l'obligation pour le graineur de n'employer que des cocons provenant d'éducations dites de reproduction, facilitera beaucoup l'élimination de la gattine héréditaire.

25° Dans les éducations industrielles, on préviendra la plupart des maladies intestinales, y compris les dysenteries microbiennes:

a) En régularisant la température moyenne pendant les premiers âges et la maintenant à un niveau relativement peu élevé (18 à 19° C) ;

b) En proportionnant le nombre des repas avec la température ambiante (à 18° C - 19° C, trois à quatre repas quotidiens suffisent) ;

c) En évitant les changements brusques des conditions d'élevage à la sortie des premières mues, de la troisième principalement ;

d) En désinfectant soigneusement locaux et matériel d'élevage.

BIBLIOGRAPHIE

—

Histologie et physiologie normales du tube digestif et organes divers.

ANGLAS (J.). — De l'origine des cellules de remplacement de l'intestin chez les Hyménoptères. *C. R. Soc. Biol.*, T. 56, p. 173, 1904.

BIEDERMANN (W.). — Beiträge zur vergleichenden Physiologie der Verdauung. I. Die Verdauung der Larve von *Tenebrio molitor. Arch. gesam. Physiol.*, Bd. 72, p. 162, 1898.

BERLESE (A.). — Gli Insetti. *Società Editrice Libraria, Milano*, 1909.

BIZZOZERO (G.). — Ueber die schlauchförmigen Drüsen des Magendarmkanals und die Beziehungen ihres Epithels zu dem Oberflächenepithel der Schleimhaut. *Arch. mikr. Anat.*, T. 42, pp. 82-153, 1893.

BORDAS (L.). — L'appareil digestif des Orthoptères. *Ann. Sc. Natur. Zool.* (8), T. 3, 1, p. 208, 1898.

— L'appareil digestif et les tubes de Malpighi des larves de Lépidoptères. *Ann. Sc. Natur. Zool.*, vol. 14, 1911.

BOUCHARDAT (J.). — De la digestion chez le Ver à soie. Mémoire suivi d'observations sur les maladies de cet Insecte. *C. R. Ac. Sc.*, T. 31, p. 379, 1851.

BIBLIOGRAPHIE

CHATTON (E.). — Les membranes péritrophiques des Drosophiles (Diptères) et des Daphnies (Cladocères); leur génèse et leur rôle à l'égard des parasites intestinaux. *Bull. Soc. zool. de France*, T. XLV, p. 265, 1920.

CUÉNOT (L.). — La région absorbante dans l'intestin de la Blatte. *Arch. Zool. Expér.* (3), T. VI, *Notes et Revues*, LXIV-LXIX, 1898.

DEEGENER (Paul). — Entwicklung der Mundwerkzeuge und des Darmkanals von Hydrophilus. *Zsch. viss. Zool.*, T. 68, pp. 113-168, 1900.

— Die Entwicklung des Darmkanal der Insekten während der Metamorphose. *Zool. Jahrb. Abt. Anat.*, T. 20, pp. 499-676, 1904, et T. 26, pp. 45-182, 1908.

— Beiträge zur Kenntnis der Darmsekretion. I partie : *Deilephila euphorbiae* ; II° partie : *Macrodytes (Dytiscus) circumcinctus. Arch. f. Naturg.*, 75 Jahrg. 1 Bd, 1909 et 76 Jahrg. I Bd, 1909.

— Der Darmtraktus und seine Anhange. *Handbuch. der Entomologie* Chr. SHROEDER, Iéna, 1913.

FAUSSEK (V.). — Beiträge zur Histologie des Darmkanals der Insekten. *Zeitschr. f. wiss. zool.* 45 Bd, 1887.

Van GEHUCHTEN. — Contribution à l'étude du mécanisme de l'excrétion cellulaire. *Cellule*, T. 9, pp. 93-116, 1893.

— Recherches histologiques sur l'appareil digestif de la *Ptychoptera contaminata* ; 1° Partie : Etude du revêtement épithélial et recherches sur la sécrétion. *Cellule*, T. VI, pp. 183-289, 1890.

HENNEGUY (L. F.). — Les Insectes. Paris, 1904.

ECKITI HIRATSUKA. — Researches on the Nutrition of the Silk Worm. *The Bull. of the Imper. sericicult. Experim. Station Japan*, Vol. I, pp. 257-315, 1920.

BIBLIOGRAPHIE

JORDAN (H.) u. STEUDEL (A.). — Uber die sekretive und absorptive Funktion der Darmzellen bei Wirbellosen insbesondere bei Insekten. *Verh. deutsch. zool. Gesell.*, 1911.

KAWASE (S.), SUDA (K.) et SAITO (K.). — Studies on the digestive enzymes of the Silk Worm (Japanese). *Jl. Chem. Soc. Japan*, T. 42, pp. 103-117, 1921.

MARCHAL (P.). — Physiologie des Insectes, in *Dictionnaire de Physiologie de* Ch. RICHET, art. Insectes. (Bibliographie jusqu'en 1909, de la digestion et absorption intestinale), pp. 273-386, T. IX, 1913.

NAZARI (A.). — Ricerche sulla struttura del tubo digerente e sul processo digestivo del Bombyx mori allo stato larvale. *Ricerche fatte nel laboratorio di anatomia normale della R. Univ. di Roma*, Vol. VII, pp. 75-85, 1899.

NEWCOMER (E. J.). — Some notes on the digestion and the cell structure of the digestive epithelium in insects. *Ann. Entom. Soc. Amer.*, T. VII, pp. 311-322, 1914.

NOEL (R.) et MANGENOT (G.). — Les fonctions élaboratrices du chondriome. Etat actuel de la question. *Bull. d'Histologie appliquée*, T. II, pp. 302-316, 1925.

NOEL (R.) et PAILLOT (A.). — Sur le chondriome des cellules péricardiales du Bombyx du mûrier et de *Pieris brassicæ. C. R. Soc. Biol. (Réunion biologique de Lyon)*, T. XCV, p. 43, 1926.

OSAMU SHINODA. — Contributions to the knoweldge of intestinal secretion in Insects. II. A comparative histo-cytology of the Mid-Intestine in various orders of Insects. *Zeitsch. f. Vissensch. Biol. Abt. B Zeitsch. f. Zellforsch. u. Mikr. Anat.*, 5 Bd, pp. 278-292, 1927.

— On the biochemistry of the wild silk-moth, *Dictyoploca japonica*, Moore. 1 Chemical development in the growth of the wild silk-worm. *Mem. Coll. Sc. Kyoto Imper. Univers.* (A), Vol. 9, pp. 225, 1925.

— Einige Beobachtungen über die Ernährungsbiologie der wilden Seidenraupe, *Dictyoploca japonica*, Moore. *Mem. Coll. Sc. Kyoto Imper. Univers.* (B), vol. 2, pp. 117-127,

MILLOT (J.). — Contribution à l'histophysiologie des Aranéides. *Supplément VIII au Bulletin biologique de France et de Belgique*, 1926.

PAILLOT (A.) et NOËL (R.). — Sur l'origine des inclusions albumi-noïdes du corps adipeux des Insectes. *C. R. Ac. Sc.*, T. 182, p. 1044, 1926.

— Sur la participation du noyau à la sécrétion de la soie chez le Bombyx du mûrier. *C. R. Soc. biol. (Réunion biologique de Lyon)*, T. XCVII, p. 764, 1927.

— Contribution à l'étude histophysiologique de divers tissus du Bombyx du mûrier et de *Pieris brassicæ*. *Bull. d'Hist. appliquée*, Nᵒˢ 1, 2 et 3, 1928.

SAWAMURA (M.). — Studies on the digestive enzymes of Lepidop-tera (Japanese). *Rep' t. Jap. Seric. Assoc.*, Nᵒ 141, pp. 20-25, 1904.

SCHRODER (Chr.). — Handbuch der Entomologie, Bd. I, Zweite Liefer. *Gustav Fischer Iena*, 1913.

STEUDEL (A.). — Absorption und Sekretion in Darm von Insekten. *Zoolog. Jahrb. Abt. f. Zool. u. Phys.*, XXX Bd, 1913.

VERSON (E.). — La evoluzione del tubo intestinale del filugello. *Atti del R. Istituto Veneto di Sc., Let. ed arte*, T. VIII, Ser. VII, 1897-1898.

— Zur Entwickelung des Verdauungscanals beim Seidenspin-ner. *Zool. Anz.*, XX et XXI Bd, pp. 301-302 et 431-435, 1897 et 1898.

— La evoluzione postembrionale degli arti cefalici e toracali nel filugello. *Ann. R. Staz. Bac. Padova,* vol. XXXI, 1903 et *Atti R. Ist. Ven. Sé. Lett. Arte,* t. LXIII, 1903.

YAO NAN. — Recherches histologiques sur les tubes de Malpighi chez le Ver à soie du mûrier. *Thèse de l'Université de Lyon,* 1928.

Traités et mémoires sur les maladies du Ver à soie en général.

CONTE et LEVRAT. — Les maladies du Ver à soie. *Rapports du La boratoire d'études de la soie,* Vol. XIII, 1906-1907.

CORNALIA (E.). — Monografia del bombyce del gelso. *Memoirs d R. Istituto lombardo d. Sc. Lettre et Arte,* Vol. VI, 1856.

GUÉRIN-MÉNEVILLE (A.). — Etudes sur les maladies des Vers à soie. *Mémoires de la Société d'Agriculture de France,* II° série, T. V, 1849.

KRASSILSHTSHIK (I.). — Sur les parasites des Vers à soie sains et malades. Contribution à l'étude de la flacherie, de la grasserie et de la pébrine. (Communication préliminaire). *Mémoires Soc. zoolog. de France,* T. IX, 1re partie, pp. 513-522, 1896.

LAMBRUSCHINI (R.). — Intorno al modo di custodire i Bachi da seta. *Firenze,* 1858.

MAESTRI (A.). — Frammenti Anatomici, fisiologici e patologici sul Baco da seta. *Pavia,* 1856.

NYSTEN (P. H.). — Recherches sur les maladies des Vers à soie et les moyens de les prévenir. *Paris,* 1808.

PAILLOT (A.). — La technique moderne appliquée à l'étude des maladies du Ver à soie. *La Soierie de Lyon,* 9e année, N° 9, 1926.

— Etudes sur la grasserie (polyédrie) et les maladies du tube intestinal du Bombyx du mûrier. *Rapport présenté au IIe Congrès Européen de la soie*, Milan, 1927.

Verson (E.). — Il filugello e l'arte di governarlo. *Soc. Editrice Libraria, Milano*, 1917.

Grasserie et Maladies à polyèdres

Aoki (K.) u. Chigasaki (Y.). — Immunisatorische Studien über die Polyederkörperchen bei Gelbsucht von Seidenraupen. *Centralbl. f. Bakter. Parasitenk. u. Infektionskrankheiten*, Bd. 86, 1921.

Böhm (L. K.). — Uber die Polyederkrankheit der Sphingiden. *Zool. anz.*, t. 35, pp. 677-682, 1910.

Acqua (C.). — Ricerche sulla malattia del giallume nel baco da seta. *Rendiconti dell'Istituto bac. del. R. Scuola super. di Agric. in Portici*, Vol. III, 1918-1919, pp. 243-256.

— La durata della virulenza dell'agente pathogeno del giallume. *Boll. del. R. Staz. sperim. di gelsicholt. e bach. di Ascoli Piceno*, Anno I, pp. 10-12, 1922.

— Il giallume. *Boll. R. Staz. Ascoli Piceno*, Anno I, pp. 138-149, 1922.

— Il problema del giallume. *Ibidem*, Anno III, pp. 173-175, 1924.

— Si di alcune osservazioni compiute intorno alla malattia del giallume. *Ibidem*, Anno IV, pp. 113-120, 1925.

— Nuove ricerche sulla malattia del giallume (Poliedria) nel baco da seta. *Ibidem*, Anno IV, pp. 189-214, 1925.

— Il virus della malattia del giallume (poliedria) nel Baco da seta in rapporto con le moderne teorie sui virus filtrabili. *Ibidem*, Anno V, pp. 87-95, 1926.

BIBLIOGRAPHIE

— Sull'ereditarieta della malattia del giallume (poliedria) nel Baco da seta. *Ibidem*, Anno V, pp. 45-53, 1926.

— Sull'eredita del giallume. *Ibidem*, Anno V, pp. 170-175, 1926.

— La malattia della poliedria (Giallume) nel baco da seta. Natura della malattia e modi di prevenirla. *II* Congr. Européen de la Soie*, Milan, juin 1927.

Bolle (G.). — Il giallume o mal del grasso. *Annali Ist. Bac. Gorizia*, 1873.

— Il giallume del baco da seta. Notizia preliminare. *Atti e mem. dell' I. R. Soc. Agr. Gorizia*, p. 193, 1894.

— La Bachicoltura nel Giappone (Publié dans : *Atti e mem. I. R. Soc. Agr. Gorizia*, Vol. XXXVII, N. S., 1897) ; avec avec un appendice du même auteur sur : Il giallume o il mal del grasso del baco da seta, une malattia parassitaria. Gorizia, 1898. (Ce dernier travail a été publié dans : *Atti e mem. I. R. Soc. Agr. Gorizia*, A. XXXVIII, N. S. n. 23 e segg., 1898). *Traduction française de* Lambert, *Montpellier*, 1913.

— Studien über das *Mikrosporidium polyedricum* der Gelbsucht. *Bericht über die Tätigkeit der K. K. Landw. Chem. Versuchsst. in Goerz*, 1902.

— Studien über die Gelbsucht der Seidenraupen. *Ibidem*, 1907.

— Verschiedene Berichte über die Polyederkrankheiten der Raupen. *Ibidem*, 1908.

Chapman (J. W.) a. Glaser (R. W.). — A preliminary list of insects which have Wilt, with a comparative study of their polhyédra. *Jl. of Econom. Ent.* Vol. VIII, pp. 140-150, 1915.

— Further studies on Wilt of Gipsy Moth Caterpillars. *Ibidem*, Vol. IX, pp. 149-167, 1916.

Conte (A.) et Levrat (D.). — Sur la grasserie du Ver à soie. *Assoc. française pour l'Avancement des Sciences*, 2ᵉ p., pp. 529-553, 1906.

DELONCA (E.). — A propos de la grasserie ; l'hérédité pathologique chez les Vers à soie. *Moniteur des soies*, N° 2682, 1914.

DELLA CORTE (M.). — Il giallume nella campania. *Boll. del. R. Staz. speriment. di Gelsicoltura e Bachicoltura*. Anno I, pp. 111-114, 1922.

COUTIÈRE (H.). — Choses infra-visibles. Revue. *Biologie médicale*, Vol. XVI, N° 8, 9 et 10, 1926.

ESCHERICH (K.). — Neues über Polyederkrankheit. *Naturwissensch. Zeitsch. f. Forst-u. Landwirtsch.*, II. Jahrg. 1913, pp. 86-97.

ESCHERICH (K.) u. MIYAJIMA (M.). — Studien über die Wipfelkrankheit der Nonne. *Naturwissensch. Zeitsch. f. Forst-u. Landwirtsch.*, 9. Jahrg. 1911, pp. 381-402.

— Studien über die Wipfelkrankheit der Nonne. *Biolog. Centralbl.*, Bd. XXXII, pp. 111-129, 1912.

FOA (A.) e ROSSI (G.). — Una grande speranza ? (Contro teoria del Guercio sul Microbio del giallume). *Italia agric. Piacenza*, Gennaio, 1927.

GLASER (R. W.) a. CHAPMAN (J. W.). — The wilt disease of Gipsy Moth caterpillars. *Jl. of economic Entomology*. Vol. 6, pp. 479-488, 1913.

GLASER (R. W.). — Wilt of Gipsy-Moth caterpillars. *Jl. of Agric. research*. Vol. IV, 1915.

— The polyhedral virus of insects with a theoritical consideration of filterable viruses generally. *Science*, N. S. Vol. XLVIII, pp. 301-302, 1918.

HAYASHI (D.) et SAKO. — Recherches sur la grasserie des Vers à soie. *Moniteur des soies*, Lyon, 1913, N°ˢ 2637-2650.

HAYASKI (D.). — Expériences sur la grasserie des Vers à soie. *Boll. Ass. Sér. Jap. A. I.* N° 11, 1914.

BIBLIOGRAPHIE

Knoche (E.). — Nonnenstudien (Die Wipfelkrankheit und ihr Erreger) *Forstwrtsch. Centralbl.*, pp. 177-194, 1912.

— Uber den Erreger der Wipfelkrankheit der Nonne und seine Entwicklung. *Jahreshefte des Vereins f. Vaterländische Naturfreunde in Württemberg. 68. Jahrg. 1912*, pp. LXXXIII-LXXXV.

Hofmann (O.). — Die Schlaffsucht die Nonne. Insektentötende Pilze mit besonderer Berücksichtigung der Nonne. *Frankfurt-a-M.*, 1891.

Komarek (J.). — La lutte contre la Nonne (*Liparis monacha*). *XI° Congrès international d'agriculture*, Paris, 1923.

Komarek (J.) u. Breindl (V.) — Die Wipfelkrankheit der Nonne und der Erreger derselben. *Zeitschr. f. angewandte Entomologie*, Bd. X, pp. 99-162, 1924.

Marzocchi (V.). — Sul Parasita d. giallume. *Arch. de Parasitologie*, t. XII, pp. 456-466, 1909.

Nello-Mori. — Di alcuni miceti isolati da larve di *Bombyx mori* affette da poliedria (giallume). *Informaz. ser.* Ann. XII, 1925.

Mozziconacci (A.). — Contagion de la grasserie. *Moniteur des soies*, N° 2677, 1914.

Omori (J.). — Uber die Atiologie der Gelbsucht usw. *Jl. of Silk Industry*, Tokio, 1905.

Paillot (A.). — Rapport sur les maladies à polyèdres. *Volume des rapports scientifiques sur les travaux entrepris en 1913 au moyen des subventions de la Caisse des recherches scientifiques*, 1914, pp. 420-425.

— Sur l'étiologie et l'épidémiologie de la grasserie du Ver à soie, *C. R. Ac. Sc.*, t. 179, p. 229, 1924.

— Sur une nouvelle maladie des chenilles de *Pieris brassicæ* et sur les maladies du noyau chez les Insectes. *C. R. Ac. Sc.*, t. 179, p. 1353, 1924.

— Sur les altérations cytoplasmiques et nucléaires au cours de l'évolution de la grasserie du Ver à soie. *C. R. Ac. Sc.*, t. 180, p. 1139, 1925.

— Sur les altérations cytologiques au cours de l'évolution de la maladie du noyau des chenilles de *P. brassicæ*. *C. R. Ac. Sc.*, t. 180, p. 1797, 1925.

— Sur la grasserie du Ver à soie. *C. R. Ac. Sc.*, t. 181, p. 306, 1925.

— Existence de la grasserie chez les papillons de Ver à soie. *C. R. Ac. Agric.*, t. XII, 1926.

— Sur une nouvelle maladie du noyau ou grasserie des chenilles de *P. brassicæ* et un nouveau groupe de micro-organisme parasites. *C. R. Ac. Sc.*, t. 182, p. 180, 1926.

— Contribution à l'étude des maladies à virus filtrant chez les Insectes. Un nouveau groupe de parasites ultramicrobiens : les Borrellina. *Annales Institut Pasteur*, t. XL, p. 314, 1926.

— Sur l'anatomo-pathologie de la grasserie du Ver à soie. *C. R. Société de Biologie (Réunion biologique de Lyon)*, t. XCVI, p. 550, 1927.

PANEBIANCO (R.). — Osservazione sui granuli d. giallume. *Boll. mens. di Bachicolt.* II Serie, X Jahrg., 1895.

PROWAZEK (S.). — Chlamydozoa I. Zusammenfassende Ubersicht.-Chlamydozoa II Gelbsucht der Seidenraupe. *Arch. f. Protistenkunde*, Bd. X, 1907, pp. 336-364.

— Untersuchungen über die Gelbsucht der Seidenraupen. *Centralbl. f. Bakt., Parasit. u. Infektionskk.*, Bd. LXVII, S. 268-284, 1912.

REBOUILLON (A.). — Sur la sélection macroscopique et microscopique des papillons de Vers à soie du mûrier atteints de la maladie de la « grasserie ». *C. R. Ac. Agric.*, t. XI, pp. 744-748, 1925.

— A propos de l'existence de la grasserie chez les papillons de Vers à soie. *C. R. Ac. Agr.*, t. XII, 1926.

SASAKI (C.). — On the Pathology of the Jaundice of the Silkworm. *Jl. of the College of Agriculture*. Vol. II, N° 2, 1910.

SECRÉTAIN (Ch.). — Notes séricicoles. *Ann. Ecole nat. agric. Montpellier*, Vol. XVII, pp. 191-226, 1922.

TAMURA (K.). — Etude sur la grasserie. *Bull. Assoc. Séric. du Japon*, N° 178, 1909.

— Sur la cause de la grasserie. *Ibidem*, N° 161, 1905.

TEODORO (G.). — E il giallume una malattia ereditaria ? *Boll. di sericoltura*, Anno XXXII, pp. 635-637, 1925.

— Ricerche sul giallume del Bombyx mori. *Bolletin. di sericoltura*, Anno XXXIII, 1926.

— Ancora sull'ereditarieta del giallume. *Bolletino di sericoltura*, Anno XXXIII, 1926.

TUBEUF (V.). — Zur Geschichte der Nonnenkrankheit. *Zeitsch. f. Forst-u. Landw.*, 1911, pp. 357-377.

VERSON (E.). — Sulla evoluzione postembrionale degli arti cefalici e toracali del filugello. *Annuar. Staz. Bacol.*, Vol. XXXI, 1902.

VERSON (E.) e GHIRLANDA (C.). — Sul microbio specifico del giallume bombicino. *Ann. d. R. Stazione bach. di Padova*, Vol. XLII, 1917.

VIDA (Marc-Jérome). — De Bombyce. Poème latin publié à Rome en 1527. (*Traduction en vers français de* BONAFOUS, Paris, 1852).

WAHL (Bruno). — Uber die Polyederkrankheit der Nonne (*Lymantria monacha*). *Centralbl. f. das gesamte Forstw.*, 35, 36, 37 et 38 Jahrg., 1909, 1910, 1911 et 1912.

WACHTL u. KORNAUTH. — Beitrage zur Kenntnis der Morphologie,

Biologie u. Pathologie der Nonne. *Mitteil. a. d. forstl. Versuchswesen Osterreichs*, 16 Heft, 1893.

WOLFF (Max). — Uber eine neue Krankheit der Raupe von *Bupalus piniarius L.. Mitteil. des Kaiser Wilhelm-Instit. f. Landw. in Bromberg*. Bd. III, 1910, pp. 69-92.

Maladies intestinales.

AOKI (K.). — Experimentelle Untersuchungen der Bakterieninfektion bei Seidenraupen.*Centralbl. f. Bakt., Parasit. u. Infektionskk.* II° Abt. Bd. p. 41-43, 1926.

— Uber das Toxin von sog. Sotto-Bacillen. *Mitt. der mediz. Fakult. der kais. Univers. zu Tokio*, XIV Bd, pp. 59-80, 1915.

— Uber atoxegene Sotto-Bacillen. *Bull. of the Imper. Sericult. Experim. Station Tokio*, Vol. I, pp. 141-149, 1916.

AOKI (K.) u. CHIGASAKI (Y.). — Uber die Pathogenität der sog. Sotto-Bacillen (ISHIWATA) bei Seidenraupen. *Mitteil. der mediz. Fakult. der kaiserlichen Universität zu Tokio*, XIII Bd, pp. 419-439, 1915.

AOKI (K.) a. YAMONOUSHI (T.). — On two heawy, virulent bacilli « Chiba III » and « Ruijisottokjin ». *Rep. of the Imper. Seric. Exper. Station Nakano Tokyo*, Vol. III, 1917.

— On the bacteria found in the spring silk-worms suffering form sporadic acute flacherie. *Ibidem*, Vol. IV, 1918.

ACQUA (C.). — Sullo *Streptococcus bombycis*, Flügge e sui rapporti con la vita del filugello. *Rend. d. R. Acc. Lincei (Cl. Sc. fis. mat. nat.)*, Vol. XXIII, 1904.

— Ricerche intorno alla malattia della flaccidezza nel baco da seta. *Rendic. dell'Istituto bacol. del. R. Scuola Sup. di Agric.*, Vol. III, pp. 285-319, 1918-1919.

— Flaccidezza e macilenza. *Boll. d. R. Staz. sp. di Gelsicoll. e Bachic*, Anno IV, pp. 13-34, 1925.

— Intorno allo Streptococco del Bombice del Gelso. *Bol. d. R. Staz. sp. di Gels. e Bach.*, Anno VI, pp. 223-235, 1927.

— Gli studi del PAILLOT sulla macilenza e sulla flaccidezza. *Boll. d. R. Staz. sp. di Gels. e Bach.*, Anno VI, pp. 32-37, 1927.

BOLLE (G.). — Experienze sull'influenza dell'incrociamento delle razze riguardo la resistenza dei bachi contro la flaccidezza. *Annali Ist. Bac. Gorizia*, 1873.

— Allevamenti diretti ad indagare l'influenza esercitata sul seme da fermenti (micrococci) riscontrati nelle crisalidi e nelle farfalle. *Ibidem*.

— Esperimenti diretti a constatare se il colore nero bruno delle preparazioni di farfalle sia indizio di flaccidezza. *Ibidem*.

— Osservazioni sulla macilenza. *Ibidem*.

— Studi sulla flaccidezza. *Ann. dell'I. R. Ist. Bacol. di Gorizia*, 1873. *Traduction française de* MAILLOT *dans Actes et Mém. du 4e Congr. Intern. séric. Montpellier*, 1874.

— Studi sulla flaccidezza. *Atti e mem. I. R. Soc. Agr. Gorizia*, A. XVII, N. S. n. 11, nov. 1878.

— La flaccidezza. « Allevamenti », Anno III, pp. 400-402 et 446-449, Palermo, 1922.

BOLLE (J.) u. RICHTER (M.). — Studien über die Ursache der Schlaffsucht der Seidenraupe. *Zeitschr. f. d. Landw. Versuchst in Osterreich*, 1903 et *Centralb. f. Bact. Parasit. u. Inf.*, I Abt., Bd. XXXIII, pp. 735-736, 1903.

BOCCHIA (I.). — Osservazioni sulla flaccidezza del baco da seta. *Bol. della Soc. medic. Parma*, 1908.

CANTACUZÈNE (J.). — Le problème de l'immunité chez les Invertébrés. *Communication faite à la célébration du 75e Anni-*

versaire de la Fondation de la Société de Biologie, 1923.

CHATTON (E.). — Septicémies spontanées à Coccobacilles chez le Hanneton et le Ver à soie. *C. R. Ac. Sc.*, T. 156, p. 1707, 1913.

CONTE (A.). — Rapport sur quelques maladies du Ver à soie. *Assoc. française pour l'Avanc. des sc.*, 1re partie, pp. 106-116, 1906.

— Rapport sur pébrine et flacherie. *Vol. des rapports scientif. sur les travaux entrepris en 1913 au moyen des subventions de la Caisse des recherches scientifiques. (Publications du Ministère de l'Instruction publique)*, pp. 153-154, 1914.

CUBONI (C.) e GARBINI (A.). — Sopra una malattia del gelso in rapporto colla flaccidezza. *R. Acc. dei Lincei*, Vol. II, Série IV, 1890.

DANDOLO. — Arte di governare i bachi da seta, Milano, 1814. (*Traduction française* de BRUNET DE LA GRANGE, 1845).

FERRY DE LA BELLONE. — Recherches expérimentales sur les causes de la flacherie du Ver à soie. *C. R. du 6e Congr. Internat. Sericic.*, Paris, 1878.

FISCHER (E.). — Uber die Ursachen der Disposition u. über Frühsymptome der Raupenkrankheiten. *Biol. Centralbl.*, XXVI Bd, pp. 448-463 et 534-544, 1906.

FOA (Anna). — L'epithelio dell'Intestino medio nel baco da seta sano e in quello malato di flaccidezza. *Rend. d. Istituto Bac. d. R. Sc. super. di Agric. in Portici*, Vol. III, pp. 41-68, 1918-1919.

FORBES (S. A.). — Contagious diseases of Insects. *Bull. of the Illinois state laboratory of natural history*, II, p. 283.

FLÜGGE (C.). — Die Microorganismen, 2e édition, p. 165, Leipzig, 1886.

Giorgi (M.). — Ricerche sulla malattia dei bachi da seta. *Atti del Congr. agr. nazion.*, Roma, 1906.

Giorgi (M.) e Falleroni (D.). — Ricerche intorno alla macilenza e alla flaccidezza del baco da seta. *Ministero dell'Interno Lab. batt. e micr. della Sanita publica.* Roma, 1904.

Glaser (R. W.). - A bacterial disease of Silkworms. *Jl. of Bakter.*, Vol. IX, pp. 339-352, 1924.

Grandori (R.). — Studi sulla flaccidezza del bombice del gelso. (Note préliminaire). *R. Staz. Bac. Padova.* Vol. XLIV, pp. 305-314, 1924-1925.

— La simbiosi ereditaria nel *Bombyx mori* (Note préliminaire). *Atti R. Ist. Ven. Sc. Lett. Arti*, TLXXIX, p. 11, 1919-1920 e *Ann. R. Staz. Bac. Padova.* Vol. XLIV, pp. 35-45, 1924-1925.

— Differenze morfologiche nell'ovocite e nell'uovo di *Bombyx mori* sano e malato di flaccidezza. « Redia ». Vol. XIV, Firenze, 1920 e *Ann. R. Staz. Bac. Padova.* Vol. XLIV, pp. 315-347, 1924-1925.

Gregori. — Ricerche intorno all'ereditarietà della flaccidezza nei bachi da seta. *Ann. Staz. Sper. Agr. Udine*, 1872 e *Atti Congr. Rovereto*, 1874.

Honda (J.). — Bacteriological examination of Silk-worms suffering from a form of flacherie, called « Funzumaribyo ». Lit. the disease of diminished excrements. — I. On the Streptococci; II. On the other bacteria expect streptococci. *Report of the imp. Seric. Experim. Station Nakano*, Tokyo, 1920, Vol. 4, n° 6, e 1921, Vol. 5, n° 4 (Japonais).

Ikeda (F.). — Sur la flacherie. *Bull. de l'Ass. Sér. du Japon*, N° 185, 186, 187, Tokyo, 1906.

Joly (N.). — Etudes sur les maladies des Vers à soie et sur la coloration des cocons par l'alimentation au moyen de la Chica. *C. R. Ac. Sc.*, t. 47, 1858.

BIBLIOGRAPHIE

Lombardi (P.). — Puo l'azione del freddo diminuire la mortalità nei bachi affetti da flaccidezza ? *Inform. Seriche* A. V. N° 2, 1918 e *Rend. Ist. Bac. Portici*, Vol. III, 1918-1919.

Macchiati (L.). — La selezione al microscopic per la flaccidezza del baco da seta. *Le Staz. sper. Ital.*, T. XXIV. I, 1893.

— Contribuzioni alla biologia dei batteri dei bachi affetti da flaccidezza. *Le Staz. sper. Ital.*, T. XXI, 2, 1891.

— Lo *Streptococcus bombycis* e la flaccidezza del baco da seta *Le Staz. sperim. Ital.*, T. XXIII, 1, 1892.

— Ricerche sull ereditarietà della flaccidezza. «*Italia Séricola*» Milano, N° 1, 1914.

Nomura (H.). — Sopra i germi patogeni della flaccidezza del baco da seta. *Arch. di Farmacol. Sperim. e Sc. affini*, Roma, 1904.

— Ulteriori ricerche sperimentali sulla eziologia della malattia del baco da seta detta flaccidezza. *Atti Ist. Botan. R. Univ. Pavia* ; Nuove Serie, Vol. IX, Milano, 1906.

Paillot (A.). — Les maladies bactériennes des Insectes. *Annales des Epiphyties*. T. VIII, pp. 95-276, 1922.

— Sur l'étiologie et l'épidémiologie de la gattine du Ver à soie ou « maladie des têtes claires ». *C. R. Ac. Sc.*, T. 183, p. 251, 1926.

— Sur la flacherie du Ver à soie et ses causes. *Ibidem*, T. 183, p. 402, 1926.

— Sur la flacherie du Ver à soie. *C. R. Soc. Biol. (Réunion biologique de Lyon)*. T. XCV. p. 1370, 1926.

— Rôle des microbes sporulés dans la flacherie du Ver à soie. *C. R. Ac. Sc.*, T. 193, p. 704, 1926.

— Vue d'ensemble sur les affections du tube digestif du Ver à soie. Méthodes pratiques pour les éviter. *C. R. Ac. Agric.*, T. XIII, 1927.

— Sur la gattine expérimentale du Ver à soie. *C. R. Ac. Sc.*, T. 184, p. 705, 1927.

— Sur l'épidémiologie de la gattine du Ver à soie et de la flacherie vraie ou flacherie de Pasteur. *C. R. Soc. de biologie* (Réunion biologique de Lyon), T. XCVII, p. 766, 1927.

Pasteur (L.). — Etudes sur la maladie des Vers à soie. Paris, 1870.

Quatrefages (A. de). — Etudes sur les maladies du Ver à soie. Paris, 1859.

Raulin (J.). — De l'influence propre de la saison sur le phénomène de la flacherie. *Actes et Mémoires Congr. Séric. Montpellier*, 1875.

— Observations sur la flacherie (méthode pour étudier cette maladie). *Ibidem*, 1875.

Villiam Reiff. — The wilt disease or flacherie of the Gypsy moth. *Published by the Bussey Institution of Harward University*, pp. 1-60, 1911.

Sartirana (S.) u. Paccanaro (A.). — Der *Streptococcus bombycis* in bezug auf die Aetiologie der Auszehrung und Schlaffsucht der Seidenraupe. *Centralbl. f. Bakt., IAbt.*, Bd. 40 (Original), pp. 207-211 et 331-336, 1905-1906.

Sawamura (S.). — Investigations on the Flacherie. *Bull. Agric. Coll. Imp. Univers.*, Vol. V, Tokyo, 1903.

— Sur les microbes de la flacherie. *Bull. de l'Ass. Séric. du Japon*, N° 139, 1903.

— Note on bacteria pathogenic to the Silk-worm. *Bull. Coll. Agr. Tokyo Imper. Univers.*, Vol. V, 1913.

— On the large Bacillus observed in Flacherie. *Bull. of the Coll. of Agric. Tokyo Imper. Univers.*, Vol. VI, pp. 375-386, 1905.

— Note on bacteria pathogenic to Silkworms. *Bull. of Agric. Tokyo Imper. Univers.* Vol. VII, p. I, 1906.

BIBLIOGRAPHIE

Tamura (K.). — Sur la flacherie des vers. *Bull. Ass. Séric. du Japon.* N° 150, Tokyo, 1904.

— Sur la nouvelle maladie bactérienne des vers. *Ibidem*, 1906.

Verson (E.). — Altre osservazioni sulla flaccidezza del Baco d. seta. *Atti e memor. del II° Congr. Bac. Intern.*, Udine, 1871.

— I batteri e la cause della flaccidezza. *Boll. mens. di bachicolt.* Série II, Ann. 9, 1891.

— Sulle cause che possono determinare la flaccidezza. *Ann. d. Staz. di Padova*, Vol. XXXIV, 1907.

Verson (E.) e Quajat (E.). — Se la flaccidezza sia malattia d'infezione. *Ann. del. R. Staz. Bac. di Padova*, Vol. I, 1872.

Vlacovich (P.) e Verson (E.). — Sulla natura della malattia del baco denominato flaccidezza o letargia. *Ann. Staz. Bac. di Padova*, Vol. I, 1872.

— Indagini sulla malattia del baco denominato flaccidezza. *Padova*, 1872.

Walker (Ph.). — The grasserie of Silk-worm. *Insect. Life. Period. Bul..* N° 11 et 12, Washington, 1891.

TABLE DES MATIÈRES

INTRODUCTION

Importance des dégâts causés par les maladies du Ver à soie   8

Méthode de travail 11

Importance des recherches d'histo- et de cytopathologie 13

Technique générale des recherches 15

PREMIÈRE PARTIE

HISTOLOGIE ET CYTOLOGIE NORMALES DE QUELQUES ORGANES DU VER A SOIE

Technique des recherches 20

Considérations générales sur la structure cellulaire et sur le rôle du chondriome 23

Histologie et cytologie normales du tube digestif 25

Etude cytologique du sang, du corps adipeux, du tissu péricardial et de l'épiderme 40

DEUXIÈME PARTIE

LA GRASSERIE

Chapitre I. — Historique de la maladie 47

Données anciennes sur la grassérie du Ver à soie 47

Anatomo-pathologie des maladies à polyèdres des Insectes .. 56

Etiologie de la grasserie et des maladies à polyèdres en général 65

Epidémiologie des maladies à polyèdres 82

Conclusions générales sur l'historique de la question des maladies à polyèdres 86

Chapitre II. — Recherches personnelles 88

La grasserie est une maladie de nature parasitaire 88

Etiologie de la grasserie : la grasserie a pour cause un virus
ultramicroscopique 95

Etude des lésions tissulaires et cellulaires de la grasserie .. 112

Epidémiologie de la grasserie 122

Méthodes pratiques pour enrayer l'extension de la grasserie 139

Conclusions générales 144

TROISIÈME PARTIE

LES MALADIES INTESTINALES DU VER A SOIE

Introduction 149

Chapitre I. — Historique 152

Opinions anciennes (travaux antérieurs à ceux de Pasteur).. 152

Théories modernes 160

CHAPITRE II. — LES DYSENTERIES MICROBIENNES 187

Article I. — La gattine ou maladie des têtes claires 187

Etude des lésions histo- et cytopathologiques de la gattine ou
    maladie des têtes claires 188

Etiologie de la gattine 194

Mécanisme de l'infection streptococcique et épidémiologie de
    la maladie des têtes claires 206

Article II. — La flacherie vraie ou flacherie de Pasteur .. 214

Etiologie et pathogénie de la flacherie vraie 214

Formes de flacherie vraie à bacilles sporulés autres que le ba-
    cille Bombycis 219

Epidémiologie de la gattine et de la flacherie vraie 221

CHAPITRE III. — LES DYSENTERIES AMICROBIENNES 230

Article I. — La dysenterie des filatures 231

Etiologie de la maladie 231

Etude expérimentale de l'action des poussières de filature sur
    le Ver à soie 234

Etude du mécanisme de l'action toxique des poussières de
    filature 239

Article II. — La dysenterie flaccidiforme 241

Etude des lésions histo- et cytopathologiques 242

Etiologie de la dysenterie flaccidiforme 252

Autres formes de dysenterie flaccidiforme 254

Article III. — La pseudo-flacherie 264

Etiologic de la maladic 264

Etude des lésions histo- et cytopathologiques 270

La pseudo-flacherie n'est pas une maladie microbienne 280

CHAPITRE IV. — PROPHYLAXIE DES MALADIES INTESTINALES 283

Vue d'ensemble sur les affections du tube digestif du Ver à
    soie 283

Hygiène des magnaneries 288

CHAPITRE V. — CONCLUSIONS GÉNÉRALES 299

BIBLIOGRAPHIE 307

TRÉVOUX . IMPRIMERIE G. PATISSIER